高职高专计算机应用技能培养系列规划教材

安徽财贸职业学院"12315教学质量提升计划"——十大品牌专业(软件技术专业)建设成果

Java 面向对象程序设计
教学做一体化教程

主　编　郑有庆
副主编　房丙午
参　编　陆金江　王会颖　侯海平
　　　　胡龙茂　霍卓群

图书在版编目(CIP)数据

Java 面向对象程序设计教学做一体化教程/郑有庆主编. —合肥:安徽大学出版社,
2016.11
高职高专计算机应用技能培养系列规划教材
ISBN 978-7-5664-1256-0

Ⅰ.①J… Ⅱ.①郑… Ⅲ.①JAVA 语言-程序设计-高等职业教育-教材
Ⅳ.①TP312.8

中国版本图书馆 CIP 数据核字(2016)第 288563 号

Java 面向对象程序设计教学做一体化教程	郑有庆 主 编

出版发行:	北京师范大学出版集团
	安 徽 大 学 出 版 社
	(安徽省合肥市肥西路 3 号 邮编 230039)
	www.bnupg.com.cn
	www.ahupress.com.cn
印 刷:	安徽省人民印刷有限公司
经 销:	全国新华书店
开 本:	184mm×260mm
印 张:	22.75
字 数:	553 千字
版 次:	2016 年 11 月第 1 版
印 次:	2016 年 11 月第 1 次印刷
定 价:	49.00 元

ISBN 978-7-5664-1256-0

策划编辑:李 梅 蒋 芳	**装帧设计**:李 军
责任编辑:张明举	**美术编辑**:李 军
责任印制:赵明炎	

版权所有 侵权必究

反盗版、侵权举报电话:0551—65106311
外埠邮购电话:0551—65107716
本书如有印装质量问题,请与印制管理部联系调换。
印制管理部电话:0551—65106311

编写说明

为贯彻《国务院关于加快发展现代职业教育的决定》,落实《安徽省人民政府关于加快发展现代职业教育的实施意见》,推动我省职业教育的发展,安徽省高等学校计算机教育研究会和安徽大学出版社共同策划组织了这套"高职高专计算机应用技能培养系列规划教材"。

为了确保该系列教材的顺利出版,并发挥应有的价值,合作双方于2015年10月组织了"高职高专计算机应用技能培养系列规划教材建设研讨会",邀请了来自省内十多所高职高专院校的二十多位教育领域的专家和资深教师、部分企业代表及本科院校代表参加。研讨会在分析高职高专人才培养的目标、已经取得的成绩、当前面临的问题以及未来可能的发展趋势的基础上,对教材建设进行了热烈的讨论,在系列教材建设的内容定位和框架、编写风格、重点关注的内容、配套的数字资源与平台建设等方面达成了共识,并进而成立了教材编写委员会,确定了主编负责制等管理模式,以保证教材的编写质量。

会议形成了如下的教材建设指导性原则:遵循职业教育规律和技术技能人才成长规律,适应各行业对计算机类人才培养的需要,以应用技能培养为核心,兼顾全国及安徽省高等学校计算机水平考试的要求。同时,会议确定了以下编写风格和工作建议:

(1)采用"教学做一体化+案例"的编写模式,深化教材的教学成效。

以教学做一体化实施教学,以适应高职高专学生的认知规律;以应用案例贯穿教学内容,以激发和引导学生学习兴趣,将零散的知识点和各类能力串接起来。案例的选择,既可以采用学生熟悉的案例来引导教学内容,也可以引入实际应用领域中的案例作为后续实习使用,以拓展视野,激发学生的好奇心。

(2)以"学以致用"促进专业能力的提升。

鼓励各教材中采取合适的措施促进从课程到专业能力的提升。例如,通过建设创新平台,采用真实的课题为载体,以兴趣组为单位,实现对全体学生教学质量的提高,以及对适应未来潜在工作岗位所需能力的锻炼。也可结合特定的专业,增加针对性案例。例如,在 C 语言程序设计教材中,应兼顾偏硬件或者其他相关专业的需求。通过计算机设计赛、程序设计赛、单片机赛、机器人赛等竞赛或者特定的应用案例来实施创新教育引导。

(3) 构建共享资源和平台,推动教学内容的与时俱进。

结合教材建设构筑相应的教学资源与使用平台,例如,MOOC、实验网站、配套案例、教学示范等,以便为教学的实施提供支撑,为实验教学提供资源,为新技术等内容的及时更新提供支持等。

通过系列教材的建设,我们希望能够共享全省高职高专院校教育教学改革的经验与成果,共同探讨新形势下职业教育实现更好发展的路径,为安徽省高职高专院校计算机类专业人才的培养做出贡献。

真诚地欢迎有共同志向的高校、企业专家参与我们的工作,共同打造一套高水平的安徽省高职高专院校计算机系列"十三五"规划教材。

胡学钢

2016 年 1 月

编委会名单

主　任　胡学钢（合肥工业大学）
委　员　（以姓氏笔画为序）
　　　　　丁亚明（安徽水利水电职业技术学院）
　　　　　卜锡滨（滁州职业技术学院）
　　　　　方　莉（安庆职业技术学院）
　　　　　王　勇（安徽工商职业学院）
　　　　　干韦伟（安徽电子职业技术学院）
　　　　　付建民（安徽工业经济职业技术学院）
　　　　　纪启国（安徽城市建设职业学院）
　　　　　张寿安（六安职业技术学院）
　　　　　李　锐（安徽交通职业技术学院）
　　　　　李京文（安徽职业技术学院）
　　　　　李家兵（六安职业技术学院）
　　　　　杨圣春（安徽电气工程职业技术学院）
　　　　　杨辉军（安徽国际商务职业学院）
　　　　　陈　涛（安徽医学高等专科学校）
　　　　　周永刚（安徽邮电职业技术学院）
　　　　　郑尚志（巢湖学院）
　　　　　段剑伟（安徽工业经济职业技术学院）
　　　　　钱　峰（芜湖职业技术学院）
　　　　　梅灿华（淮南职业技术学院）
　　　　　黄玉春（安徽工业职业技术学院）
　　　　　黄存东（安徽国防科技职业学院）
　　　　　喻　洁（芜湖职业技术学院）
　　　　　童晓红（合肥职业技术学院）
　　　　　程道凤（合肥职业技术学院）

前 言

Java 语言从诞生到现在,已经风靡全球,成为企业大型项目的首选开发语言。Java 是一门面向对象编程语言,不仅吸收了 C++语言的各种优点,还摒弃了 C++里难以理解的多继承、指针等概念,因此 Java 语言具有功能强大和简单易用两个特征。Java 语言作为静态面向对象编程语言的代表,极好地实现了面向对象理论,允许程序员以优雅的思维方式进行复杂的编程。

Java 具有简单性、面向对象、分布式、健壮性、安全性、平台独立与可移植性、多线程、动态性等特点。Java 可以编写桌面应用程序、Web 应用程序、分布式系统和嵌入式系统应用程序等。

编者在近年的教学实践中深刻体会到"Java 面向对象程序设计"是一门实践性很强的课程,对专业技能提升的影响度高达 80%。经过调查发现:多数学生的体会是"入门感觉很轻松、提升感觉很吃力、应用感觉很可怕"。针对这些问题,本书彻底打破市场上大多数教材的编写原则,采用全新的"教学做一体化"思路构架内容体系,通过"项目贯穿"的技能体系,将"理论+实训"高度融合,实现了"教-学-做"的有机结合,通过具体项目增强学生学习的积极性。

本书具有以下特色:

➢ 教学做一体化。突破传统的以知识结构体系为架构的思维,不追求完整的知识体系结构,按照"教学做一体化"的思维模式重构内容体系,为"理实一体"的职业教育理念提供教材和资源支撑。

➢ 案例贯穿。按照"互联网+"的思维模式:"实用主义永远比完美主义更完美",实用才能体现一门课程的价值。"Java 面向对象程序设计"是 Java 语言相关学习的专业核心课,按照"项目经验"培养的核心任务,按照"螺旋形"的提升模式,本教材设计了项目贯穿案例。本书前半部分 Java 语言基础部分通过一个"快买网购物管理系统"贯穿案例将知识点内容融会贯通;本书后半部分 Java 面向对象部分通过一个"留言帖"贯穿案例将知识点内容融会贯通。最后通过一个总结项目把本书的所有内容进行贯穿。

本书的内容共分为三个部分,第 1 章-第 6 章是基础部分,学习 Java 语言的基础知识内容;第 7 章-第 15 章是 Java 面向对象的特点部分,学习 Java 语言面向对象的知识和 JDBC 等内容;第 16 章是总结性项目制作。

本书可作为高职高专学校"Java面向对象程序设计"课程的教材,也适合作为计算机爱好者们学习数据库的参考书。

本书的出版是安徽财贸职业学院"12315教学质量提升计划"中"十大品牌专业"软件技术专业建设项目之一,得到了该项目建设资金的支持。

由于编者水平所限,书中不足之处,请广大读者批评指正。

编　者

2016年9月

目 录

第 1 章 Java 简介 ... 1

- 1.1 Java 是什么，可以做什么 ... 2
- 1.2 Java 技术平台简介 ... 3
- 1.3 开发第一个 Java 程序 ... 4
- 1.4 分析 Java 程序 ... 6
  - 1.4.1 Java 程序的结构 ... 6
  - 1.4.2 Java 程序的注释 ... 8
  - 1.4.3 Java 编码规范 ... 9
- 1.5 在 MyEclipse 平台开发 Java 程序 ... 10
  - 1.5.1 Java 项目组织结构 ... 15
  - 1.5.2 上机练习 ... 16
  - 1.5.3 常见错误 ... 16
  - 1.5.4 上机练习 ... 18
- 1.6 贯穿项目练习 ... 19
- 本章总结 ... 22

第 2 章 数据类型、运算符和变量 ... 23

- 2.1 数据类型 ... 24
  - 2.1.1 不同的数据类型 ... 24
  - 2.1.2 Java 常用数据类型 ... 24
- 2.2 变量声明及使用 ... 25
  - 2.2.1 变量命名规则 ... 26
  - 2.2.2 常见错误 ... 27
- 2.3 运算符 ... 29
  - 2.3.1 赋值运算符 ... 29
  - 2.3.2 算术运算符 ... 30

2.4 数据类型转换 ·· 32
    2.4.1 为什么需要数据类型转换 ····························· 32
    2.4.2 如何进行数据类型转换 ······························· 32
2.5 贯穿项目练习 ·· 35
本章总结 ·· 39

第3章 选择结构   40

3.1 boolean 类型 ··· 41
    3.1.1 为什么需要 boolean 类型 ····························· 41
    3.1.2 什么是 boolean 类型 ································· 41
    3.1.3 如何使用 boolean 类型 ······························· 41
3.2 关系运算符 ·· 42
    3.2.1 为什么要使用关系运算符 ····························· 42
    3.2.2 什么是关系运算符 ···································· 43
3.3 if 选择结构 ·· 43
    3.3.1 为什么需要 if 选择结构 ······························· 43
    3.3.2 什么是 if 选择结构 ···································· 44
    3.3.3 如何使用 if 选择结构 ································· 45
3.4 多重 if 选择结构 ·· 49
3.5 嵌套 if 选择结构 ·· 53
3.6 switch 选择结构 ·· 55
    3.6.1 为什么使用 switch 选择结构 ························· 55
    3.6.2 什么是 switch 选择结构 ······························ 55
    3.6.3 如何使用 switch 选择结构 ··························· 56
3.7 贯穿项目练习 ·· 59
本章总结 ·· 65

第4章 循环结构   66

4.1 循环结构 ··· 67
    4.1.1 为什么要循环 ·· 67
    4.1.2 什么是循环 ··· 69
4.2 while 循环 ··· 69
    4.2.1 什么是 while 循环 ···································· 69
    4.2.2 如何使用 while 循环 ································· 70

4.3 do-while 循环 ··· 73
    4.3.1 为什么需要 do-while 循环 ·· 73
    4.3.2 什么是 do-while 循环 ··· 73
    4.3.3 如何使用 do-while 循环 ·· 74
4.4 for 循环 ·· 75
    4.4.1 为什么需要 for 循环 ··· 75
    4.4.2 什么是 for 循环 ·· 76
    4.4.3 如何使用 for 循环 ··· 77
4.5 跳转语句 ·· 80
    4.5.1 break 语句的使用 ·· 80
    4.5.2 continue 语句的使用 ·· 81
4.6 循环结构总结 ··· 82
4.7 贯穿项目练习 ··· 83
本章总结 ··· 89

第 5 章 数组   90

5.1 数组概述 ·· 91
5.2 如何使用数组 ··· 91
    5.2.1 使用数组的步骤 ··· 91
    5.2.2 常见错误 ··· 94
5.3 数组应用 ·· 96
    5.3.1 数组排序 ··· 96
    5.3.2 求数组最大值 ·· 97
5.4 贯穿项目练习 ··· 98
本章总结 ··· 100

第 6 章 类和对象   101

6.1 类和对象 ·· 102
6.2 Java 是面向对象的语言 ··· 103
    6.2.1 Java 的类模板 ·· 103
    6.2.2 如何定义类 ··· 104
    6.2.3 如何创建和使用对象 ·· 105
    6.2.4 面向对象的优点 ··· 109
6.3 数据类型总结 ··· 109

6.4 类的方法	110
6.4.1 方法的调用	111
6.4.2 常见错误	112
6.5 带参方法	113
6.6 变量的作用域	114
6.7 包	116
6.7.1 如何创建包	117
6.7.2 如何导入包	119
6.8 贯穿项目练习	120
本章总结	127

第 7 章 抽象和封装　　128

7.1 使用面向对象设计系统	129
7.1.1 类的抽象过程	129
7.1.2 构造方法和构造方法的重载	133
7.2 使用封装优化类	138
7.3 贯穿项目练习	147
本章总结	151

第 8 章 继承　　152

8.1 继承的基础	153
8.2 重写和继承关系中的构造方法	158
8.2.1 子类重写父类方法	159
8.2.2 继承关系中的构造方法	161
8.2.3 上机练习	168
8.3 抽象类和 final	169
8.3.1 抽象类和抽象方法	169
8.3.2 上机练习	172
8.3.3 final 修饰符	173
8.3.4 常见错误	174
8.4 贯穿项目练习	175
本章总结	177

第 9 章 多态　　178

| 9.1 为什么使用多态 | 179 |

9.2 什么是多态 183
9.2.1 子类到父类的转换（向上转型） 184
9.2.2 使用父类作为方法形参实现多态 184
9.2.3 父类到子类的转换（向下转型） 191
9.2.4 instanceof 运算符 192
9.3 上机练习 195
9.4 综合练习：使用多态完善汽车租赁系统计价功能 196
9.5 贯穿项目练习 198
本章总结 202

第 10 章 接口 203
10.1 接口基础知识 204
10.2 接口表示一种约定 206
10.3 接口表示一种能力 212
10.4 贯穿项目练习 216
本章总结 220

第 11 章 异常 221
11.1 异常概述 222
11.1.1 生活中的异常 222
11.1.2 程序中的异常 222
11.1.3 什么是异常 224
11.2 异常处理 225
11.2.1 什么是异常处理 225
11.2.2 try-catch 块 225
11.2.3 try-catch-finally 块 227
11.2.4 多重 catch 块 230
11.2.5 上机练习 231
11.2.6 声明异常——throws 232
11.3 抛出异常 233
11.3.1 抛出异常——throw 233
11.3.2 异常的分类 235
11.3.3 上机练习 237

11.4 开源日志记录工具 log4j ……………………………………………………… 238
    11.4.1 日志及分类 ………………………………………………………… 238
    11.4.2 如何使用 log4j 记录日志 …………………………………………… 239
    11.4.3 log4j 配置文件 ……………………………………………………… 242
    11.4.4 上机练习 …………………………………………………………… 243
11.5 贯穿项目练习 ……………………………………………………………… 244
本章总结 …………………………………………………………………………… 249

第 12 章 集合框架
250

12.1 集合框架概述 ……………………………………………………………… 251
    12.1.1 引入集合框架 ……………………………………………………… 251
    12.1.2 Java 集合框架包含的内容 ………………………………………… 251
12.2 List 接口 …………………………………………………………………… 253
    12.2.1 ArrayList 集合类 …………………………………………………… 253
    12.2.2 LinkedList 集合类 ………………………………………………… 257
12.3 Map 接口 …………………………………………………………………… 260
12.4 迭代器 Iterator ……………………………………………………………… 262
12.5 泛型集合 …………………………………………………………………… 264
12.6 贯穿项目练习 ……………………………………………………………… 267
本章总结 …………………………………………………………………………… 274

第 13 章 JDBC
275

13.1 JDBC 简介 ………………………………………………………………… 276
    13.1.1 为什么需要 JDBC …………………………………………………… 276
    13.1.2 JDBC 的工作原理 …………………………………………………… 276
    13.1.3 JDBC API 介绍 ……………………………………………………… 277
    13.1.4 JDBC 访问数据库的步骤 …………………………………………… 278
13.2 Connection 接口 …………………………………………………………… 278
    13.2.1 两种常用的驱动方式 ……………………………………………… 278
    13.2.2 使用 JDBC-ODBC 桥方式连接数据库 …………………………… 279
    13.2.3 使用纯 Java 方式连接数据库 ……………………………………… 280
    13.2.4 上机练习 …………………………………………………………… 282
13.3 Statement 接口和 ResultSet 接口 ………………………………………… 283
    13.3.1 使用 Statement 添加宠物 ………………………………………… 283
    13.3.2 使用 Statement 更新宠物 ………………………………………… 286

　　　　13.3.3　使用 Statement 和 ResultSet 查询所有宠物 ………………… 287
　　　　13.3.4　上机练习 ………………………………………………………… 290
　13.4　PreparedStatement 接口 ……………………………………………………… 291
　　　　13.4.1　为什么要使用 PreparedStatement ……………………………… 291
　　　　13.4.2　使用 PreparedStatement 更新宠物信息 ………………………… 293
　　　　13.4.3　上机练习 ………………………………………………………… 296
　13.5　贯穿项目练习 …………………………………………………………………… 297
　本章总结 …………………………………………………………………………………… 303

第 14 章　数据访问层　　　　　　　　　　　　　　　　　　　　　　　　　*305*

　14.1　数据持久化 ……………………………………………………………………… 306
　14.2　上机练习 ………………………………………………………………………… 314
　14.3　分层开发 ………………………………………………………………………… 316
　　　　14.3.1　分层开发的优势 ………………………………………………… 316
　　　　14.3.2　分层的原则 ……………………………………………………… 317
　　　　14.3.3　使用实体类传递数据 …………………………………………… 317
　14.4　上机练习 ………………………………………………………………………… 319
　本章总结 …………………………………………………………………………………… 320

第 15 章　XML 和 File I/O　　　　　　　　　　　　　　　　　　　　　　　*321*

　15.1　XML 简介 ……………………………………………………………………… 322
　　　　15.1.1　XML 定义 ………………………………………………………… 322
　　　　15.1.2　XML 结构定义 …………………………………………………… 323
　　　　15.1.3　XML 的作用 ……………………………………………………… 327
　　　　15.1.4　XML 和 CSS 共同使用 …………………………………………… 327
　15.2　解析 XML ……………………………………………………………………… 329
　　　　15.2.1　使用 DOM 解析 XML …………………………………………… 329
　　　　15.2.2　使用 SAX 解析 XML ……………………………………………… 332
　15.3　读写文件 ………………………………………………………………………… 334
　　　　15.3.1　使用 Reader 读取文件内容 ……………………………………… 335
　　　　15.3.2　替换模板文件中的占位符 ……………………………………… 338
　　　　15.3.3　使用 Writer 输出内容到文件 …………………………………… 338
　　　　15.3.4　综合练习 ………………………………………………………… 340
　本章总结 …………………………………………………………………………………… 342

第16章 项目案例 ... 343

16.1 案例分析 ... 344
16.2 项目需求 ... 345
16.2.1 用例1:系统启动 ... 345
16.2.2 用例2:宠物主人登录 ... 345
16.2.3 用例3:宠物主人购买库存宠物 ... 346
16.2.4 用例4:宠物主人购买新培育宠物 ... 346
16.2.5 用例5:宠物主人卖出宠物给商店 ... 346
16.3 进度记录 ... 346

第 1 章
Java 简介

本章工作任务
- 编写第一个 Java 程序
- 在控制台输出信息

本章知识目标
- 理解什么是程序
- 了解 Java 的技术内容
- 会使用输出语句在控制台输出信息
- 熟悉 MyEclipse 开发环境
- 掌握 MyEclipse 开发工具的使用
- 会编写简单的 Java 程序

本章重点难点
- Java 的基本语法和输出语句
- Java 的常见错误

Java 是前 Sun 公司(Sun Microsystems)于 1995 年推出的高级编程语言,别看 Java 诞生的时间很短,但是 Java 技术可以应用在几乎所有类型和规模的设备上,小到计算机芯片、蜂窝电话,大到超级计算机,无处不在。

Java 是一种可以撰写跨平台应用程序的面向对象程序设计语言。Java 技术具有卓越的通用性、高效性、平台移植性和安全性,广泛应用于 PC、数据中心、游戏控制台、科学超级计算机、移动电话和互联网,同时拥有全球最大的开发者专业社群。

1.1　Java 是什么,可以做什么

Java 是由 Sun Microsystems 公司推出的 Java 面向对象程序设计语言(以下简称 Java 语言)和 Java 平台的总称。由 James Gosling 和同事们共同研发,并在 1995 年正式推出。Java 最初被称为 Oak,是 1991 年为消费类电子产品的嵌入式芯片而设计的。1995 年更名为 Java,并重新设计用于开发 Internet 应用程序。用 Java 实现的 HotJava 浏览器(支持 Java applet)显示了 Java 的魅力:跨平台、动态 Web、Internet 计算。

> Java 的来历:Java 的初期开发早在 1991 年就已经开始。当时,在 Sun 公司内,有一个称为 Green 的项目,在 James Gosling 的带领下,这个项目的工程师受命设计一种小型计算机语言,用于机顶盒、家电控制芯片等消费类设备。最初,这种新语言被命名为"Oak"(James Gosling 办公室窗外的橡树名),但是后来由于"Oak"这一名字已经被占用,所以改名为"Java"。据说这是因为当时人们在想新名字的时候,正在品尝着一种来自印度尼西亚的爪哇岛盛产的咖啡(这种咖啡名叫 Java),于是就选用了"Java"——一种咖啡的名字作为新语言的名字,所以 Java 语言的标志就是一杯热气腾腾的咖啡!也许,Sun 公司希望 Java 语言能够像咖啡一样被人们接受、喜欢!Java 语言的创始人 James Gosling 也被人们誉为"Java 语言之父"。

在当前的软件开发行业中,Java 已经称为了绝对的主流。Java 领域的 Java SE、Java EE 技术已发展成为同微软公司的 C♯ 和 .NET 技术平分天下的应用软件开发技术和平台。对应关系如图 1-1 所示。因此,有人说掌握了 Java 语言就掌握了软件开发的主脉。

图 1-1　Java SE、Java EE 和 C♯ .NET 对应图

Java 语言这么重要，它究竟能够做什么呢？在计算机软件应用领域中，可以把 Java 应用分为两种典型类型。一种是安装和运行在本机上的桌面程序，比如政府和企业里面常用的各种管理信息系统；另一种是通过浏览器访问的面向 Internet 的应用程序，比如网上商城系统等。

除此之外，Java 还能做出非常绚烂的图像效果，图 1-2 和图 1-3 就是使用 Java 做出的 2D 和 3D 立体效果的应用程序。

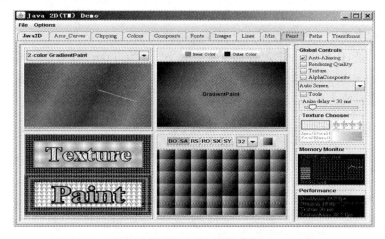

图 1-2　使用 Java 开发的 2D 效果的桌面应用系统

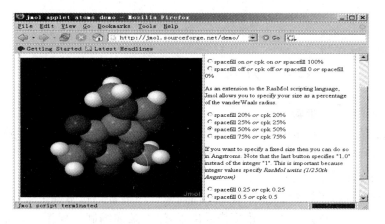

图 1-3　使用 Java 开发的 3D 立体效果 Internet 应用程序

1.2　Java 技术平台简介

如果你听人们提起 Java，可能有很多含义。因为 Java 的内涵非常丰富，它既可以指 Java 编程语言，又可以指与此相关的很多技术。随着学习的深入，你会慢慢发现它的强大、丰富和迷人之处。

为了对 Java 技术的使用方向和范围进行区分，避免在学习和使用过程中关注那些不必要的技术特性，Sun 公司对 Java 技术进行了市场划分。最广泛的两种 Java 技术是 Java SE 和 Java EE。

1. Java SE

Java SE 的全称是 Java Platform Standard Edition(Java 平台标准版),是 Java 技术的核心,提供基础的 Java 开发工具,执行环境与应用程序接口(API),主要用于桌面应用程序开发。打个比方,程序员就像一个厨师,刚开始是练刀工,之后开始煎炒烹炸,最后才可以自己设计菜色。Java SE 就是教你成为一名烹饪大师所需要掌握的基本功。

2. Java EE

Java EE 是教你设计菜色的。Java EE 的全称是 Java Platform Enterprise Edition(Java 平台企业版),它主要用于网络程序和企业级应用的开发。

需要强调的是,任何 Java 学习者都要从 Java SE 开始,Java SE 是 Java 语言的核心。而 Java EE 是在 Java SE 的基础上扩展的,Java SE 提供了 Java 的执行环境,使开发出的应用程序能够在操作系统上运行。如图 1-4 所示。

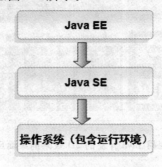

图 1-4　Java SE 和 Java EE

1.3　开发第一个 Java 程序

1. 开发 Java 程序的步骤

在对 Java 有了一个初步的认识之后,你一定已经迫不及待地想知道程序到底是怎么开发出来的了。很简单,你需要完成以下三个步骤。

第一步:编写源程序。

通过前面的学习,了解到 Java 语言是一门高级程序语言。在明确了要计算机做的事情之后,把要下达的指令逐条用 Java 语言描述出来,这就是你编制的程序。通常,称这个文件为源程序或者源代码。就像 Word 文档使用.doc 作为扩展名一样,Java 源程序文件使用.java 作为扩展名。

第二步:编译。

这里就要用到通常所说的编译器。经过编译器的编译,输出结果就是一个后缀名为.class 的文件,称它为字节码文件。如图 1-5 中的 MyProgram.class 文件。

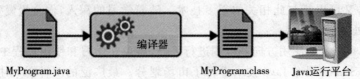

图 1-5　Java 程序开发过程

第三步:运行。

在 Java 平台上运行生成的字节码文件,便可看到运行结果。

那么,到底谁是编译器,在哪里能看到程序的运行结果呢？Sun 公司提供了 JDK(Java Development Kit,Java 开发工具包)就能够实现编译和运行的功能。JDK 本身也在不断地修改完善推出新的版本。这里使用 JDK 6 来开发 Java 程序。可以从 Oracle 公司网站中 Downloads 页面下载,免费获得 JDK 软件。下载 JDK 软件后就可以安装了。例如把 JDK 安装在 C 盘 Program Files 文件夹下,如图 1-6 所示,安装目录为 C:\Program Files（x86）\Java\jdk1.6.0_01。

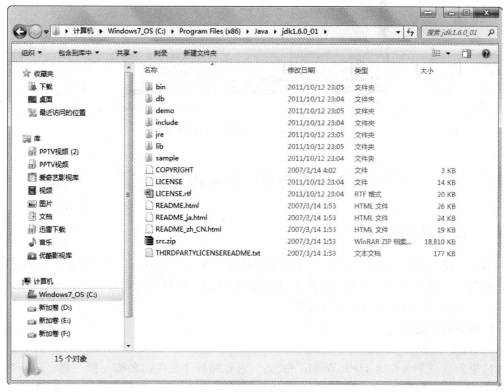

图 1-6　JDK 安装目录

2. 编写第一个 Java 程序

在编写 Java 程序的时候,可以使用记事本、Eclipse 等编辑工具来编写 Java 程序,编写出来以后,可以让程序在 Java 虚拟机上面运行。如例 1.1 所示。

【例 1.1】　第一个 Java 程序。

```
public class HelloWorld {
    /**
     * @param args
     */
    public static void main(String[] args) {
        // TODO Auto-generated method stub
        System.out.println("Hello World!");
    }
}
```

程序在 Java 虚拟机上运行的结果是显示出"Hello World!"的字符串信息。如图 1-7 所示。

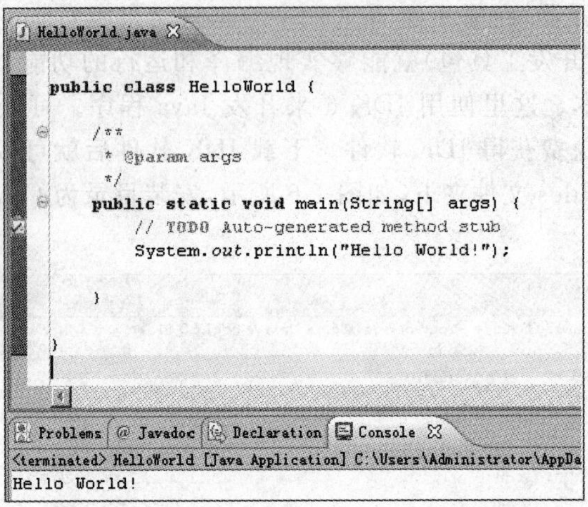

图 1-7 Hello World 程序及运行效果

1.4 分析 Java 程序

1.4.1 Java 程序的结构

例 1.1 是一段简单的 Java 代码，作用是向控制台输出"Hello World!"信息。麻雀虽小，五脏俱全。下面来分析一下程序的各个组成部分。通常，盖房子要先搭一个架子，然后才能添砖加瓦，Java 程序也有自己的"架子"。

1. 编写程序框架

　　public class HelloWorld{ }

这里定义一个名称为 HelloWorld 的"类"，它要和程序文件的名称一模一样。至于"类"是什么，会在以后的内容中深入学习。类名前面要用 public（公共的）和 class（类）两个词修饰，它们的先后顺序不能改变，中间要用空格分隔，类名后面跟一对大括号，所有属于这个类的代码都放在"{"和"}"中间。

2. 编写 main 方法的框架

　　public static void main(String[ ] args){ }

main()方法有什么用呢？前面提到过，程序是由逐条执行的指令构成的。在执行的时候是不是从上到下逐条执行呢？其实不是的，正如房子，不管有多大，有多少个房间都要从门进入一样。程序也要从一个固定的位置开始执行，在程序中把它叫作"入口"。而 main()方法就是 Java 程序的入口，是所有 Java 应用程序的起始点，没有 main()方法，计算机就不知道该从哪里开始执行程序。注意，一个程序只能有一个 main()方法。

在编写 main()方法时，要求按照上面的格式和内容进行书写。main()方法前面使用 public、static、void 修饰，它们都是必需的，而且顺序不能改变，中间用空格分隔。另外，main 后面的小括号和其中的内容"String[ ] args"必不可少。目前只要准确牢记 main()方法的框架就可以了。在以后的章节再慢慢理解它每部分的含义。

main()方法后面也有一对大括号,把想让计算机执行的指令都写在里面。从这章开始的相当长的一段篇幅,都要在main()方法中编写程序。

问题:这么多东西,我都记不住,看不懂,怎么办?

解答:刚开始学习Java程序不用太着急,上面介绍的Java程序的框架,你只要按照要求去把那些固定的东西写对就行了。随着学习的深入,你会慢慢明白它们的意思。万事开头难,别着急,慢慢来!

3. 编写代码

System.*out*.println("Hello World!");

这一行的作用就是向控制台输出一句话。System.out.println()是Java语言自带的功能。使用它可以向控制台输出信息。print的含义是"打印",ln可以看做是line(行)的缩写,println可以理解为打印一行。实现向控制台打印的功能前面要加上System.out,在程序中只要把需要输出的内容用英文引号引起来放在println()中就可以了。另外,以下语句也可以实现打印输出。

System.*out*.print("Hello World!");

问题:System.out.println()和System.out.print()有什么区别?

解答:两个都是Java提供的用于向控制台打印输出信息的语句。不同的是,println()在打印完引号中的信息后会自动换行,print()在打印输出信息后不会自动换行。比如:

代码片段1:

System.*out*.println("我的爱好:");

System.*out*.println("打网球");

代码片段2:

System.*out*.print("我的爱好:");

System.*out*.print("打网球");

代码片段1输出结果为:

我的爱好:

打网球

代码片段2输出结果为:

我的爱好:打网球

System.*out*.println("")和System.*out*.print("\n")可以达到同样的效果,在引号中的"\n"是指将光标移动到下一行的第一格,也就是换行。这里"\n"称为转义字符。另外一个比较常用的转义字符是"\t",它是将光标移到下一个水平制表位(一个制表位等于8个空格)。

1.4.2　Java 程序的注释

看书时,在重要或者精彩的地方都会做一些标记,或者在书的边上做一些笔记,目的是在下次看的时候能够有个提示。通过书上的笔记,就能知道这部分讲了什么内容,上次是怎么理解的。在程序中,也需要这样一种方法,能够在程序中作出一些标记来帮助理解代码。想象一下,当你奋斗了几个月写出成千上万行代码后,回头看几个月前写的代码,有谁还记得当时是怎么想的呢?或者是别人已经写好了一个程序交给你,你是不是要花很多心思才能读懂这段程序的功能?

为了方便程序的阅读,Java 语言允许在程序中写上一些说明性的文字,这就是代码的注释。编译器并不处理这些注释,所以不用担心添加了注释后会增加程序的负担!

在 Java 中,常用的注释有两种:单行注释和多行注释。

1. 多行注释

多行注释以"/*"开头,以"*/"结尾。在"/*"和"*/"之间的内容都被看作注释。当要说明的文字较多时,会使用多行注释。如果一个源文件开始之前,编写注释对整个文件作一些说明,包括文件的名字、功能、作者、创建日期等。现在为例 1.1 的程序添加多行注释,如例 1.2 所示。

【例 1.2】 多行注释。

```
/*
*HelloWorld.java
*2015-3-11
*第一个 Java 程序
*/
public class HelloWorld{
    public static void main(String[] args){
        System.out.println("Hello World!!!");
    }
}
```

> **经验**
>
> 为了美观,程序员一般喜欢在多行注释的每一行都写一个 *,如例 1.2 中所示的。有时也会在多行注释的开始和结束行输入一串的 *,他们的作用只是为了美观,对注释本身不会有影响。

2. 单行注释

如果说明性的文字较少,可以放在一行中,就可以使用单行注释。单行注释使用"//"开头,每一行中"//"后面的文字都被认为是注释。单行注释通常用在代码行之间,或者一行代码的后面,用来说明某一块代码的作用。现在在刚才的代码中添加一个单行注释,用来说明 System.out.println()行的作用。如例 1.3 所示。这样,当别人看到这个文件的时候,就知道注释下面那行代码的作用是输出消息到控制台了。

【例 1.3】 Java 当行注释。

```
/*
*HelloWorld.java
*2015-3-11
*第一个 Java 程序
*/
public class HelloWorld{
    public static void main(String[] args){
        //输出消息到控制台
        System.out.println("Hello World!!!");
    }
}
```

1.4.3　Java 编码规范

日常生活中大家都要学习使用普通话，目的是让不同地区的人之间更加容易沟通。编码规范就是程序世界的"普通话"。编码规范对于程序员来说非常重要。为什么这么说呢？一个软件在开发和使用过程中，80%的时间是化费在维护上的。而且软件的维护工作通常不是由最初的开发人员来完成。编码规范可以增加代码的可读性，使软件开发和维护更加方便。

在学习中，你会注意到特别强调编码规范。这些规范是作为一个程序员应该遵守的基本规则，是行业内大家都默认遵守的做法。

现在把刚才的代码做一些修改，去掉 class 前面的 public，如例 1.4 所示。再次运行程序，仍然能够得到想要的结果，这说明程序没有错误。那么为什么还要使用 public 呢？这就是一种编码规范。

【例 1.4】 去掉 public 修饰。

```
/*
*HelloWorld.java
*2015-3-11
*第一个 Java 程序
*/
class HelloWorld{
    public static void main(String[] args){
        //输出消息到控制台
        System.out.println("Hello World!!!");
    }
}
```

可见不遵守规范的代码并不是错误的代码，但是一段好的代码不仅仅是能够完成某项功能，还应该遵守相应的规范。从一开始就注意按照规范编写代码，这是成为一名优秀程序员的基本条件。在本章中，请对照上面的代码记住下面的编码规范。

> **规范**
>
> ● 规范要求类名一般使用 public 修饰；
> ● 一行只写一条语句；
> ● 用{}括起来的部分通常表示程序的某一层次的结构。"{"一般放在这一结构开始行的最末，"}"与该结构的第一行字母对齐，并单独占一行（通常只在 Java 语言中采用这种规范）。
> ● 低一层次的语句或注释应该比高一层次的语句或注释缩进若干格后书写，使程序更加清晰，增加程序的可读性。

1.5 在 MyEclipse 平台开发 Java 程序

虽然在记事本和 EditPlus 等编辑器上面都可以编写 Java 程序，但是有些编辑器在编写 Java 程序的时候不是很方便，运行 Java 程序的时候，也很麻烦。相比较专业的 Java 编辑工具来说，记事本等编辑器编写效率比较低。这里，给大家介绍编写 Java 和 JSP 常用的编辑工具：MyEclipse。使用 MyEclipse 新建 Java 项目如图 1-8 所示。

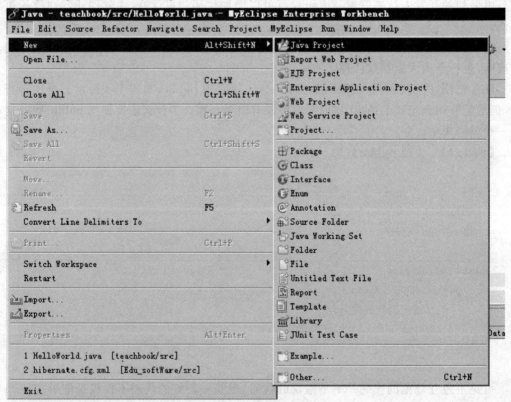

图 1-8　MyEclipse 启动后新建 Java 项目

弹出对话框,输入 Java 项目名称,如图 1-9 所示。

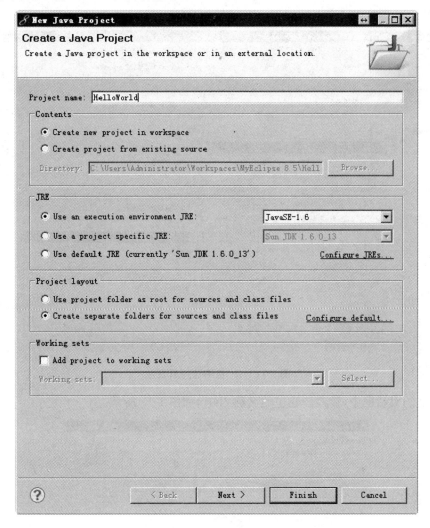

图 1-9　输入 Java 项目名称

确认后项目出现在 MyEclipse 的 Package 栏中,项目结构如图 1-10 所示。

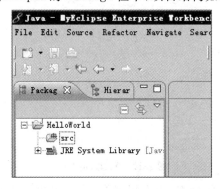

图 1-10　MyEclipse 中的项目结构

项目建立完成后,在资源包 src 中,鼠标右键 src,在菜单中选择 New 菜单中的 Package 选项,如图 1-11 所示。

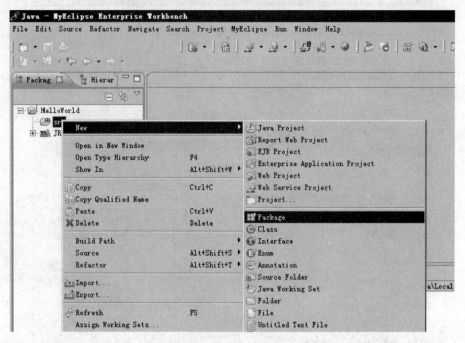

图 1-11　src 包中选择新建包

在出现的对话框中,输入新建包的名称 ch01,如图 1-12 所示。

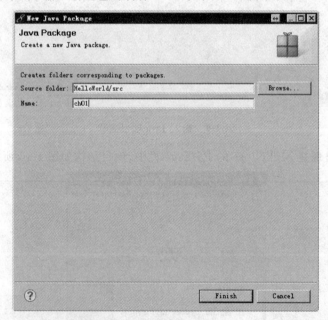

图 1-12　新建 ch01 包

从对话框中可以看出,新建的 ch01 包是在 HelloWorld 项目的 src 包下,点击 Finish 后,ch01 包出现在项目结构中;鼠标右键 ch01 包,选择 New 菜单中的 Class,新建一个 Java

的类,如图 1-13 所示。

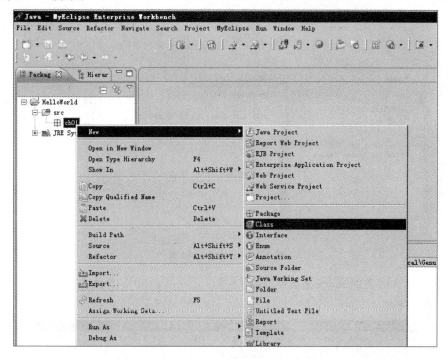

图 1-13　右键 ch01 包新建 Class 类

在弹出的对话框中,在 ch01 包下创建 HelloWorld 类,如图 1-14 所示。

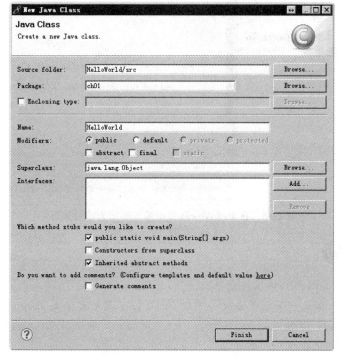

图 1-14　创建 HelloWorld 类

创建 HelloWorld 类后界面如图 1-15 所示。

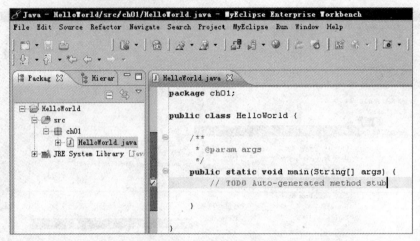

图 1-15　HelloWorld 类

在 HelloWorld 类的 main 函数中，使用 System.out.println 方法在控制台输出字符串，运行后如图 1-16 所示。

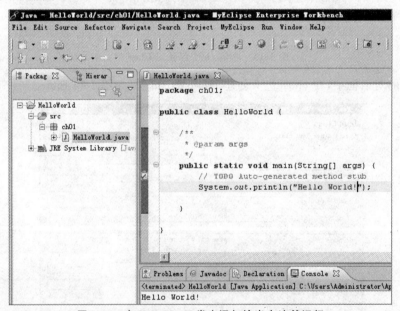

图 1-16　在 HelloWorld 类中添加输出方法并运行

编译运行 Java 程序的快捷键是：Ctrl+F11

MyEclipse 平台是一个非常强大的 IDE，使用它可以大大提高 Java 程序的开发效率，可以说有了 MyEclipse 万事无忧。

1.5.1　Java 项目组织结构

运行完 Java 程序,再回头看看在 MyEclipse 中 Java 项目的组织结构。

1. 包资源管理器

什么是包？可以把它理解为文件夹,在文件系统中会利用文件夹将文件分类管理。在 Java 中就使用包来组织 Java 源文件。在 MyEclipse 界面的左侧,你应该可以看到包资源管理器视图。

通过包资源管理器,能够看到 Java 源文件的组织结构,各个文件是否错误,后面还会进一步详细讨论。这是经常要用到的一个视图。如图 1-17 所示。

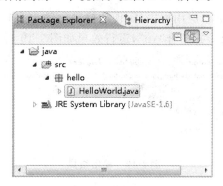

图 1-17　包资源管理器

2. 导航器

在包资源管理器的旁边,还有个导航器视图。如图 1-18 所示。

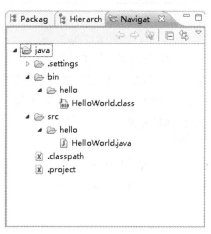

图 1-18　导航器

导航器类似于 Windows 中的资源管理器,它将项目中包含的文件及层次关系都展示出来。在导航器中还有一个 HelloWorld.class 文件,这个就是 JDK 将源文件进行编译后生成的文件。

需要记住的是,在 MyEclipse 的项目中,Java 源文件放在 src 目录下,编译后的.class 文件放在 bin 目录下。

如果无法看到这两个视图，可以选择菜单"Windows"—"Show View"—"Package Explorer"和"Windows"—"Show View"—"Navigator"打开。

1.5.2 上机练习

上机练习1：使用 MyEclipse 开发 Java 程序。

◈ 需求说明

使用 MyEclipse 创建 Java 应用程序，实现从控制台输出多行信息：姓名、年龄、爱好、要求，分多行输出。使用 print()并结合"\n"，运行效果如图 1-19 所示。

图 1-19 输出结果

"\n"可用于换行。

1.5.3 常见错误

程序开发存在一条定律，即"一定会出错"。有时候会不经意犯一些错误，有时候为了理解代码还会故意去制造一些错误来做实验。无论如何，都要能够认识并且排除常见的错误。

下面就来做一些破坏性的工作，把刚才运行正确的程序做一些修改，看看常见的错误有什么，以及 MyEclipse 会给出什么样的帮助。

1. 类名不可以随便起

在前面介绍 Java 程序框架时提到过，HelloWorld 是类名，是程序开发人员自由命名的，那么这个类名是不是可以随便起呢？在 HelloWorld.java 文件中，把类名改为 helloWorld，修改后代码如下所示。

◈ 常见错误1

```
public class helloWorld {
    public static void main(String[] args) {
        //TODO Auto-generated method stub
        System.out.println("Hello World!");
    }
}
```

修改后保存，会发现 MyEclipse 进行了自动编译。在修改的那一行的左侧出现了一个带红色叉号,将鼠标移动到红色叉号上会出现错误提示"The public type helloWorld must be defined in its own file",如图 1-20 所示。

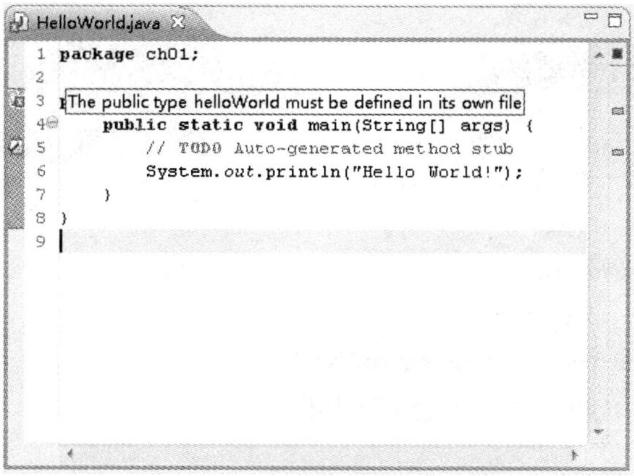

图 1-20　更改类名后的错误页面

仔细观察 MyEclipse 页面,会发现 MyEclipse 在编辑视图,包括资源管理器、问题视图中都给出了错误提示,可以快速定位程序出错的位置,这使得程序开发变得非常方便。

- **结论 1:public 修饰的类的名称必须与 Java 文件同名。**

2. void 不可少

在 main()方法的框架中,void 是告诉编译器 main()方法没有返回值。既然没有,那可不可以省略掉呢？去掉 void 后的代码如下所示,保存后可以看到 MyEclipse 给出错误提示。

↪ 常见错误 2

```
public class HelloWorld{
    public static main(String[] args){
        //TODO Auto-generated method stub
        System.out.println("Hello World!");
    }
}
```

那么这个错误提示是什么意思呢？这是 Java 语言自身的又一个规定,因此得出第二个结论。

- **结论 2:main()方法中的 void 不可少。**

3. Java 对大小写敏感

英文字母有大小写之分,那么 Java 语言中,是否可以随意使用字母大小写呢？把用来输出信息的 System 的首字改为小写的 system,修改后的代码如下所示。

↪ 常见错误 3

```
public class HelloWorld{
    public static void main(String[] args){
        //TODO Auto-generated method stub
        system.out.println("Hello World!");
    }
```

}

将修改后的代码保存,可以看到 MyEclipse 显示出错了,MyEclipse 不认识 system,所以得到第三个结论。

> **结论 3**:Java 对大小写敏感。

4. ";"是必需的

修改输出信息的那一行代码,将句末的";"去掉。

♦ 常见错误 4

```
public class HelloWorld {
    public static void main(String[] args) {
        // TODO Auto-generated method stub
        System.out.println("Hello World!")
    }
```

> **结论 4**:在 Java 中,一个完整的语句都要以";"结束。

5. 引号是必需的

另一个常犯的错误就是会不小心漏掉一些东西,比如忘记写括号,一对括号只写了一个,一对引号只写了一半。如下列所示的代码就是丢掉了一半引号。保存这段代码,MyEclipse 就会报出错误。

♦ 常见错误 5

```
public class HelloWorld {
    public static void main(String[] args) {
        // TODO Auto-generated method stub
        System.out.println("Hello World!); // 丢掉了后面的引号
    }
}
```

> **结论 5**:输出的字符串必须用引号引起来,而且必须是英文的引号。

小结

到此为止,认识了五个常犯的错误,并且知道了应该怎样修改。可能有的错误信息还不能够完全理解,没有关系,现在的任务是避免犯这些错误,一旦犯了要能够找到错误在哪里,怎么修改,这就够了。

1.5.4 上机练习

上机练习 2:MyEclipse 快速上手。

♦ 训练要点

熟练掌握 MyEclipse 使用的相关技巧。

♦ 需求说明

- 在 MyEclipse 的代码编辑区域,为上机练习 2 代码显示行号;

- 给上机练习2中的项目名进行重新命名；
- 在MyEclipse中删除上机练习2中项目在包资源管理器中的显示，但是不删除源文件；

❧ **实现思路及关键代码**

（1）显示行号：在代码编辑区左侧，右键鼠标，选择"Show Line Numbers"；

（2）项目重新命名：在包资源管理器中选中并右键项目，在快捷菜单中选择"Refactor"—"Rename"；

（3）删除项目显示：在包资源管理器中选中项目，选择"Delete"，在弹出的对话框中不选"Delete project contents on disk"。

> **上机练习3**：开发"快买购物管理系统"。

❧ **需求说明**

在控制台输出商品价目表，包括商品名称、价格、购买数量和金额，要求：使用"\t"和"\n"进行显示格式的控制。运行结果如图1-21所示：

图1-21 购物清单

1.6 贯穿项目练习

> **阶段1：指导——从控制台输出一行信息"欢迎使用快买购物管理系统"。**

❧ **训练要点**

（1）使用MyEclipse平台开发Java程序；

（2）Java输出语句。

❧ **需求说明**

从控制台输出一行信息：欢迎使用快买购物管理系统。

❧ **实现思路及关键代码**

（1）使用MyEclipse创建一个Java项目，ShopManagementSystem；

（2）使用MyEclipse创建一个文本文件，命名为LoginMenu1.java；

（3）编写程序框架；

（4）编写输出语句；

```
System.out.println("xxx");        //引号中为需要输出的内容
```

（5）编写注释。

❧ **参考解决方案**

```
public class LoginMenu1 {
```

```
public static void main(String[] args) {
    /*从控制台输出信息*/
    System.out.println("欢迎使用快买购物管理系统1.0版");
}
}
```

阶段2：练习——从控制台输出多行信息。

§ 需求说明

从控制台输出多行信息，如图1-22所示。

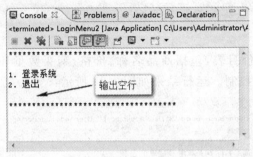

图1-22　输出结果

提 示

"\n"可用于换行。

阶段3：指导——制作系统登录菜单。

§ 训练要点

使用"\n"和"\t"控制输出格式。

§ 需求说明

从控制台输出购物管理系统的登录菜单，如图1-23所示。

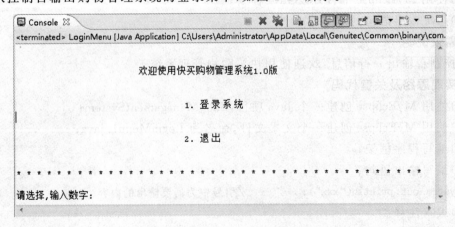

图1-23　购物管理系统登录菜单

❧ 实现思路及关键代码

(1) 使用 MyEclipse 创建文件 LoginMenu.java;

(2) 结合使用"\n"和"\t"输出菜单。

　　// 使用"\t"在行首输出一些空格,使用两个"\n"输出两个空行
　　System.out.println("\t\t\t\t 1. 登 录 系 统\n\n");

❧ 参考解决方案

```
public class LoginMenu {
    /*
    * 显示系统登录菜单
    */
    public static void main(String[] args) {
        System.out.println("\n\n\t\t\t 欢迎使用快买购物管理系统 1.0 版\n\n");
        System.out.println("\t\t\t\t 1. 登录系统\n\n");
        System.out.println("\t\t\t\t 2. 退出\n\n");
        System.out.println(" ****************************************\n");
        System.out.print("请选择,输入数字:");
    }
}
```

阶段 4:练习——制作系统主菜单和客户信息管理菜单。

❧ 需求说明

(1) 从控制台输出快买购物管理系统主菜单,如图 1-24 所示;

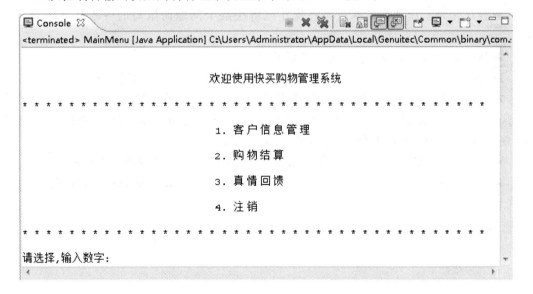

图 1-24　网络购物系统主菜单

（2）从控制台输出快买客户信息管理菜单，如图 1-25 所示。

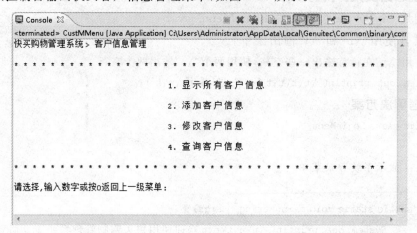

图 1-25　客户信息管理菜单

> **提示**
>
> 根据输出格式，模仿阶段 3 制作系统主菜单和客户信息管理菜单。

本章总结

➢ 程序是为了让计算机执行某些操作或解决某个问题而编写的一系列有序指令的集合。

➢ Java 包括编程语言和相关的大量技术。

➢ Java 主要用于开发两类程序：桌面应用程序和 Internet 应用程序。

➢ 开发一个 Java 应用程序的基本步骤是：编写源程序、编译程序和运行程序，源程序以 .java 为后缀名，编译后生成的文件以 .class 为后缀名。使用 javac 命令可以编译 .java 文件，使用 java 命令可以运行编译后生成的 .class 文件。

➢ 编写 Java 程序要符合 Java 编程规范，为程序编写注释大大增加了程序的可读性。

➢ MyEclipse 是一个功能强大的集成开发环境，它的各种窗口便于 Java 程序的开发、调试和管理。

第 2 章
数据类型、运算符和变量

本章工作任务
- 实现运算功能：计算成绩差和平均分
- 升级"快买购物管理系统"

本章知识目标
- 掌握变量的概念
- 会使用常用数据类型
- 会使用赋值运算符和算术运算符
- 会进行数据类型转换

本章重点难点
- 数据类型转换
- 掌握各种常用的数据类型

上一章介绍了 Java 的编写方法和编写环境,并且在 MyEclipse 环境下运行了 Java 程序,显示出相应的效果。本章开始,将介绍 Java 语言的在使用中常用到的变量及其特点。作为一种高级语言,Java 对使用变量的要求比较严格。

2.1　数据类型

2.1.1　不同的数据类型

计算机的基本作用就是运算,要运算就要给它数据。"巧妇难为无米之炊",这些数据可以由用户输入,也可以从文件获得,甚至可以从网络得到。大千世界,数据更是不计其数。但是可以把见过的数据归归类。是整数还是小数?是一串字符还是单个字符?比如你会看到下面的数据:

手机品牌:"华为";"苹果";"小米";"三星"

手机价格:4800.50;4500.80;1300;2100

这里,手机品牌都是由一串字符组成的;手机价格有小数,有整数。当然还会经常碰到别的数据,例如手机"开"或"关",这就是一个字符。

2.1.2　Java 常用数据类型

如何在程序中表示不同类型的数据呢?Java 中定义了许多数据类型。生活中的数据都能在这里找到匹配。表 2-1 列出了 Java 定义的常用数据类型。

表 2-1　常用 Java 数据类型

数据类型	说明	举例
int	整型	用于存储整数,比如学员人数、员工编号等
double	双精度浮点型	用于存储带有小数的数字,比如商品价格、工资等
char	字符型	用于存储单个字符,比如性别"男"或"女"等
String	字符串型	用于存储一串字符,比如员工姓名、产品介绍等

在前面讲到的"要根据数值的需求来分配存储空间",就是指要根据数据的类型来分配,是整数、小数还是字符。不同的数据在存储时所需要的空间各不相同。例如,int 型的数值要占四个字节,而 double 型数值占八个字节。因此,不同类型的数据就需要用不同大小的内存空间来存储。其中,int、double、char 都是 Java 定义的关键字。

Java 语言常用的变量类型有整型(int 型)、双精度浮点型(double)、字符型(char)和字符串型(String)。

int:用于存储整数,比如学院人数、公司员工编号、一年的天数、一天的小时数。

double:用于存储带有小数的数字,比如商品的价格、员工的工资等。

char:用于存储单个字符,比如性别"男"或"女"、成绩"优"或"良"。

String:用于存储一串字符,比如员工姓名、产品名称等。

2.2 变量声明及使用

程序运行的过程中,将数值通过变量加以存储,以便程序随时使用,整个步骤如下:
(1)根据数据的类型在内存中分配一个合适的"房间",并给它起名,即"变量名";
(2)将数据存储到这个"房间"中;
(3)从"房间"中取出数据使用,可以通过变量名来获取。

在内存中存储金额为1000元,显示内存中存储的数据的值。

【例2.1】 显示变量信息。
```
public class MyVariable {
    public static void main(String[] args) {
        int money = 1000;                //存储本息
        System.out.println(money);       //显示存储的数据的值
    }
}
```
例2.1展示了存储数据和使用数据的过程,输出的结果如图2-1所示。

图2-1 显示存储数据展示结果

关键代码虽然只有两行,但展示了如何定义和使用变量。任何复杂的程序都由此构成。下面分析一下。

(1)声明变量,即"根据数据类型在内存中申请一块空间",这里你需要给变量起个名字。语法如下:

数据类型 变量名;

其中,数据类型可以是Java定义的任意一种数据类型。
比如要存储Java课考试最高分98.5,获最高分的学生姓名"张三"以及性别"男"。
double score;   //声明双精度浮点型变量score存储分数
String name;   //声明字符串型变量name存储学生姓名
char sex;   //声明字符型变量sex存储性别
(2)给变量赋值,即"将数据存储至对应的内存空间"。语法如下:
变量名=值;

例如：

score=98.5;   //存储 98.5
name="张三";   //存储"张三"
sex='男';   //存储'男'

这样的分解步骤有点繁琐，你也可以将前面的声明变量和变量赋值合二为一，在声明一个变量的时候同时给变量赋值。语法如下：

数据类型 变量名=值;

例如：

double score=98.5;
String name="张三";
char sex='男';

(3)调用变量

使用存储的变量，称之为"变量调用"；

System.out.println(score);   //从控制台输出变量 score 存储的值
System.out.println(name);   //从控制台输出变量 name 存储的值
System.out.println(sex);   //从控制台输出变量 sex 存储的值

可见，使用声明的变量名就是在使用变量的内存空间中存储的数据。

另外，需要注意的是，尽管可以选用任意一种自己喜欢的方式进行变量声明和赋值，但是要记住"变量都必须声明和赋值后才能使用"。因此要想使用一个变量，变量的声明和赋值必不可少！

2.2.1 变量命名规则

旅馆可以随心所欲给房间起名字，可以是数字"1001"，也可以是有趣的名字"听雨轩"、"精英阁"等。但是在给变量起名字时，就要受到一些约束了，那么什么样的名字才是正确的呢？如表 2-2 所示。

表 2-2 变量命名规则

序号	条件	合法变量名	非法变量名
1	变量名必须以字母、下划线"_"或"$"符号开头	_myCar score1	*myvar //不能以 * 开头
2	变量名可以包含数字，但不能以数字开头	$myCar	9var //不能以数字开头
3	除了"_"和"$"符号以外，变量名不能包含任何特殊字符	graph_1	var% //不能包含% a+b //不能包括+ My Var //不能包括空格
4	不能使用 Java 语言的关键字，比如 int、class、public 等		t-2 //不能包括连字符

另外，Java 变量名的长度没有任何限制，但是 Java 语言区分大小写，所以 price 和 Price 是两个完全不同的变量。

变量名要简短且能清楚地表明变量的作用,通常第一个单词是首字母小写,其后单词是首字母大写。例如:
　　int ageOfStudent;　　　　//学生年龄
　　int ageOfTeacher;　　　　//教师年龄

为了使日后更容易维护程序,变量的名称要让人一眼就能看出这个变量的作用。例如 ageOfStudent 代表学生的年龄,ageOfTeacher 代表老师的年龄。但是在初学时,很多人喜欢使用一些简单的字母来作为变量名称,比如 a,b,c 等。这样尽管正确,但是你会发现,如果有 100 个这样的变量,在使用的时候就会混乱不堪,分不清哪个变量代表哪个意思了。所以要尽量使用有意义的变量名,而且最好竭尽所能使用简短的英文单词。

2.2.2　常见错误

尽管非常细心,或者已经掌握了刚才学到的所有知识,但是进行实战的时候,所编写的代码还是不可避免地会被编译器挑出毛病。下面举例一些常犯的错误。

1. 变量未赋值先使用

在前面的讲解中一再强调"变量要先声明后使用",那么如果程序使用了未被赋值的变量会怎样呢?

▷ **常见错误 1**

```
public class Error1 {
    /*
     * 常见错误
     */
    public static void main(String[] args) {
        String title;                    //声明变量 title 存储课程名
        System.out.println(title);       //从控制台输出变量的值
    }
}
```

编译运行代码,编译器会毫不留情地提示编译错误,如图 2-2 所示。

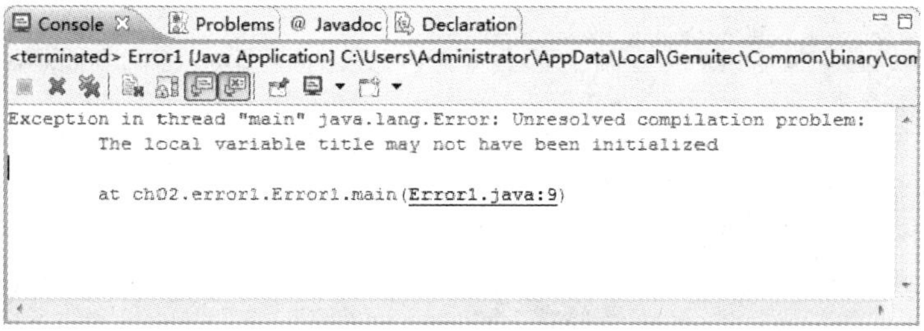

图 2-2　提示错误页面

排错方法:按照前面所学的内容,使用前要给变量赋值。

2. 使用非法的变量名

变量在命名时如果不符合规则，Java编译器同样无法正常编译。

↳ **常见错误** 2

```java
public class Error2 {
    /*
     * 常见错误
     */
    public static void main(String[] args) {
        int % hour = 18;                    //声明变量 hour 存储学时
        System.out.println(% hour);         //从控制台输出变量的值
    }
}
```

将代码编译运行，提示运行错误如图 2-3 所示。

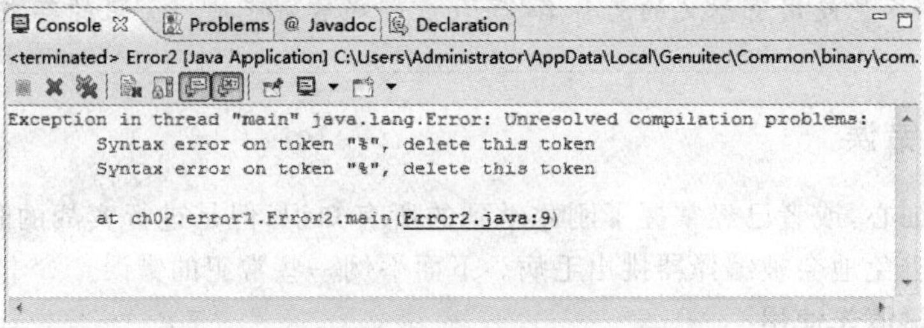

图 2-3　提示错误页面

排错方法：按照命名规则，修改不合法的变量名。

3. 变量不能重名

↳ **常见错误** 3

```java
public class Error3 {
    /*
     * 常见错误
     */
    public static void main(String[] args) {
        String name = "张三";               //声明变量存储"张三"
        String name = "李四";               //声明变量存储"李四"
    }
}
```

将代码编译运行，提示如图 2-4 所示

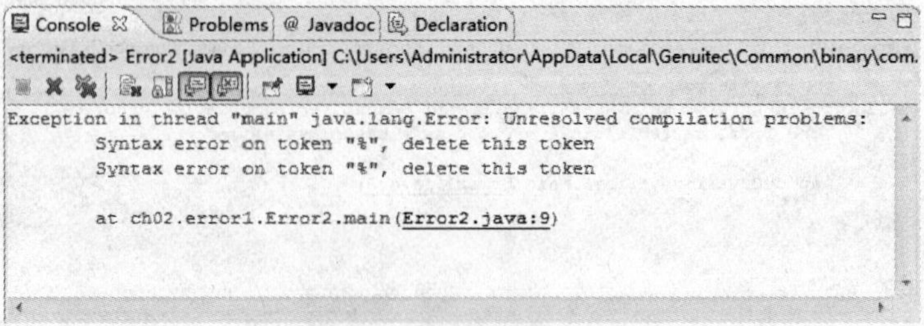

图 2-4　提示错误页面

排错方法：修改使用两个不同的变量名来存储。

2.3 运算符

Java 语言的常用运算符有赋值运算符、算术运算符和比较运算符等。

2.3.1 赋值运算符

在前面的学习中,使用最多的是什么呢？那就是"＝",例如：
 int money = 1000；

使用"＝"将数值 1000 放入变量存储空间中,这里的"＝"就称为赋值运算符。

赋值运算符:使用"＝"将右侧的值赋予左侧的变量,例如：
 int age = 20；   //存储年龄
 double height = 177.5；
 int weight = 78；

使用"＝"将数值 20 放入变量 age 的存储空间中,这个"＝"就是赋值运算符。

> 学员张伟的 Java 成绩是 80 分,学员李萌的 Java 成绩和张伟的相同,输出李萌的成绩。

【例 2.2】
```
public class OperatorDemo {
    /*
     * 使用"＝"运算符
     */
    public static void main(String[] args) {
        int wangScore = 80;                 //张伟成绩
        int zhangScore;                     //李萌成绩
        zhangScore = wangScore;
        System.out.println("李萌的成绩是:" + zhangScore);
    }
}
```

由例 2.2 可以知道,"＝"可以将某个数值赋给变量,或是将某个表达式的值赋给变量。表达式就是符号(如加号、减号等)与操作数(如 a、3 等)的组合,例如：
 int b；
 int a = (b + 3) * (b − 2)；

> 最后一个语句将变量 b 的值取出后进行计算,然后再将计算结果存储到变量 a 中。如果写成"(b+3)*(b−2)＝a"那就要出错了！切记"＝"的功能是将等号右边的表达式的结果赋值给等号左边的变量。

2.3.2 算术运算符

算术运算符:Java中提供运算功能的就是算术运算符,它使用数值操作数进行数学计算。

很早就开始学习算术运算了。最简单的算术运算就是加减乘除。那么如何编写程序让计算机来完成算术运算呢?Java中提供运算功能的就是算术运算符,它使用数值操作数进行数学计算。Java中常用的算术运算符有"＋"(加法运算符,求操作数的和)、"－"(减法运算符,求操作数的差)、"＊"(乘法运算符,求操作数的乘积)、"/"(除法运算符,求操作数的商)和"％"(取余运算符,求操作数相除的余数)等。

表2-3展示了常用的算术运算符。

表2-3 常用算术运算符

运算符	说明	举例
＋	加法运算符,求操作数的和	5＋2 等于 7
－	减法运算符,求操作数的差	5－2 等于 3
＊	乘法运算符,求操作数的乘积	5＊2 等于 10
/	除法运算符,求操作数的商	5/2 等于 2
％	取余运算符,求操作数相除的余数	5％2 等于 1

下面就使用Java提供的算术运算符来解决一个简单的问题。

从控制台输出学员张伟三门课程的乘积,编写程序实现:Java课和SQL课的分数之差;三门课的平均分。

〔分析〕 首先要声明变量来存储数据,数据来源于用户从控制台输入的信息。然后进行计算并输出结果。

【例2.3】 成绩统计。

```
import java.util.Scanner;
public class ScoreStat {
/**
* 成绩统计
*/
public static void main(String[] args) {
Scanner input = new Scanner(System.in);
System.out.print("STB的成绩是:");
int stb = input.nextInt();                    //STB分数
System.out.print("Java的成绩是:");
int java = input.nextInt();                   //Java分数
System.out.print("SQL的成绩是:");
int sql = input.nextInt();                    //SQL分数
```

```
        int diffen;                                    //分数差
        double avg;                                    //平均分
        System.out.println("----------------------");
        System.out.println("STB\tJava\tSQL");
        System.out.println(stb + "\t" + java + "\t" + sql);
        System.out.println("----------------------");
        diffen = java-sql;                             //计算 Java 课和 SQL 课的成绩差
        System.out.println("Java 和 SQL 的成绩差:" + diffen);
        avg = (stb + java + sql)/3;                    //计算平均分
        System.out.println("3 门课的平均分是:" + avg);
    }
}
```

程序的运行结果如图 2-5 所示。

图 2-5　成绩统计输出结果

例 2.3 与前面章节不同的是可以从控制台输入一个整数,然后把它存储在已经定义好的变量中,而不是直接在程序中给变量进行赋值。这种交互是通过两行简单的代码实现的：

```
    Scanner input = new Scanner(System.in);
    int stb = input.nextInt();
```

记住,这两行代码做的事情就是通过键盘的输入得到 STB 的成绩。这是 Java 提供的从控制台获取键盘输入的功能,就像 System.out.println("")可以向控制台输出信息一样。这里获取的是一个整型变量,因此调用 nextInt()方法。如果获取的是字符型变量,需要调用 next()方法。需要注意的是要使用这个功能,必须在 Java 源代码第一行写上一句话：

```
    import java.util.Scanner;
```

或者

```
    import java.util.*;
```

另外还有两个非常特殊且有用的运算符:自加运算符"＋＋"和自减运算符"－－",不像别的算术运算符,运算时需要两个操作数,比如"5＋2","＋＋"和"－－"仅仅需要一个操作数,例如：

```
    int num1 = 3;
    int num2 = 2;
```

num1 ++ ;

num2 - - ;

这里"num1++"等价于"num1=num1+1","num2--"等价于"num2=num2-1"。因此,经过运算,num1 的结果是 4,num2 的结果是 1。

2.4 数据类型转换

2.4.1 为什么需要数据类型转换

某班第一次考试平均分是 81.29 分,第二次比第一次增加 2 分,第二次的平均分是多少?

〔分析〕 有时候会遇到这样的情况,必须讲一个 int 数据类型的变量与一个 double 数据类型的变量相加。那么,不同的数据类型能进行运算吗?运算的结果又是什么数据类型呢?

2.4.2 如何进行数据类型转换

有时候需要对两种数据类型在一起进行操作,比如 int 型数据和 double 型数据进行运算的时候,这就需要使用数据类型转换。数据类型转换分为两种,一种是自动数据类型转换,一种是强制数据类型转换。

1. 自动数据类型转换

要解决不同类型之间的数据计算问题,必须要进行数据类型转换,例 2.4 用来解决前面的问题。

【例 2.4】 数据类型转换。

```
public class AutoTypeChange {
    /*
     * 数据类型转换
     */
    public static void main(String[] args) {
        double firstAvg = 81.29;                    //第一次平均分
        double secondAvg;                           //第二次平均分
        int rise = 2;                               //增长的分数
        //自动类型转换
        secondAvg = firstAvg + rise;
        //显示第二次考试平均分
        System.out.println("第二次平均分是:" + secondAvg);
    }
}
```

输出结果如图2-6所示。

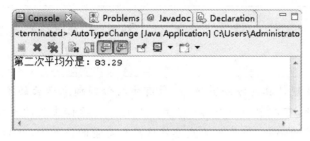

图2-6　例2.4输出结果

从代码中可以看出，double型变量firstAvg和int型变量rise相加后，计算的结果赋给一个double型变量secondAvg，这时就发生了自动类型转换。这个神秘的过程到底是什么呢？

规则1：如果一个操作数为double型，则整个表达式可提升为double型。

首先，Java具有应用于一个表达式的提升规则。表达式（firstAvg＋rise）中操作数firstAvg是double型，则整个表达式的结果为double型。这时，int型变量rise隐式地自动转换成double型，然后它再和double型变量firstAvg相加，最后结果为double型并赋给变量secondAvg。那么，为什么int型变量可以自动转换为double型变量？

这是因为Java语言的一些规则造成的。将一种类型的变量赋给另一种类型的变量时，就会发生自动类型转换。例如：

　　int score = 80;
　　double newScore = score;

这里，int变量score隐式地自动转换为double型变量。

　　int a = 2;
　　double b = 3.14;
　　double sum = a + b;

在求sum的时候，int类型的变量a自动转换为double类型的变量，和double类型的变量b进行求和。这种就是自动数据类型转换。但是，这种转换并不是永远无条件发生的。

规则2：满足自动类型转换的条件。

- 两种类型要兼容：数值类型（整型和浮点型）互相兼容。
- 目标类型大于源类型：double型可以存放int型数据，因为double型变量分配的空间宽度足够存储int型变量。因此，也把int型变量转换成double型变量，形象地称为"放大转换"。

2. 强制数据类型转换

事实上，自动类型转换并非所有情况下都有效。如果不满足上述条件，比如在必要时必须将double型变量的值赋给一个int型变量时，这种该如何进行转换呢？这时系统就不会完成自动类型转换了。

如果 Apple 笔记本所占的市场份额是 20%，今年增长的市场份额是 9.8%，求今年所占的份额。

〔分析〕 不难发现计算的方法并不难，原有市场份额加上增长的市场份额便是现在所占的市场份额。因此，可以申明一个 int 型变量 before 来存储去年的市场份额，一个 double 型变量 rise 存储增长的部分，但是如果直接将这两个变量的值相加，然后将计算结果直接赋给一个 int 型变量 now 会出现问题吗？答案是肯定的，那如何解决这个问题呢？下面看例 2.5 所示。

【例 2.5】 强制类型转换。

```
public class TypeChange {
    /*
     * 强制类型转换
     */
    public static void main(String[] args) {
        int before = 20;                    //apple笔记本市场份额
        double rise = 9.8;                  //增长的份额
        //计算新的市场份额(double型变量强制转化成int型变量)
        int now = before + (int)rise;       //现在的份额
        System.out.println("新的市场份额是:" + now);
    }
}
```

进行强制转换以后，运行的结果如图 2-7 所示。

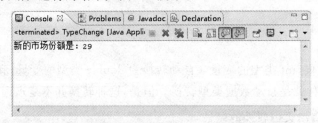

图 2-7 强制类型转换运行结果

可以把 int now=before+(int)rise; 中的 (int) 去掉，看看编译器会给出什么提示。

根据类型提升规则，表达式 (before+rise) 的值应该是 double 型，但是最后的结果却是要转变为 int 型，赋给 int 型变量 now。由于不能进行放大转换，因此必须进行显式地强制类型转换。

如果 int 类型的变量 a 和 double 类型的变量 b 求和的时候，要求得到 int 类型的值 sum，这时候使用自动数据类型转换就不行了，就需要使用强制数据类型转换，例如：

```
int a = 2;
double b = 3.14;
int sum = a + (int)b;
```

如果在 int 类型 sum 求和的时候,double 类型的变量 b 前面没有加上(int),那么编译软件会查出错误并且进行提示,程序无法运行。这种前面加上类型符号的转换方式,就是强制数据类型转换。强制类型转换语法如下:

(数据类型)表达式

在变量前加上括号,括号中的类型就是你要强制转换成的类型。比如说:

  double d = 34.5634;
  int b = (int)d;

运行后 b 的值是:

34

从例中可以看出,由于强制类型转换往往是从宽度大的类型转换成宽度小的类型,是数值损失了精度(如 2.3 变成 2),因此可以形象地称这种转换为"缩小转换"。

2.5 贯穿项目练习

阶段 1:升级快买购物管理系统,计算购物消费金额。

▷ 训练要点

(1)运算符(*、=)的使用。

(2)从控制台输出信息。

▷ 需求说明

根据购物清单如表 2-4 及会员级别完成以下操作。

(1)计算消费金额。

(2)以表 2-5 的形式输出结构(不要求表格边框)。

表 2-4 购物清单

客户	购买商品	单价	个数	折扣
1	T恤	¥420.78	1	9.5
2	网球	¥45	3	无

表 2-5 输出格式

客户	消费金额
张三	?
李四	?

▷ 实现思路及关键代码

(1)使用 MyEclipse 创建文件,命名为 Pay1.java。

(2)声明变量分别存放单价和购物个数。

(3)根据不同的折扣,分别计算消费金额。

  消费金额=单价 * 个数 * 折扣

(4)使用"+"连接输出信息,使用转义字符\t控制输出格式。

❧ 参考解决方案

```java
public class Pay1 {
    public static void main(String[] args) {
        double shirtPrice = 420.78;           //T恤单价
        int shirtNo = 1;                      //购T恤件数
        double tennisPrice = 45;              //网球单价
        int tennisNo = 3;                     //购网球个数
        //张三消费金额
        double shirtMoney = shirtPrice * shirtNo * 0.95;
        //李四消费金额
        double tennisMoney = tennisPrice * tennisNo;
        System.out.println("客户\t" + "消费金额");
        System.out.println("张三\t" + shirtMoney);
        System.out.println("李四\t" + tennisMoney);
    }
}
```

阶段2：升级快买购物管理系统，实现购物结算、购物小票打印及购物积分计算。

❧ 需求说明

张三（享受8折）的购物信息见表2-6，结算时支付1500元。

表2-6 购物清单

商品	单价	个数
T恤	245	2
网球鞋	570	1
网球拍	320	1

(1) 计算消费总额并打印购物小票，如图2-8所示。
(2) 计算此次购物获得的会员积分（每消费100元可获得3分）。

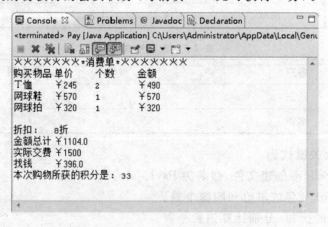

图2-8 输出结果

(1)使用 MyEclipse 创建文件,保存为 Pay.java(注意要使用统一的名字,以后的章节用到这段代码时易于查找和使用)。
(2)声明变量存储信息。
商品价格:shirtPrice(T 恤价格),shoePrice(网球鞋价格),padPrice(网球拍价格)。
商品数量:shirtNo(T 恤个数),shoeNo(网球鞋个数),padNo(网球拍个数)。
其他:discount(折扣),finalPay(消费总额),returnMoney(找钱),score(积分)。
(3)计算总金额和找钱:
消费总额=各商品的消费金额之和*折扣
找钱=1500-消费总额
(4)使用\t 和\n 控制购物小票的输出格式。
(5)计算本次消费所获得的积分:
所获积分=消费总额*3/100
(6)在中英文输入法状态下,"$"符号键和"￥"符号键可以互相转换。

阶段 3:升级快买购物管理系统,模拟幸运抽奖。

↳ 训练要点

运算符(%、/)的使用。

↳ 需求说明

"快买 shopping"推出幸运抽奖活动,抽奖规则是:客户的 4 位会员卡号的各个位上的数字之和大于 20,则为幸运客户,有精美 MP3 送上。计算 8349 各个位上的数字之和,输出结果如图 2-9 所示。

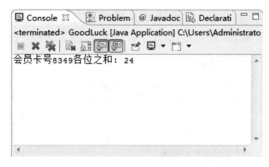

图 2-9 输出结果

↳ 实现思路及关键代码

(1)使用 MyEclipse 创建文件,保存为 GoodLuck.java。
(2)结合使用运算符"/"和"%"分解获得各个位上的数字。
例如:
　　int num = 1209;

使用运算符%进行求余运算，num%10的结果为9，即分解获得各个位上的数字。
（3）计算各位数字之和。

参考解决方案

```java
public class GoodLuck {
    public static void main(String[] args) {
        int custNo = 8349;                          //客户会员号(说明：customer---客户)
        int gewei = custNo % 10;                    //分解获得个位数
        int shiwei = custNo/10 % 10;                //分解获得十位数
        int baiwei = custNo/100 % 10;               //分解获得百位数
        int qianwei = custNo/1000;                  //分解获得千位数
        int sum = gewei + shiwei + baiwei + qianwei;
        System.out.println("会员卡号" + custNo + "各位之和：" + sum);
    }
}
```

小技巧

使用另一种方法也可以分解获得各位数字：
qianwei＝custNo/1000;   //分解获得千位数字
baiwei＝custNo%1000/100;   //分解获得百位数字
shiwei＝custNo%100/10;   //分解获得十位数字
gewei＝custNo%10;   //分解获得个位数字

阶段4：升级快买购物管理系统，计算员工工资。

需求说明

商场为员工提供了基本工资、物价津贴及房租津贴。其中，物价津贴为基本工资的40％，房租津贴为基本工资的25％。要求：从控制台输入基本工资，并计算输出实际领取工资，输出结果如图2-10所示。

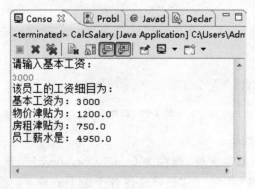

图2-10 输出结果

- 声明变量，分别用来保存基本工资、物价津贴、房租津贴及实领工资。
- 根据公式计算房租津贴和物价津贴

物价津贴＝基本工资＊40/100

房租津贴＝基本工资＊25/100

- 计算实领工资

实领工资＝基本工资＋物价津贴＋房租津贴

本章总结

➢ 变量是一个数据存储空间的表示，它是存储数据的基本单元。

➢ Java中常用的书类型有整型（int）、双精度浮点型（double）、字符型（char）和字符串型（String）。

➢ 变量要先声明并赋值，然后才能使用。

➢ Java 提供各种类型的运算符，具体如下：

- 赋值运算符（＝）
- 算术运算符（＋－＊/％）

➢ 数据类型转换时为了方便不同类型的数据之间进行运算。

➢ 数据类型转换包括自动类型转换和强制类型转换，发生自动类型转换必须符合一定的条件。

➢ Java 提供 Scanner 类可以实现从控制台获取键盘输入的信息。

第 3 章 选择结构

本章工作任务
- 使用 boolean 类型描述成绩高低
- 根据成绩高低做出奖惩
- 实现"快买购物管理系统"会员信息录入

本章知识目标
- 掌握 boolean 类型的用法
- 掌握关系运算符和逻辑运算符
- 掌握 if 选择结构

本章重点难点
- if 选择结构的应用
- boolean 类型的用法

上一章的课程里,学习了变量的概念和一些常用的数据类型,主要有 int、double、char、String 等。另外,还学习了一些运算符,包括算术运算符和赋值运算符。

下面将继续学习 Java 中另外一种数据类型,用它来表示真假。同时还要学习两种运算符,可以通过它们描述生活中的条件语句。

在日常生活中,经常要做出判断,然后才能决定是否做某件事情。例如下班路上如果走这条路回家,需要坐几路公交车,走多远的距离;如果走另外一条路回家,需要坐几路公交车,走多远的距离。选择不同,所遇到的问题和需要处理的事情也会不同。在用语言写程序的过程中,也会出现这样的问题,下面就来看看如何用 Java 语言解决这样的问题。

3.1 boolean 类型

3.1.1 为什么需要 boolean 类型

前面已经学习了一些数据类型,有表示数字的,有表示字符的……但是事物往往还有真假之分,比如在判断一件艺术品的时候常说:"这是真的"或"这是假的"。另外也会经常做一些这样的判断,比如"地铁 2 号线的首发时间是五点吗?"等。这些问题都需要经过判断。但答案只能有两个,要么"是"(也就是真)要么"否"(也就是假)。程序也一样,有时候也需要判断真假。这时就需要一种数据类型,专门用来表示真和假。Java 中使用 boolean 类型表示真假。boolean 又称为"布尔",所以常称为"布尔类型"。boolean 是 Java 的关键字,所有字母小写。

3.1.2 什么是 boolean 类型

知道了表示真假可以用 boolean 类型,那么怎么表示呢? 其实 boolean 类型有两个值,而且只有这两个值。boolean 类型的值如表 3-1 所示。

表 3-1 boolean 类型的值

值	说明
true	真
false	假

3.1.3 如何使用 boolean 类型

从控制台输出张三同学的成绩,与李四的成绩(80 分)进行比较,然后输出"张三的成绩比李四的成绩高吗?"这句话的判断结果。

〔分析〕 程序要实现的功能可以分为两个部分:
(1)实现从键盘获取数据。
(2)比较数据,并将比较的结果打印输出。

【例 3.1】 布尔类型数据使用。

```java
import java.util.Scanner;
public class BoolTest {
    public static void main(String[] args) {
        int liSi = 80;                                  //学员李四成绩
        boolean isBig;                                  //声明一个 boolean 类型的变量
        Scanner input = new Scanner(System.in);         //Java 输入的一种方法
        //提示要输入学员张三的成绩
        System.out.print("输入学员张三成绩：");
        int zhangSan = input.nextInt();                 //输入张三的成绩
        isBig = zhangSan>liSi;                          //将比较结果保存在 boolean 变量中
        //输出比较结果
        System.out.println("张三成绩比李四高吗？" + isBig);
    }
}
```

执行程序后的运行结果如图 3-1 所示。

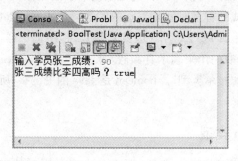

图 3-1　运行输出结果

从例 3.1 中可以看出，和所有的其他数据类型一样，在使用 boolean 类型之前，也需要进行声明和赋值，如下所示。

```
boolean isBig;                  //声明一个 boolean 类型的变量
    isBig = zhangSan>liSi;      //将比较结果保存在 boolean 变量中
```

比较结果是一个 boolean 类型的值，结果为"真"，因此输出的结果为 true。

3.2　关系运算符

3.2.1　为什么要使用关系运算符

现在知道了程序用什么数据类型表示真和假。但是程序如何知道真假呢？可以通过比较大小、长短、多少等得来知道。Java 提供了一种运算符可以用来比较大小、长短、多少等。这就是关系运算符。

3.2.2 什么是关系运算符

通过例 3.1 可知,可以用">"(大于号)比较成绩高低,">"就是一个关系运算符。此外还有一些关系运算符,表 3-2 列出了 Java 语言中提供的关系运算符。

表 3-2 关系运算符

关系运算符	说明	举例
>	大于	99>100,结果为 false
<	小于	2<5,结果为 true
>=	大于等于	考试成绩>=0 分,结果为 true
<=	小于等于	考试成绩<=0 分,结果为 false
==	等于	5==2,结果为 false
!=	不等于	水的密度!=铁的密度,结果为 true

从这个表格可以看出,关系运算符是用来做比较运算的,而比较的结果是一个 boolean 类型的值。要么是真(true),要么是假(false)。例 3.1 中的 isBig=zhangSan>liSi 语句,将张三和李四的成绩相互比较的结果存储在 boolean 类型的变量 isBig 中。

回想一下,加上前面学习的数据类型和运算符,到现在为止,学过的数据类型和运算符都有哪些?拿出一张纸来写一写。忘了可以翻看前面的内容。这些数据类型和运算符在后面的学习中会经常用到。

3.3 if 选择结构

3.3.1 为什么需要 if 选择结构

前面说到,生活中经常需要做判断,然后才能决定是否做某件事情。例如:如果这条路可以通往学校,那么可以走这条路去学校。

现在就用 Java 程序来解决下面这个问题。

如果张伟的 Java 考试成绩大于 90 分,张伟就能获得一个 MP4 作为奖励。

〔分析〕 已经知道如何编写输出"Hello World"的程序,但是有的时候需要先判断一下条件。条件满足则输出,条件不满足,就不要输出。这个问题就需要先判断张伟的 Java 成绩,他的 Java 成绩大于 90 分时,才有奖励。对于这种"需要先判断条件,条件满足后执行"的程序,需要用选择结构来实现。

3.3.2 什么是 if 选择结构

if 选择结构是根据条件判断之后再做处理的一种语法结构。例如张伟的 Java 成绩是否大于 90 分,如果大于 90 分,给张伟奖励一个 MP4,那么 if 选择结构的语法如下:

```
if(条件){          //在此就是张伟的 Java 成绩>90
    代码块         //条件成立后要执行的代码,可以是一条语句,也可以是一组语句
}
```

关键字 if 后面小括号的表达式必须是个布尔值,即表达式的值必须是布尔值,true 或 false。

那么 if 选择结构的程序执行流程是什么样的呢? 如图 3-2,这是代码的图形化表示,称为流程图。结合它来看 if 选择结构的含义和执行过程。图中带箭头的线条表示的是流程线,也就是程序执行的过程。首先对条件进行判断,如果结果是真,执行代码块;否则,执行代码块后面的部分。

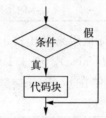

图 3-2 if 选择结构流程图

因此,关键字 if 后小括号里面的条件必须是一个布尔表达式,即表达式的值必须为布尔值 true 或 false。

程序执行时,先判断条件,当结果为 true 时,先执行大括号里的代码块,再执行 if 结构外的程序;当结果为 false 时,跳过大括号里的代码块,直接执行 if 结构外的代码块。

下面看看这段程序如何执行:

```
public static void main(String[] args) {
    语句 1;
    语句 2;
    if(条件){
        语句 3;
    }
    语句 4;
}
```

main()是程序的入口,main()中的语句将逐条顺序地执行,所有的语句都执行完毕后程序结束。因此程序开始执行后,首先语句 1 和语句 2 执行,然后对条件进行判断。如果条件成立,语句 3 执行,然后跳出 if 结构块执行语句 4,如果不成立,语句 3 不执行,直接执行语句 4。

当 if 关键字后的一对大括号里面只有一个语句时,可以省略大括号。但是为了避免有多个语句时忘记大括号以及为了保持程序整体风格一致,建议不要省略 if 结构块的大括号。

> 流程图:逐步解决指定问题的步骤和方法的一种图形化表示方法。
> 流程图直观、清晰地分析问题或设计解决方案,是程序开发人员的好帮手。流程图使用一组预定义的符号来说明如何执行特定的任务。表3-3是符号汇总表。

表 3-3 符号汇总表

符号	符号名称	功能说明
⬭	起止框	表示算法的开始和结束
▭	处理框	表示执行一个步骤
◇	判断框	表示要根据条件选择执行路线
▱	输入输出框	表示需要用户输入或由计算机自动输出的信息
↓ →	流程线	指示流程的方向

3.3.3 如何使用 if 选择结构

1. 使用基本的 if 选择结构

如何使用基本 if 结构编写程序呢?下面看看例 3.2。

【例 3.2】 编写一段程序,当有新同学来的时候,就显示"欢迎新同学!"。

```
public class Model03_02 {
    public static void main(String[] args) {
        boolean isNewStudent = true;
        if(isNewStudent){
            System.out.println("欢迎新同学!");
        }
    }
}
```

新建类 model03_02,同时生成 main 主函数,在主函数内,建立一个布尔型变量 isNewStudent,并赋值为 true,if 结构的条件里面就是 isNewStudent 变量,当变量的值为 true 时,if 的判断条件成立,运行大括号内的语句,在控制台显示出"欢迎新同学!"字样;如果 isNewStudent 变量赋值为 false,那么 if 判断条件就不成立,将不会运行大括号内的语句。

现在使用 if 来解决前面根据张伟的 Java 成绩决定是否奖励 MP4 的问题。

【例 3.3】 if 语句判断是否奖励张伟 MP4。

```
import java.util.Scanner;
public class GetPrize {
```

```
public static void main(String[] args) {
    Scanner input = new Scanner(System.in);
    System.out.print("输入张伟的Java成绩：");     //提示要输入Java成绩
    int score =    input.nextInt();              //从控制台获取张伟的Java成绩
    if ( score>90 ) {                            //判断是否大于90分
        System.out.println("老师说:不错,奖励一个MP4!");
    }
}
```

这里输入张伟的成绩后,通过判断得知是否大于 90 分,大于 90 分会输出"老师说:不错,奖励一个 MP4！"。小于等于 90 分,则不会输出这句话,通过这个简单的例子,体会一下 if 选择结构这种先判断后执行的方式。运行结果如图 3-3 所示。

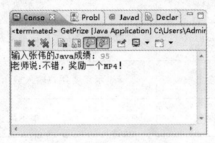

图 3-3　例 3.3 输出结果

2. 复杂条件下的 if 选择结构

张伟 Java 成绩大于 90 分,而且音乐成绩大于 80 分,老师奖励他;或者 Java 成绩等于 100 分,音乐成绩大于 70 分,老师也可以奖励他。

〔分析〕 这个问题需要判断的条件比较多,因此需要将多个条件连接起来。Java 中可以使用逻辑运算符连接多个条件,常见的逻辑运算符如表 3-4 所示。

表 3-4　常用逻辑运算符

运算符	汉语名称	表达式	说明	举例
&&	与、并且	条件1 && 条件2	两个条件同时为真,结果为真;两个条件有一个为假,结果为假	领取中国居民身份证的条件: 年满 18 岁 && 中国公民 两个条件都为真可以领取;有一个条件为假,就不可以领取
‖	或、或者	条件1‖条件2	两个条件有一个为真,结果为真;两个条件同时为假,结果为假	从中国去美国的方式: 飞机‖乘船
!	非	!条件	条件为真时,结果为假;条件为假是,结果为真	成为优秀软件工程师的条件: !偷懒

现在考虑一下怎么连接问题中的条件,首先抽取问题中的条件。

张伟 Java 成绩＞90 分 并且 张伟音乐成绩＞80 分
或者
张伟 Java 成绩==100 分 并且 张伟音乐成绩＞70 分

提取出条件，可以这样编写条件：

第一种写法：score1＞90&&score2＞80 ‖ score1==100&&score2＞70
第二种写法：(score1＞90&&score2＞80) ‖ (score1==100&&score2＞70)

其中，score1 表示张伟的 Java 成绩，score2 表示张伟的音乐成绩。
显然第二种写法更清晰地描述了上述问题的条件：

 经验

当运算符比较多，无法确定运算符执行的顺序时，可以使用小括号控制一下顺序。

上述问题的完整代码如例 3.4 所示。

【例 3.4】 逻辑运算符的应用。

```java
public class GetPrize2 {
    public static void main(String[] args) {
        int score1 = 100;                    //张伟的 Java 成绩
        int score2 = 72;                     //张伟的音乐成绩
        if ((score1＞98 && score2＞80) ‖ (score1 ==100 && score2＞70)) {
            System.out.println("老师说:不错,奖励一个 MP4!");
        }
    }
}
```

图 3-4　运行输出结果

3. 使用 if-else 选择结构

 问题

如果张伟 Java 考试成绩大于 98 分，老师奖励他一个 MP4；否则老师罚他写代码。

〔分析〕　与上面的 if 选择结构不同的是，除了要实现条件成立执行的操作，同时还要实现条件不成立时执行的操作。

当然，可以用两个 if 选择结构实现，如例 3.5 所示。

【例 3.5】 使用简单 if 解决问题。
```java
public class SimpleIf {
    public static void main(String[] args) {
        int score = 91;                              //张伟的 Java 成绩
        if ( score>90 ){
            System.out.println("老师说:不错,奖励一个 MP4!");
        }
        if ( score<=90 )  {
            System.out.println("老师说:惩罚进行编码!");
        }
    }
}
```

使用两个 if 选择结构看起来很冗长。上面这种是简单的 if 判断情况,有时候简单判断结构是无法解决遇到的问题,可能需要进行多次的判断才能解决。比如要给学生的成绩分出等级,60 分以上为合格,60 分以下为不合格。这时候,仅仅使用 if 结构不能很好地解决问题,其实有一种语法结构可以更好地解决这个问题,就是使用 if-else 选择结构。表示"如果 xx,就 xx;否则就 xx"。使用 Java 程序语言编写程序的过程,其实就是造句的过程。只不过是使用 Java 语言来造句。

if-else 结构语法如下:
```
if(条件){
    代码块 1
}else{
    代码块 2
}
```
图 3-5 展示了 if-else 选择结构的执行过程。

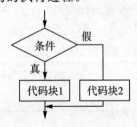

图 3-5 if-else 选择结构流程图

【例 3.6】 展示上面 60 分以上为合格,60 分以下为不合格的 Java 实现:
```java
public class model03_02 {
    public static void main(String[] args) {
        int score = 90;
        if(score>=60){
            System.out.println("成绩合格");
        }
        else{
```

```
            System.out.println("成绩不合格");
        }
    }
}
```
结合前面的流程图,使用 if-else 选择结构来解决前面的问题,如例 3.7 所示。

【例 3.7】 使用 if-else 选择结构。
```
public class SimpleIf2 {
    public static void main(String[] args) {
        int score = 90;                        //张伟的 Java 成绩
        if ( score>90 ) {
            System.out.println("老师说:不错,奖励一个 MP4!");
        }else{
            System.out.println("老师说:惩罚进行编码!");
        }
    }
}
```
程序的运行结果如图 3-6 所示。

图 3-6　使用 if-else 选择结构

3.4　多重 if 选择结构

在上例中,如果学生的成绩等级再细分,对学生的结业考试成绩进行测评。
成绩>=90:优秀
成绩>=80:良好
成绩>=60:中等
成绩<60:差

〔分析〕　这个问题是要将成绩分成几个区间判断,可以确定使用单个 if 选择结构无法完成。你也一定想到了,使用多个 if 选择结构就可以了。如果用前面学习的基本 if 选择结构,不但要写很多 if,而且条件写起来也很麻烦。Java 中还有一种 if 选择结构的形式:多重 if 选择结构。多重 if 选择结构在解决需要判断的条件是连续的区间时有很大的优势。

多重if选择结构不是多个基本if选择结构简单地排列在一起,它的语法具体如下:
```
if(表达式 a){
    语句块 1              //当表达式 a 的值为 true 时,执行语句块 1
}else if(表达式 b){
    语句块 2              //当表达式 a 的值为 false 且表达式 b 的值为 true 时执行语句块 2
}else{
    语句块 3              //当所有的表达式值都为 false 时执行语句块 3
}
```
这个多重if选择结构到底如何执行呢?

首先程序判断表达式a,如果成立,执行语句块1,然后直接跳出这个多重if选择结构,执行它后面的代码。这种情况下,语句块2和语句块3都不会被执行。如果表达式a不成立,表达式b将会被判断。如果表达式b成立,执行语句块2,然后跳出这个多重if选择结构,执行它后面的代码。这种情况下,语句块1和语句块3不会被执行。如果表达式b也不成立,语句块1和语句块2都不执行,直接执行语句块3。程序执行的流程如图3-7所示。

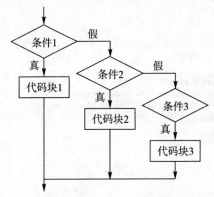

图 3-7　多重 if 选择结构流程图

其中,else if 块可以有多个或没有,需要几个 else if 块完全取决于你的需要。注意:else 块最多有一个或者没有,else 块必须要放在 else if 块之后。

既然知道了多重 if 选择结构的语法结构,那么如何使用多重 if 选择结构解决这个问题呢? 代码如例 3.8 所示。

【例 3.8】 多重 if 选择结构。
```java
public class model03_03 {
    public static void main(String[] args) {
        int score = 85;
        if(score>=90){
            System.out.println("成绩优秀");
        }
        else if(score>=80){
            System.out.println("成绩良好");
        }
        else if(score>=60){
```

```
            System.out.println("成绩中等");
        }
        else{                                              //成绩<60
            System.out.println("成绩不合格");
        }
    }
}
```

运行结果如图 3-8 所示。

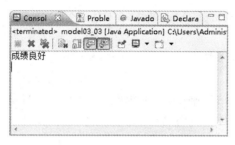

图 3-8　多重 if 结构输出结果

观察这段代码,结合 else if 块的执行顺序可以看出,else if 块的顺序是连续的,而不是跳跃的,就像图 3-7 多重 if 选择结构流程图展示的那样。因为,第一个条件之后的所有条件都是在第一个条件不成立的情况下才出现的;而第二个条件之后的所有条件是在第一个、第二个条件都不成立的情况下才出现的,依此类推。可见,如果条件之间存在连续关系,else if 块的顺序不是乱排的,要么从大到小,要么从小到大,总之要有顺序地排列。

为了加深理解,再看一个类似的问题。

我想买车,买什么车决定于我在银行有多少存款。
如果我的存款超过 500 万,我就买凯迪拉克;
否则,如果我的存款超过 100 万,我就买帕萨特;
否则,如果我的存款超过 50 万,我就买伊兰特;
否则,如果我的存款超过 10 万,我就买奥拓;
否则我就买捷安特。

〔分析〕　看到这个问题的时候,是否觉得和上一个问题很相似,那么来做一下。这个问题的完整的代码如例 3.9 所示。建议在看代码示例之前,自己先模仿前面的案例做一遍,做完之后再看完整的案例代码。

【例 3.9】　多重 if 选择结构实现买车。

```
public class BuyCar {
    public static void main(String[] args) {
        int money = 52;//我的存款,单位(万元)
        if (money >= 500) {
```

```
            System.out.println("太好了,我可以买凯迪拉克");
        } else if (money >= 100) {
            System.out.println("不错,我可以买辆帕萨特");
        } else if (money >= 50) {
            System.out.println("我可以买辆伊兰特");
        } else if (money >= 10) {
            System.out.println("至少我可以买个奥拓");
        } else {
            System.out.println("看来,我只能买个捷安特了");
        }
    }
}
```

再看看下面的例 3.10 的代码,大体上跟例 3.9 的一样,只是 else if 块的顺序稍微变化了一下,如果把上面的程序写成下面这样,编译不会出错,但是会输出什么呢?建议大家自己上机试一下。

【例 3.10】
```
public class BuyCar2 {
    public static void main(String[] args) {
        int money = 52;                            //我的存款,单位(万元)
        if (money >= 500) {
            System.out.println("太好了,我可以买凯迪拉克");
        } else if (money >= 100) {
            System.out.println("不错,我可以买辆帕萨特");
        } else if (money >= 10) {
            System.out.println("至少我可以买个奥拓");
        } else if (money >= 50) {
            System.out.println("我可以买辆伊兰特");
        } else {
            System.out.println("看来,我只能买个捷安特了");
        }
    }
}
```

如果你测试过后,会发现本来可以买辆伊兰特的,却成了只能买奥拓了。虽然为我省了钱,但是没有达到预期的目的。事实上,按照这样的顺序,无论我有多少钱,永远也买不到伊兰特了。大家可以画出它的流程图,执行过程就很清楚了。

如果多重 if 选择结构中的所有条件之间只是简单的互斥,不存在连续的关系,则条件没有顺序要求。如判断一个人的国家是中国、美国、英国、法国或其他。

3.5 嵌套 if 选择结构

学校举行运动会,百米赛跑跑入 10 秒内的学生有资格进决赛,根据性别分别进入男子组和女子组。

〖分析〗 首先要判断是否能够进入决赛,在确定进入决赛的情况下,还要判断是进入男子组还是进入女子组。这就需要使用嵌套 if 选择结构来解决。

嵌套 if 选择结构就是在 if 里面再嵌入 if 选择结构。它的语法结构如下:
```
if(条件 1){
    if(条件 2){
        代码块 1
    }else{
        代码块 2
    }
}else{
    代码块 3
}
```
程序的执行过程如图 3-9 所示。

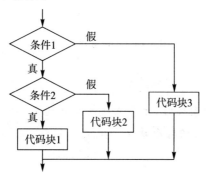

图 3-9 嵌套 if 选择结构的流程图

现在使用嵌套 if 选择结构解决这个问题,代码如例 3.11 所示。

【例 3.11】 if 嵌套使用。
```java
import java.util.*;
public class RunningMatch {
    public static void main(String[] args) {
        Scanner input = new Scanner(System.in);
        System.out.print("请输入比赛成绩(s):");
        double score = input.nextDouble();
```

```
        System.out.print("请输入性别:");
        String gender = input.next();
        if(score <= 10){
            if(gender.equals("男")){
                System.out.println("进入男子组决赛!");
            }else if(gender.equals("女")){
                System.out.println("进入女子组决赛!");
            }
        }else{
            System.out.println("淘汰!");
        }
    }
}
```

运行结果如图 3-10 所示。

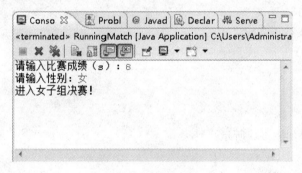

图 3-10　if 嵌套运行结果

- 只有当满足外层 if 的条件时，才会判断内层 if 的条件。
- else 总是与它前面最近的那个缺少 else 的 if 配对。

if 结构书写规范如下：
- 为了使 if 结构更加清晰，应该把每个 if 或 else 包含的代码块都用大括号括起来。
- 相匹配的一对 if 和 else 应该左对齐。
- 内层的 if 结构对于外层的 if 结构要有一定的缩进。

3.6 switch 选择结构

3.6.1 为什么使用 switch 选择结构

张伟参加计算机编程大赛：
如果获得第一名，将参加麻省理工大学组织的 1 个月夏令营；
如果获得第二名，将奖励联想笔记本电脑一部；
如果获得第三名，将奖励移动硬盘一个；
否则，不给任何奖励。

〔分析〕 你可能想到这个问题可以使用多重 if 选择结构解决。的确，使用多重 if 选择结构完全可以解决。代码如例 3.12 所示。

【例 3.12】
```java
public class Compete {
    public static void main(String[] args) {
        int mingCi = 3;                          //名次
        if (mingCi ==1) {
            System.out.println("参加麻省理工大学计算机学院组织1个月夏令营");
        }else if (mingCi ==2) {
            System.out.println("奖励 hp 笔记本一部");
        }else if (mingCi ==3) {
            System.out.println("奖励移动硬盘一部");
        }else {
            System.out.println("没有任何奖励");
        }
    }
}
```

例 3.12 解决了这个问题，但是看上去很啰嗦。这个问题跟前面的问题比起来有什么不同？显然，这个问题是等值的判断，之前的问题是区间的判断。对此，Java 提供了一种结构，可以方便地解决等值的判断问题，这就是 switch 选择结构。

3.6.2 什么是 switch 选择结构

知道了 switch 结构可以更好地解决等值判断的问题，那么 switch 结构是什么样的呢？switch 分支语句的基本语法如下：

```
switch(判断表达式){
    case 表达式 a:
        语句块 a;              //判断表达式和表达式 a 匹配时，执行语句块 a
```

```
        break;
    Case 表达式 b:
        语句块 b;          //判断表达式和表达式 b 匹配时,执行语句块 b
        break;
    ……
    default:
        语句块 n;          //判断表达式和所有的 case 都不匹配时,执行语句块 n
        break;
}
```
这里 switch、case、default、break 都是 Java 的关键字。

> switch 的选择结构用到四个关键字,下面分别来认识它们。
>
> • switch:表示"开关",这个开关就是 switch 关键字后面小括号里的值,小括号里要放一个整型变量或字符型变量。
>
> • case:表示"情况、情形",case 后必须是一个整型或字符型的常量表达式,通常是一个固定的字符、数字,例如 8,'a'。case 块可以有多个,顺序可以改变,但是每个 case 后常量值必须各不相同。
>
> • default:表示"默认",即其他情况都不满足。default 后要紧跟冒号,default 块和 case 块的先后顺序是可以变动的,而不会影响程序执行的结果。通常,default 块放在末尾,当然它也可以省略。
>
> • break:表示"停止",即跳出当前结构。

知道了 switch 选择结构的语法,那么它的执行过程是什么样的呢?具体如下所述。

先计算 switch 后面小括号里的整型变量的值,然后将计算结果顺序跟每个 case 后面的常量比较,当遇到二者相等的时候,执行相应 case 块中的代码,遇到 break 时就跳出 switch 选择结构,执行 switch 选择结构之后的代码。如果没有任何一个 case 后的常量跟小括号中的值相等,则执行 switch 末尾部分的 default 块中的代码。

3.6.3 如何使用 switch 选择结构

了解了 switch 选择结构的语法以及它的执行过程之后,就来用 switch 选择结构解决一个等值判断的问题,具体代码如例 3.13 所示。

【例 3.13】 根据数字输出星期,超过显示错误。
```
public class model03_13 {
    public static void main(String[] args) {
        int day = 0;
        switch(day){
        case 1:
            System.out.println("Monday");
            break;
```

```
            case 2:
                System.out.println("Tuesday");
                break;
            case 3:
                System.out.println("Wednesday");
                break;
            case 4:
                System.out.println("Thursday");
                break;
            case 5:
                System.out.println("Friday");
                break;
            case 6:
                System.out.println("Saturday");
                break;
            case 7:
                System.out.println("Sunday");
                break;
            default:
                System.out.println("The day is error!");
                break;
        }
    }
}
```

程序的运行结果如图所示。

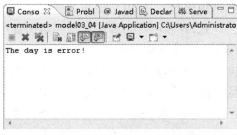

图 3-11　输出星期运行结果

来解决之前提出的问题。

【例 3.14】 奖励问题。

```
public class Compete2 {
    public static void main(String[] args) {
        int mingCi = 1;    //名次
        switch (mingCi){
            case 1:
                System.out.println("参观麻省理工大学计算机学院组织1个月夏令营");
```

```
                break;
            case 2:
                System.out.println("奖励hp笔记本一部");
                break;
            case 3:
                System.out.println("奖励移动硬盘一部");
                break;
            default:
                System.out.println("没有任何奖励");
        }
    }
}
```

输出结果如图3-12所示。

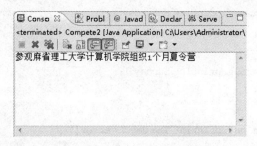

图3-12 奖励问题输出结果

可见,括号中的mingCi的值为1,与第一个case后的值匹配。因此执行它后面的代码,打印输出"参加麻省理工大学组织的1个月夏令营"。然后执行语句"break",执行结果是跳出整个switch选择结构。

跟前面使用多重if选择结构比起来,使用switch是不是看起来更清晰一些。他们完成的功能其实是完全一样的。但是,并非所有的多重if选择结构都可以用switch选择结构代替。通过观察,可以看出,switch选择结构的条件只能是等值的判断,而且只能是整型或字符型的等值判断。也就是说,switch选择结构只能判断一个整型变量是否等于某个整数值的情况或者一个字符型变量是否等于某个字符的情况。并且每个case后面的值都不同。而多重if选择结构既可以判断条件的等值情况,也可以判断条件是区间的情况。如果这里省略了break,结果又会怎么样呢?运行例3.15,观察运行结果。

【例3.15】
```
public class Compete3 {
    public static void main(String[] args) {
        int mingCi = 1;
        switch (mingCi){
            case 1:
                System.out.println("参观麻省理工大学计算机学院组织1个月夏令营");
            case 2:
                System.out.println("奖励hp笔记本一部");
```

```
        case 3:
            System.out.println("奖励移动硬盘一部");
        default:
            System.out.println("没有任何奖励");
        }
    }
}
```

程序的运行结果如图 3-13 所示。

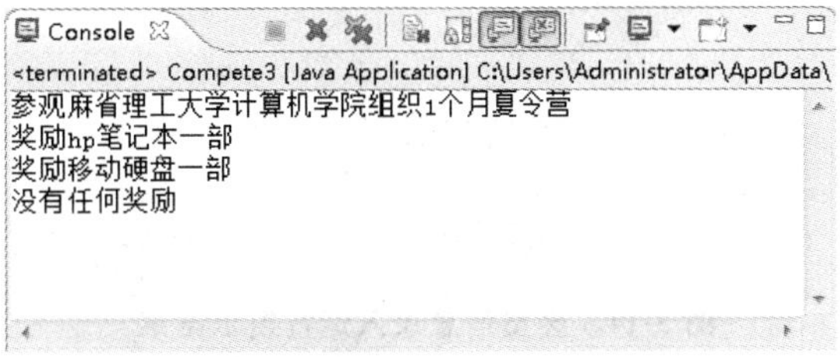

图 3-13　缺少 break 语句的输出结果

虽然 break 语句是可以省略的,但是省略后会带来一些问题。省略 break 的结果是这样的,当某个 case 的值符合条件时,执行该 case 块的代码,后面的 case 就不会再进行条件判断,而是直接执行后面所有 case 块中的代码,直到遇到 break 结果。所以在编写 switch 选择结构时不要忘记在每个 case 后加上一个"break",用来跳出 switch 选择结构。

　　每个 case 后的代码块可以是多个语句,也就是说可以有一组语句,而且不需要用"{}"括起来。case 和 default 后都由一个冒号,不要忘记了,编译不能通过。
　　对于每个 case 结尾,都要想一想是否需要从这里跳出整个 switch 选择结构。如果需要,一定不要忘记写一个语句,就是"break;"!

　　学到这里,会发现多重 if 选择结构和 switch 选择结构很相似,它们都是用来处理多分支条件的结构,但是 switch 选择结构只能处理等值条件判断的情况,而且条件必须是整型变量或字符型变量,而多重 if 选择结构却没有这个限制。

3.7　贯穿项目练习

阶段 1:升级"快买购物管理系统",实现会员信息录入的功能。

✎ 需求说明

- 录入会员信息(会员号、会员生日、会员积分)。

- 判断录入的会员号是否合法（必须为四位整数），如果录入合法，显示录入的信息；如果录入不合法，显示"录入信息失败"，如图 3-14 所示。

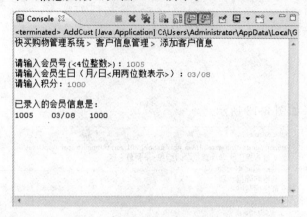

图 3-14　会员信息录入运行展示结果

提 示

- 使用 Scanner 获取用户的键盘输入，存储在变量 custNo、custBirth、custScore 中。
- 使用 if-else 选择结构。

```
if(会员号有效的条件){
    //输出录入的会员信息
}else{
    //输出信息录入失败
}
```

阶段 2：升级"快买购物管理系统"，实现新增会员的功能。

✎ 需求说明

商场实行新的抽奖规则，会员号的百位数字等于产生的随机数字即为幸运会员，且实现如下要求：

- 从键盘接收会员号。
- 使用 if-else 实现幸运抽奖。

运行效果如图 13-15 所示。

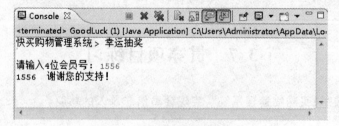

图 3-15　非幸运会员输出结果

幸运会员的输出结果如图 13-16 所示。

图 3-16　幸运会员的输出结果

产生随机数(0—9 中任意整数)的方法如下：
int random=(int)(Math.random() * 10);   // 产生随机数

阶段 3：升级"快买购物管理系统"，实现按会员又会计划进行购物结算。

♦ 需求说明

商场购物可以打折，具体办法如下：普通顾客购物满 100 元打 9 折；会员购物打 8 折；会员购物满 200 元打 7.5 折，使用嵌套 if 进行实现。

运行效果如图 3-17 所示。

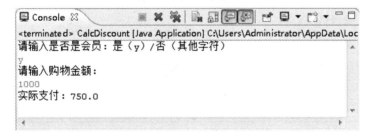

图 3-17　输出顾客实际购物价格

♦ 实现思路及关键代码

(1) 使用嵌套 if 选择结构进行实现。

(2) 首先判断顾客是否是会员，在 if 选择结构内判断顾客的购物是否达到相应打折的数量要求。根据判断结果做不同的处理。

♦ 参考解决方案

```
import java.util.Scanner;
public class CalcDiscount {
    public static void main(String[] args){
        Scanner input = new Scanner(System.in);
        System.out.println("请输入是否是会员:是(y)/否(其他字符)");
        String identity = input.next();
```

```java
System.out.println("请输入购物金额:");
double money = input.nextDouble();
if(identity.equals("y")){ //会员
    if(money>200){
        money = money * 0.75;
    }else{
        money = money * 0.8;
    }
}else{ //非会员
    if(money>100){
        money = money * 0.9;
    }
}
System.out.println("实际支付:" + money);
```

阶段 4:升级"快买购物管理系统",实现计算会员折扣。

🖐 需求说明

会员购物时,根据积分的不同享受不同的折扣,如表 3-5 所示,从键盘输入会员积分,计算该会员购物时获得的折扣。

表 3-5 会员折扣表

会员积分 x	折 扣
x<200	9 折
2000≤x<4000	8 折
4000≤x<8000	7 折
x≥8000	6 折

运行结果如图 3-18 所示。

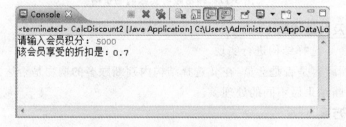

图 3-18 运行结果

阶段 5:升级"快买购物管理系统",实现购物菜单的选择。

🖐 需求说明

"快买购物管理系统"各级菜单级联结构如图 3-19 所示。

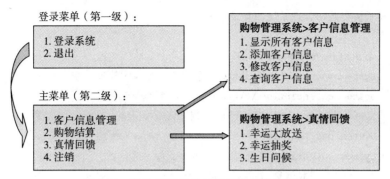

图 3-19　购物管理系统各级菜单级联结构图

使用 switch 选择结构实现从登录菜单切换到主菜单。
- 输入数字 1,进入主菜单。
- 输入数字 2,退出并显示"谢谢您的使用!",如图 3-20 所示。
- 输入其他数字,显示"输入错误"。

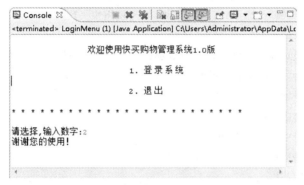

图 3-20　输入数字 2 的运行效果

◆ 实现思路及关键代码

(1)使用数字标识所选择的菜单号:1 为登录系统;2 为退出程序。
(2)从控制台获取用户输入的数字。
(3)根据用户选择的菜单号,执行相应的操作

使用 switch 选择结构来实现,代码如下:

```
switch(num){
    case 1:
        //输出系统主菜单
    case 2:
        //输出"谢谢您的使用"
    default:
        //输出"输入错误"
}
```

◆ 参考解决方案

```
import java.util.Scanner;
public class LoginMenu {
    /**
```

* 显示快买购物管理系统的登录菜单
*/
```java
public static void main(String[] args) {
    System.out.println("\n\t\t 欢迎使用快买购物管理系统 1.0 版\n");
    System.out.println("\t\t\t 1. 登 录 系 统\n");
    System.out.println("\t\t\t 2. 退 出\n");
    System.out.println(" ************************\n");
    System.out.print("请选择,输入数字:");
    /* 从键盘获取信息,并执行相应操作---新加代码 */
    Scanner input = new Scanner(System.in);
    int num = input.nextInt();
    switch (num) {
        case 1:
        /* 显示系统主菜单 */
        System.out.println("\n\t\t 欢迎使用快买购物管理系统\n");
        System.out.println(" ************************\n");
        System.out.println("\t\t\t 1. 客 户 信 息 管 理\n");
        System.out.println("\t\t\t 2. 购 物 结 算\n");
        System.out.println("\t\t\t 3. 真 情 回 馈\n");
        System.out.println("\t\t\t 4. 注 销\n");
        System.out.println(" ************************\n");
        System.out.print("请选择,输入数字:");
            break;
        case 2:
            /* 退出系统 */
            System.out.println("谢谢您的使用!");
            break;
        default:
            System.out.println("输入错误。");
            break;
    }
}
```

小技巧

在程序开发过程中,需要考虑使程序具有较高的容错性。举个例子,这里你实现了输入 1 和 2 时所执行的操作,如果用户错误地输入了其他数字,程序该做出怎样的反应呢?上述代码就考虑了这个问题,让程序输出"输入错误",友好地给用户做出了提示。不然用户看不到程序有什么反应,也不知道到底怎么回事。

阶段 6：升级"快买购物管理系统"，实现换购的功能。

✏ 需求说明

商场推出"换购优惠"服务，对于单次消费满 50 元的顾客，加 2 元，可换购可口可乐饮料 1 瓶。对于单次消费满 100 元的顾客，加 3 元，可换购 500ml 的可乐一瓶，加 10 元，可换购 5 公斤面粉一袋。对于单次消费满 200 元的顾客，加 10 元，可换购炒菜锅一个，加 20 元，可换购欧莱雅爽肤水一瓶。规定：单次消费只有一次换购机会。

综合运用 if 语句和 switch 语句实现需求，运行效果如图 3-21 所示。

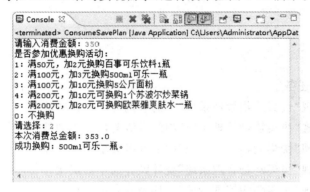

图 3-21　实现换购优惠活动

- 实现换购时，需要首先判断消费金额是否满足选择的换购项目。
- 综合运用嵌套 if 选择结构、switch 选择结构、多重 if 选择结构进行实现。

本章总结

➤ Java 中的 if 选择结构，包括以下形式。
  - 基本 if 选择结构：可以处理单一或组合条件的情况。
  - if-else 选择结构：可以处理简单的条件分支情况。
  - 多重 if 选择结构：可以处理复杂的条件分支情况。

➤ 在条件判断是等值判断的情况下，可以使用 switch 选择结构代替多重 if 选择结构，在使用 switch 选择结构时不要忘记每个 case 的最后要写上 break 语句。

➤ 为了增加程序的健壮性，可以在程序中主动做判断，并给出用户友好的提示。

第 4 章 循环结构

本章工作任务
- 实现"快买购物管理系统"中的查询商品价格功能
- 实现"快买购物管理系统"中的升级购物结算功能
- 实现"快买购物管理系统"中的升级菜单切换功能
- 实现"快买购物管理系统"统计顾客的年龄层次
- 实现"快买购物管理系统"循环录入会员信息
- 实现"快买购物管理系统"登录时用户信息验证

本章知识目标
- 理解循环的含义
- 会使用 while 循环结构
- 会使用 do-while 循环
- 会使用 for 循环结构
- 会在程序中使用 break 和 continue

前面学习了选择结构的语法和使用,选择结构可以解决判断逻辑的问题。但在编写程序的过程中,有时候需要让某些代码在一定条件下反复运行,仅仅使用选择结构不容易解决,这时就需要使用到循环结构。利用循环结构,可以让程序帮助完成繁重的计算任务。同时可以简化程序编码。下面来学习循环结构。

4.1　循环结构

4.1.1　为什么要循环

> 张伟 Java 考试成绩只有 80 分,没有达到自己的目标。为了表明自己勤奋学习的决心,他决定写 100 遍"好好学习,天天向上!"。

经过努力,张伟终于写完了 100 遍,如例 4.1 所示。

【例 4.1】　不用 while 循环打印 100 遍。

```
public class DoWithoutWhile {
    /**
     * 不用 while 打印 100 遍
     */
    public static void main(String[] args) {
        System.out.println("第 1 遍写:好好学习,天天向上!");
        System.out.println("第 2 遍写:好好学习,天天向上!");
        System.out.println("第 3 遍写:好好学习,天天向上!");
        System.out.println("第 4 遍写:好好学习,天天向上!");
        //省略 93 行语句
        System.out.println("第 98 遍写:好好学习,天天向上!");
        System.out.println("第 99 遍写:好好学习,天天向上!");
        System.out.println("第 100 遍写:好好学习,天天向上!");
    }
}
```

运行结果如图 4-1 所示。

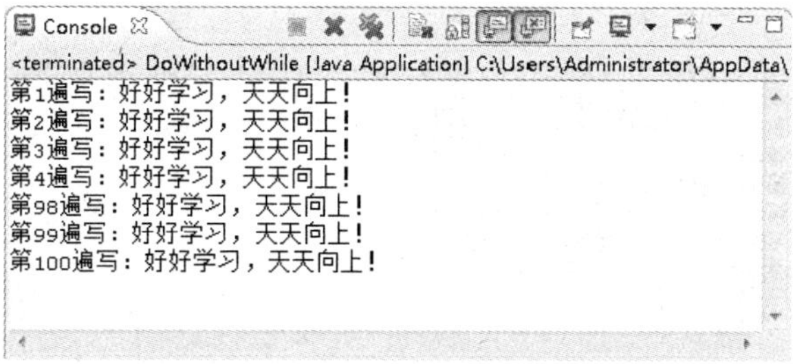

图 4-1　不用 while 循环打印 100 遍

张伟看到这个结果后很高兴,将这段代码拿给老师看。老师看了以后很赞赏张伟努力学习的精神,但是给张伟提出了一个问题。如果要写1000遍,该怎么办呢?张伟有些发愁,写100遍就已经花了很长时间,现在要写1000遍要写到什么时候呢?不过张伟很聪明,他去请教师兄,师兄告诉他可以用循环结构,这样写100遍的代码就如例4.2所示。

【例4.2】 使用循环打印100遍。

```java
public class WhileDemo1 {
    /**
     * while 打印 100 遍
     */
    public static void main(String[] args) {
        int i = 1;
        while(i <= 100){
            System.out.println("第" + i + "遍写:好好学习,天天向上!");
            i++;
        }
    }
}
```

通过运行,例4.2的结果和例4.1的结果相同,如果要写1000遍,事情就简单了,只要改变一条语句即可,代码如例4.3所示。

【例4.3】 使用while循环打印1000遍。

```java
public class WhileDemo2 {
    /**
     * while 打印 1000 遍
     */
    public static void main(String[] args) {
        int i = 1;
        while(i <= 1000){
            System.out.println("第" + i + "遍写:好好学习,天天向上!");
            i++;
        }
    }
}
```

运行结果如图4-2所示。

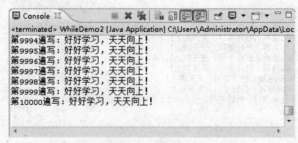

图4-2 使用while循环打印1000遍

现在，发现用循环来处理这样的问题是非常简单的。下面来学习什么是循环。

4.1.2 什么是循环

通过上面的示例，相信大家对循环应该有了一定的认识，循环就是重复地做。比如上面的示例就是重复地写"好好学习，天天向上！"。

其实，在日常生活中有很多循环的例子，例如打印50份文件；在400米的环形跑道上进行万米长跑；锲而不舍地学习；滚动的车轮等。

这些循环结构有哪些共同点呢？

可以从循环条件和循环操作两个角度考虑，即明确一句话"在什么条件成立时不断地做什么事情"。

分析

打印50份试卷：
循环条件：只要打印的试卷份数不足50份就继续打印。
循环操作：打印1份试卷，打印总份数加1。
万米赛跑：
循环条件：跑过的距离不足10000米就继续跑。
循环操作：跑1圈，跑过的距离增加400米。
锲而不舍地学习：
循环条件：没有达到预定的目标就继续努力。
循环操作：学习，离预定目标更接近。
滚动车轮：
循环条件：没有到目的地就继续。
循环操作：车轮滚一圈，离目的地更近一点。

所有的循环结构都有这样的特点：首先，循环不是无休止进行的，满足一定条件的时候循环才会继续，称为"循环条件"。循环条件不满足的时候，循环退出。其次，循环结构是反复进行相同的或类似的一系列操作，称为"循环操作"。如图4-3所示。

图4-3 循环结构的构成

4.2 while 循环

4.2.1 什么是 while 循环

已经了解了循环结构的构成和特点，程序中的循环是什么样子的呢？

在前面的例 4.2,其中使用了 while 循环。Java 程序中的循环结构有三种实现方式:while 循环、do-while 循环和 for 循环。

while 循环的语法如下:

while(循环条件){
　　循环操作
}

while 循环怎么使用?先看看 while 循环的流程图,如图 4-4 所示。

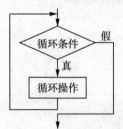

图 4-4　while 循环流程图

关键字 while 后的小括号中的内容是循环条件。循环条件是一个布尔表达式,它的值为布尔类型"真"或"假"。如 i<=100。{}中的语句统称为循环操作,又称为循环体。

while 循环的执行顺序如下:

判断循环条件是否满足,如果满足则执行循环操作;否则退出循环。执行完循环操作后,回来再次判断循环条件,决定继续执行循环或退出循环。

大家结合流程图思考:如果第一次判断循环条件时就不满足,循环操作会不会被执行?

其实,while 循环会首先判断循环条件是否满足,如果第一次循环条件就不满足的话,直接跳出循环。循环操作一遍都不会执行。这是 while 循环的一个特点:先判断,后执行。

4.2.2　如何使用 while 循环

while 循环适用于有明确的循环条件,在条件为 true 的时候运行,来看例 4.4。

【例 4.4】　求 1+2+3+4+…+100 的和,求出结果后在控制台输出。

```
public class Model04_04 {
    public static void main(String[] args) {
        int i = 1;
        int sum = 0;
        while(i <= 100){
            sum = sum + i;
            i ++ ;
        }
        System.out.println("sum = " + sum);
    }
}
```

结果如图 4-5 所示。

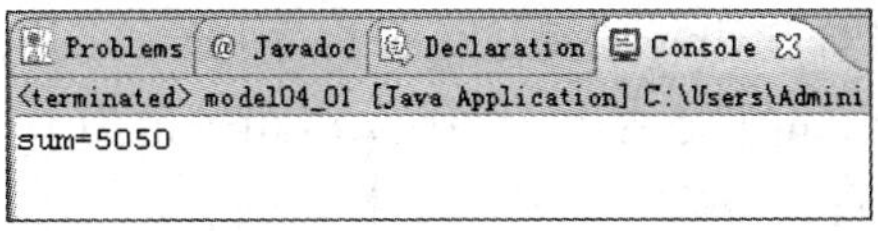

图 4-5　1＋2＋3＋4＋…＋100 运行结果图

问题

为了帮助张伟尽快提高成绩,老师给他安排了每天的学习任务,上午阅读教材,学习理论部分,下午上机编程,掌握代码部分。老师每天检查学习成果,如果不合格,则继续进行。

〔分析〕　对上面的问题,循环条件是:老师没有给出满意的评价,就得继续执行任务。循环操作是:上午阅读教材,下午动手编程。通过从控制台输入 y 或 n 表示老师的评价是"合格"还是"不合格",根据这个条件决定是否执行循环操作。根据 while 的语法,可以得到例 4.4 的代码。

【例 4.5】　如何使用 while 循环。

```
import java.util.Scanner;
public class WhileDemo {
    /**
    * 如何使用 while 循环
    */
    public static void main(String[] args) {
        String answer;                          //标识是否合格
        Scanner input = new Scanner(System.in);
        System.out.print("合格了吗？(y/n):");
        answer = input.next();
        while(!"y".equals(answer)){
            System.out.println("上午阅读教材!");
            System.out.println("下午上机编程! \n");
            System.out.print("合格了吗？(y/n):");
            answer = input.next();
        }
        System.out.println("完成学习任务!");
    }
}
```

分析代码,学生可能会问以下问题:

• 前面学到,从控制台获得输入使用 Scanner,为什么这里语法有些变化？

因为以前学的是从控制台获得一个整数,而这里是从控制台获得一个字符串,将其保存在 String 类型的变量 answer 中,代码如下：

answer＝input.next();

• 如何判断输入是不是"y"？

在前面的内容中,比较两个 int 型或者 char 型变量是否相等,使用运算符"==",这里 answer 是 String 型变量,判断 String 型变量是否相等,通常采用这样的方法:

// 判断 String 型变量 string1 是否等于 string2,相等值为 true,不相等值为 false
string1.equals(string2);

因此,"y".equals(answer)用来判断变量 answer 的值是不是 y。那么!"y".equals (answer)的意思就是:当 answer 的值不是 y 的时候为 true,answer 的值是 y 的时候为 false,所以运行程序后输入 y 的时候,循环可以退出。运行结果如图 4-6 所示。

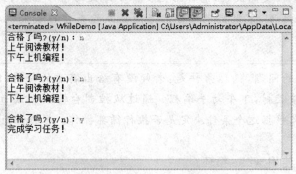

图 4-6 例 4.5 运行结果

通过例 4.5 可以得到使用 while 循环解决问题时的步骤如下:
(1)分析循环条件和循环操作。
(2)套用 while 语法写出代码。
(3)检查循环能否退出。

注 意

使用 while 循环解决问题时,一定要注意检查循环能否退出,即避免出现"死循环"。检查下面的代码:

```
public class ErrorDemo{
    public static void main(String[] args){
        int i = 0;
        while(i<4){
            System.out.println("循环一直运行,不会退出!");
            //这里缺少什么?
        }
    }
}
```

分析代码会发现在循环操作中一直没有改变 i 的值。i 的值一直为 0,即始终满足循环条件,因此循环会一直运行,不会退出。

修改的方法是在输出语句之后增加语句:
    i++;

永远不会退出的循环称为"死循环"。"死循环"是编程中应极力避免出现的情况,所以对于循环,编写完成后要仔细检查一下循环能否退出。

4.3 do-while 循环

通过前面的学习知道,当一开始循环条件就不满足的时候,while 循环一次也不会执行。有时候有这样的需要,无论如何循环都先执行一次,在判断循环条件决定是否继续执行。do-while 循环就满足这样的需要。

4.3.1 为什么需要 do-while 循环

经过前面的学习,老师给了张伟一道测试题,让他先上机编写程序完成,然后老师检查是否合格。如果不合格,则继续编写。

〔分析〕 这次和例 4.5 的情况不同了,张伟要先上机编写程序(执行循环操作),然后在问老师是否合格(判断循环条件)。while 循环的特点是先判断,在执行。已经不适合这种情况了。这时需要 do-while 循环解决该问题。

4.3.2 什么是 do-while 循环

do-while 循环结构的语法如下:
  do{
      语句块
  }while(条件表达式);
do-while 循环结构的流程图如图 4-7 所示:

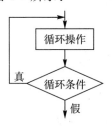

图 4-7 do-while 循环结构流程图

和 while 循环结构不同,do-while 循环以关键字 do 开头,然后是大括号括起来的循环操作,接下来才是 while 关键字和紧随的小括号括起来的循环条件。需要注意的是,do-while 以分号结尾。

do-while 循环的执行顺序是这样的:首先,执行一遍循环操作,然后判断循环条件,如果循环条件满足,循环继续执行;否则退出循环。do-while 循环特点是先执行,再判断。根据 do-while 循环的执行过程可以看出,循环操作至少执行一遍。

同样用 do-while 循环结构来实现 1 到 100 的累加:

【例 4.6】 求 1+2+3+4+…+100 的和,求出结果后在控制台输出(do-while 循环实现)。
public class model04_06 {

```java
public static void main(String[] args) {
    int i = 1;
    int sum = 0;
    do{
        sum = sum + i;
        i ++ ;
    }while(i< = 100);
    System.out.println("sum = " + sum);
}
}
```

此处 while 和 do-while 循环结构运行没有区别,如果把条件更改一下,求 2 到 100 的累加,把例 4.4 和例 4.6 的 while 后面的条件改为 i>=2&&i<=100,上面的程序运行结果就会发生变化,请大家自己尝试更改运行。

4.3.3 如何使用 do-while 循环

使用 do-while 循环解决问题的步骤和采用 while 循环解决问题的步骤是类似的。使用 do-while 循环解决问题的步骤如下:

(1)分析循环条件和循环操作。
(2)套用 do-while 语法写出代码。
(3)检查循环能否退出。

现在使用 do-while 循环解决 4.3.1 节提出的问题。根据上面的步骤,其中循环条件是老师评价不合格。循环操作是上机编写程序。套用 do-while 语法写出例 4.7 所示的代码。

【例 4.7】 如何使用 do-while 循环。

```java
import java.util.Scanner;
public class DoWhileDemo {
    /**
     * 如何使用 do-while 循环
     */
    public static void main(String[] args) {
        Scanner input = new Scanner(System.in);
        String answer = "";//标识是否合格
        do{
            System.out.println("上机编写程序!");
            System.out.print("合格了吗? (y/n)");
            answer = input.next();
            System.out.println("");
        }while(!"y".equals(answer));
        System.out.println("恭喜你通过了测试!");
    }
}
```

最后检查一下,当输入为 y 的时候,循环可以退出,运行结果如图 4-8 所示。

图 4-8　使用 do-while 循环运行结果

学习了 while 和 do-while 两种循环。这两种循环有什么异同呢?
相同点:都是循环结构,使用"while(循环条件)"表示循环条件,使用大括号将循环操作括起来。
不同点:表现在以下三个方面:
• 语法不同。与 while 循环相比,do-while 循环将 while 关键字和循环条件放在后面,而且前面多了 do 关键字,后面多了一个分号。
• 执行次序不同。while 循环先判断,再执行;do-while 循环先执行,再判断。
• 一开始循环条件就不满足的情况下,while 循环一次都不会执行,do-while 循环则不管什么情况都至少执行一次。

4.4　for 循环

4.4.1　为什么需要 for 循环

前面通过使用 while 循环,张伟轻松解决了老师补充的问题,写了 100 遍"好好学习,天天向上!"。通过仔细观察,发现这里的循环次数"100 遍"已经固定,这时也可以选用 for 循环结构来实现。如例 4.8 所示。

【例 4.8】　for 循环打印 100 遍。

```
public class ForDemo{
    /**
     * 利用 for 循环打印 100 遍
     */
    public static void main(String[] args){
        for(int i = 0; i<100; i++){
```

```
            System.out.println("好好学习,天天向上!");
        }
    }
}
```

通过运行程序,可以看到使用 while 循环和使用 for 循环的运行结果是一样的,但是使用 for 循环的代码看起来更加简洁。这是因为 for 循环将循环结构的四个组成部分集中体现在一个 for 结构中,更加清晰。因此,在解决固有循环次数的问题时,就可以首选 for 循环结构。下面看看什么是 for 循环结构。

4.4.2 什么是 for 循环

循环语句的主要作用是反复执行一段代码,直到满足一定的条件位置。总结一下,可以把循环分成四个部分。

- 初始部分:设置循环的初始状态。比如设置记录循环次数的变量 i 为 0。
- 循环体:重复执行的代码,即输入"好好学习,天天向上!"。
- 迭代部分:下一次循环开始前要执行的部分,在 while 循环中它作为循环体的一部分。比如适应 i++ 进行循环次数的累加。
- 循环条件:判断是否继续循环的条件。比如使用 i<100 判断循环次数是否已经达到 100 次。

在 for 循环结构中,这几个部分同样必不可少,不然循环就会出现错误。

for 循环结构可以在循环体内设置循环条件、变量初始值和变量变化表达式,其语法格式如下:

```
for(表达式 1;表达式 2;表达式 3){
    语句块
}
```

for 关键字后面括号中的三个表达式必须用";"隔开。for 循环中的这三个部分以及{}中的循环体使循环结构必需的四个组成部分完美地结合在了一起,非常简明。

了解了 for 循环的语法,那么 for 循环的执行过程是怎么样的呢?来结合图 4-9 和例 4.8 来理解。

图 4-9 for 循环执行过程

for 循环执行的顺序如下:

(1)执行初始部分(int i=0;)。
(2)进行循环条件判断(i<100;)。
(3)根据循环条件判断结果。

- 如果为 true,执行循环体。

- 如果为 false,退出循环,步骤(4)、(5)均不执行。

(4)执行迭代部分,改变循环变量的值(i++)。

(5)一次重复步骤(2)、(3)、(4),直到退出 for 循环结构。

可见,在 for 循环中,初始化表达式部分仅仅执行了 1 次。

4.4.3 如何使用 for 循环

前面 1 到 100 求和的例题用 for 循环结构来实现。

【例 4.9】 求 $1+2+3+4+\cdots+100$ 的和,求出结果后在控制台输出(for 循环实现)。

```java
public class model04_09{
    public static void main(String[] args){
        int sum = 0;
        for(int i = 1;i<= 100;i++){
            sum = sum + i;
        }
        System.out.println("sum = " + sum);
    }
}
```

使用 for 循环同样实现了 while 循环的功能,for 循环内的语句块比 while 循环内的语句块更加简洁,变量的初始化、循环条件的判断和变量的更新都可以在 for 循环结构体内完成。

循环输入某同学一学期期末考试的 5 门课成绩,并计算平均分。

〔分析〕 很明显,循环次数是固定的 5 次,因此优先选 for 循环,使用 for 循环结构的步骤和使用 while/do-while 一样。首先要明确循环条件和循环操作,这里的循环条件是"循环次数不足 5 次,继续执行",循环操作是"录入成绩,并计算成绩之和",然后,套用 for 语法写出代码,最后,检查循环是否能够退出。

【例 4.10】 录入 5 门课成绩。

```java
import java.util.*;
public class AverageScore{
    /**
     *录入 5 门课成绩
     */
    public static void main(String[] args){
        int score;                          //每门课的成绩
        int sum = 0;                        //成绩之和
        double avg = 0.0;                   //平均分
        Scanner input = new Scanner(System.in);
        System.out.print("输入学生姓名:");
        String name = input.next();
```

```
for(int i = 0; i<5; i ++){                //循环5次录入5门课成绩
    System.out.print("请输入5门功课中第" + (i + 1) + "门课的成绩：");
    score = input.nextInt();              //录入成绩
    sum = sum + score;                    //计算成绩和
}
avg = sum/5;                              //计算平均分
System.out.println(name + "的平均分是：" + avg);
    }
}
```

运行结果如图4-10所示。

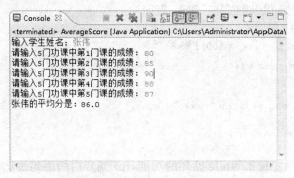

图4-10 录入5门课成绩的运行结果

在例4.10中，声明循环变量i，"int i=0"是初始部分，用来记录循环次数，i<5是循环条件，i++是迭代部分。整个循环过程是：首先执行初始部分，即i=0，然后判断循环条件。如果为true，则执行一次循环体。循环体结束后，执行迭代部分i++，然后再判断循环条件；如果为true，继续执行循环体，迭代部分……直到循环条件为假，退出循环。

好好体会一下for循环结构各个部分的执行顺序，你会发现初始化表达式只执行一次，表达式2和表达式3则可能执行多次。循环体可能多次执行，也可能一次都不执行。

问题

输入任意一个整数，根据这个值输出加法表，假设输入为5，输出效果如图4-11所示。

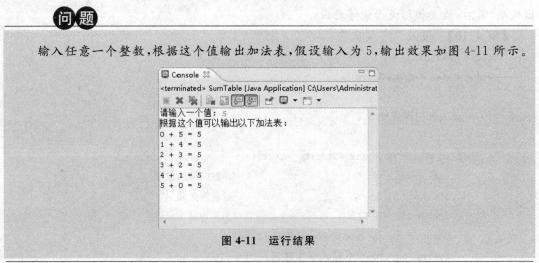

图4-11 运行结果

〔分析〕 由图 4-11 可知,循环次数为固定值,即从 0 递增到输入的值,循环体为两数求和。第一个加数从 0 开始递增到输入的值,另一个加数相反,从输入值递减至 0。具体代码如例 4.11 所示。

【例 4.11】 输入整数,输出其加法表。

```java
import java.util.*;
public class SumTable {
    /**
     * 输入整数,输出其加法表
     */
    public static void main(String[] args){
        int i, j;
        Scanner input = new Scanner(System.in);
        System.out.print("请输入一个值:");
        int val = input.nextInt();
        System.out.println("根据这个值可以输出以下加法表:");
        for(i = 0, j = val; i <= val; i++, j--){
            System.out.println(i+" + "+j+" = "+(i+j));
        }
    }
}
```

在例 4.11 的 for 循环中,表达式 1 使用了一个特殊的形式,它是用","隔开的多个表达式组成的表达式。

i = 0, j = val;

在表达式 1 中,分别对两个变量 i 和 j 赋初值,他们表示两个加数。表达式 3 也是用了这种形式。

i++, j--;

在这种特殊形式的表达式中,运算顺序是从左到右。每次循环体执行完,先执行 i 自加 1,再执行 j 自减 1。

通过示例已经知道了 for 循环的用法,在实际使用中还有哪些需要注意的地方呢?

根据 for 循环的语法,知道 for 循环的循环条件中有三个表达式,在语法上,这三个表达式都可以省略,但是表达式后面的分号不能省略。如果省略了表达式,要注意保证循环能够正常运行。

• 省略"表达式 1",比如下面的 for 循环语句。

for(;i<10;i++)

这个 for 循环虽然省略了"表达式 1",但其后的";"没有省略。在实际编程中,如果出现"表达式 1"省略的情况,需要在 for 语句前面给循环变量赋值,因此,可以将上面的语句修改为：
```
int i = 0;
for(;i<10;i++)
```
• 省略"表达式2"，即不判断循环条件，循环将无终止运行，也就是形成了"死循环"，比如下面的for语句。
```
for(int i = 0;;i++)
```
在编程过程中要避免"死循环"的出现，所以对上面的语句可以做如下修改：一种方法是添加"表达式2"，另一种方法是在循环体中使用break强制跳出循环。关于break的用法将在后面介绍。

• 省略"表达式3"，即不改变循环变量的值，也会出现"死循环"，比如下面的语句。
```
for(int i = 0;i<10;)
```
这里省略了"表达式3"，变量i的值始终为0，因此循环条件永远成立，程序就会出现"死循环"，在这种情况下，可以在循环体中改变i的值，语句如下。
```
for(int i = 0;i<10;){
    i++;
}
```
这样就能使循环正常结束，不会出现"死循环"。

• 三个表达式都省略，即如下语句。
```
for(;;)
```
上面这个语句在语法上没有问题，但是逻辑上是错误的，可以参考上面三种情况的描述修改。

实际开发中，为了提高代码的可读性，尽量不要省略各个表达式，如果需要省略，可以考虑是否改用while或者do-while循环。

4.5 跳转语句

通过对循环结构的学习，已经了解了在执行循环时要进行条件判断。只有在条件为"假"时，才能结束循环。但是，有时根据实际情况需要停止整个循环或是跳到下一次循环，有时需要从程序的一部分跳到程序的其他部分，这些都可以由跳转语句来完成的。

跳转语句就是跳出正常的程序运行流程，Java语言有3种跳转语句，分别是break语句、continue语句和return语句。

4.5.1 break语句的使用

在学习switch结构时，已经使用了break语句，break语句表示跳出当前的语句体，可以在switch语句中使用，也可以在循环语句中使用。在switch语句中使用前面已经看到，每个case最后都是break语句，跳出switch语句，下面来看一下在循环体中的使用。

【例4.12】 求1+2+3+4+…+100的和，求出累加到第多少的时候，累加和开始大于等于4000，在控制台输出这个数值和累加值并终止循环。

```java
public class model04_12 {
    public static void main(String[] args) {
        int sum = 0;
```

```
        for(int i = 1; i <= 100; i++){
            sum = sum + i;
            if(sum>4000){
                System.out.println("当前 sum 已经大于等于 4000,i 的值是:" + i + ",sum
                的值是:" + sum);
                break;
            }
        }
    }
}
```

运行结果如图 4-12 所示

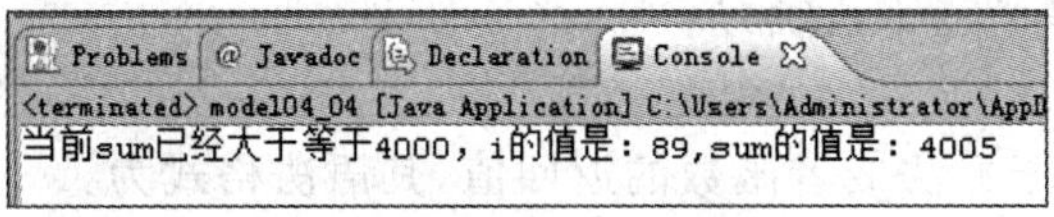

图 4-12　例 4.4 运行结果

小结

　　break 语句用于终止某个循环,使程序跳到循环块外的下一条语句。在循环中位于 break 后的语句将不再执行,循环也停止执行。
　　break 语句不仅可以用在 for 循环中,也可以用在 while 和 do-while 循环中。
　　break 语句通常与 if 条件语句一起使用。

4.5.2　continue 语句的使用

　　continue 语句与 break 语句有所不同,break 语句是跳出循环体,continue 语句只是跳出本次循环,继续下一次循环。举例如果求 1 到 10 以内所有奇数的和,可以使用 continue 语句来实现,程序如例 4.13 所示:

【例 4.13】　continue 的使用。

```
public class model04_13 {
    public static void main(String[] args) {
        int sum = 0;
        for (int i = 1; i <= 10; i++) {
            if (i % 2 ==0) {
                continue;
            }else{
                sum = sum + i;
            }
        }
        System.out.println("1 到 10 的奇数和为:" + sum);
    }
}
```

小结

continue 可以用于 for 循环,也可以用于 while 和 do-while 循环。在 for 循环中,continue 使程序先跳转到迭代部分,然后判断循环条件。如果为 true,继续下一次循环;否则终止循环。在 while 循环中,continue 执行完毕后,程序将直接判断循环条件。continue 语句只能用在循环语句中。

对比

在循环结构中:
- break 语句是终止某个循环,循环跳转到循环块外的下一条语句。
- continue 语句是跳出本次循环,进入下一次循环。

return 语句主要用于方法或者函数的返回值,其语法格式为:
    return 表达式;
return 语句的使用在后面将会更多地接触到。

4.6 循环结构总结

到目前为止,已经学习了 Java 提供的三种最主要的循环结构,他们是 while、do-while 和 for 循环结构,无论哪一种循环结构,都由四个必不可少的部分组成:初始部分、循环条件、循环体、迭代部分,缺少了任何一个都可能造成严重的错误。下面从三个方面进行比较:

对比

- 语法不同

while 循环语句如下:
  while(<条件>){
    //循环体
  }
do-while 循环语句如下:
  do{
    //循环体
  }while(<条件>);
for 循环语句如下:
  for(初始化;条件;迭代){
    //循环体
  }

- 执行顺序不同。

    while 循环:先进行条件判断,再执行循环体。如果条件不成立,退出循环。
    do-while 循环:先执行循环体,再进行条件判断,循环体至少执行一次。
    for 循环:先执行初始化部分,再进行条件判断,然后执行循环体,最后进行迭代部分的计算。如果条件不成立,跳出循环。

- 适用情况不同。

在解决问题时,对于循环次数确定的情况,通常选用 for 循环。对于循环次数不确定的情况,通常选用 while 和 do-while 循环。

4.7　贯穿项目练习

阶段 1：升级"快买购物管理系统"，查询商品价格。

✎ 训练要点

while 循环结构。

✎ 需求说明

● 用户从控制台输入需要查询的商品编号，根据编号显示对应的商品价格。假设商品名称和商品价格为：T恤￥245.0，网球鞋￥570.0，网球拍￥320.0。

● 循环查询商品价格。

● 输入"n"结束循环。

运行的结果如图 4-13 所示。

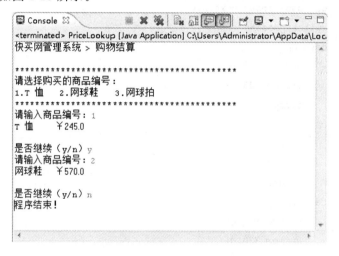

图 4-13　查询商品价格的运行图

✎ 实现思路及关键代码

（1）声明变量存储商品信息：name（商品名称）、price（商品价格）和 goodsNo（商品编号）。

（2）循环体：根据用户输入的商品编号，使用 switch 语句选择该编号对应的商品信息并输出。

（3）循环条件：当用户输入"y"时继续执行循环体。

✎ 参考解决方案

```
import java.util.Scanner;
public class PriceLookup {
    /**
     * 商品价格查询
     */
    public static void main(String[] args) {
```

```java
String name = "";//商品名称
double price = 0.0;//商品价格
int goodsNo = 0;//商品编号
System.out.println("快买网管理系统＞购物结算\n");
//商品清单
System.out.println("************************************************");
System.out.println("请选择购买的商品编号：");
System.out.println("1.T恤    2.网球鞋    3.网球拍");
System.out.println("************************************************");
Scanner input = new Scanner(System.in);
String answer = "y";//标识是否继续
while("y".equals(answer)){
    System.out.print("请输入商品编号：");
    goodsNo = input.nextInt();
    switch(goodsNo){
    case 1:
        name = "T恤";
        price = 245.0;
        break;
    case 2:
        name = "网球鞋";
        price = 570.0;
        break;
    case 3:
        name = "网球拍";
        price = 320.0;
        break;
    }
    System.out.println(name + "\t" + "￥" + price + "\n");
    System.out.print("是否继续(y/n)");
    answer = input.next();
}
System.out.println("程序结束！");
```

阶段 2：升级"快买购物管理系统"，升级购物结算。

☞ **需求说明**

- 循环输入商品编号和购买数量，系统自动计算每种商品的价钱（单价×购买数量），并累加到总金额。
- 当用户输入 n 时，表示想结账，则退出循环开始结账（假设享受八折优惠）。
- 结账时，根据折扣计算应付金额、输入实付金额，计算找零。

运行结果如图 4-14 所示。

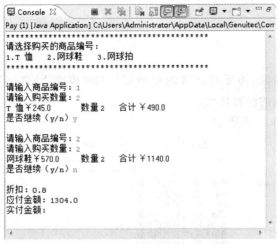

图 4-14　购物结算的运行结果

阶段 3：升级"快买购物管理系统"，升级菜单切换。

◇ 需求说明
- 进入系统主菜单后，提示用户输入数字，然后根据选择进入相应的功能模块。
- 如果用户输入错误，可以重复输入，直到输入正确，执行相应的操作后退出循环。

运行结果如图 4-15 所示。

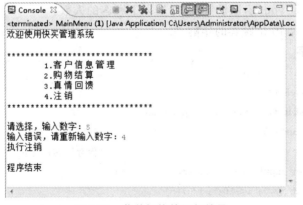

图 4-15　菜单切换的运行结果

- 声明布尔变量 isRight 来标识用户的输入是否正确，初值为 true。如果输入错误，其值变为 false。
- 使用 do-while 循环：循环体中接收用户的输入，利用 switch 语句执行不同的操作，循环体至少执行一次。
- 循环条件是判断 isRight 的值。如果为 false 则继续执行循环体；否则退出循环，程序结束。

阶段 4：升级"快买购物管理系统"，计算顾客比例。

❧ **训练要点**

for 循环结构。

❧ **需求说明**

商场为了提高销售额，需要对顾客的年龄层次（30 岁之上/之下）进行调查（样本数为 10），请计算这两个层次的顾客比例。

程序运行效果如图 4-16 所示。

图 4-16　输出结果

❧ **实现思路及关键代码**

(1)定义计数变量 young，记录年龄 30 岁以下顾客的人数。

(2)利用循环录入 10 位顾客的年龄。

❧ **参考解决方案**

```
import java.util.Scanner;
public class AgeRate {
    public static void main(String[] args) {
        int young = 0;                               //记录年龄 30 岁(含)以下顾客的人数
        int age = 0;                                 //保存顾客的年龄
        Scanner input = new Scanner(System.in);
        for(int i = 0; i<10; i++ ){
            System.out.print("请输入第" + (i+1) + "位顾客的年龄:");
            age = input.nextInt();
            if(age>0 && age< = 30){
                young ++ ;
            }
        }
        System.out.println("30 岁以下的比例是:" + young/10.0 * 100 + "%");
        System.out.println("30 岁以上的比例是:" + (1 - young/10.0) * 100 + "%");
    }
}
```

阶段 5：升级"快买购物管理系统"，循环录入会员信息。

↳ **训练要点**
- for 循环结构。
- continue 语句。

↳ **需求说明**

商场为了维护会员信息，需要将其信息录入系统中，具体要求如下：
- 循环录入 3 位会员的信息（会员号、会员生日、积分）。
- 判断会员号是否合法（四位整数）。
- 若会员号合法，显示录入的信息，否则显示录入失效。

程序运行效果如图 4-17 所示。

图 4-17　输出结果

↳ **实现思路及关键代码**

(1) 定义三个变量分别记录会员号、会员生日和会员积分。

(2) 利用循环录入三位会员的信息。

(3) 如果会员号无效，利用 continue 实现程序跳转。

↳ **参考解决方案**

```java
import java.util.Scanner;
public class AddCustomer {
    /**
     * 循环录入会员信息
     */
    public static void main(String[] args) {
        System.out.println("快买管理系统＞客户信息管理＞添加客户信息\n");
        int custNo = 0;                              //会员号
        String birthday;                             //会员生日
        int points = 0;                              //会员积分
        Scanner input = new Scanner(System.in);
```

```
for(int i = 0; i<3; i++){                    //循环录入会员信息
    System.out.print("请输入会员号(<4位整数>):");
    custNo = input.nextInt();
    System.out.print("请输入会员生日(月/日<用两位整数表示>):");
    birthday = input.next();
    System.out.print("请输入会员积分:");
    points = input.nextInt();
    if(custNo<1000 || custNo>9999){//会员号无效则跳出
        System.out.println("客户号" + custNo + "是无效会员号!");
        System.out.println("录入信息失败\n");
        continue;
    }
    System.out.println("您录入的会员信息是:");
    System.out.println(custNo + " " + birthday + " " + points + "\n");
}
System.out.println("程序结束!");
```

阶段6:升级"快买购物管理系统",验证用户登录信息。

◆需求说明

用户登录系统时需要输入用户名和密码,系统对用户输入的用户名和密码进行验证,验证次数最多3次,超过3次程序结束。根据验证结果的不同(信息匹配/信息不匹配/3次都不匹配),执行不同的操作。假设正确的用户名和密码分别是jim和123456,三种情况的运行结果分别如图4-18~图4-20所示。

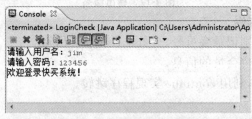

图4-18 信息匹配运行结果

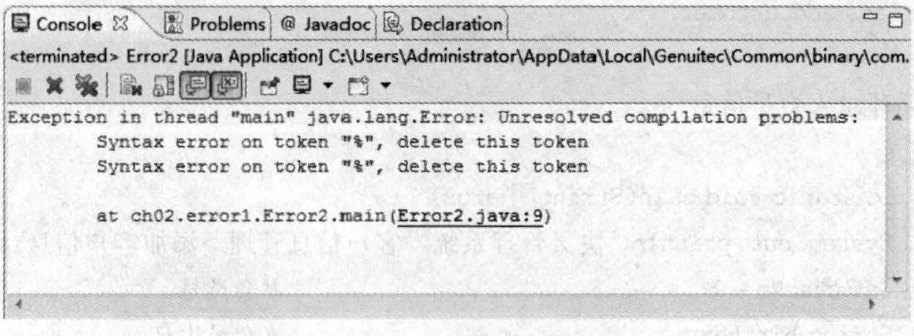

图4-19 信息不匹配运行结果

图 4-20　3 次信息不匹配运行结果

- 定义三个变量分别保存用户名、密码和用户输入的次数。
- 利用循环输入用户名和密码,利用 continue 和 break 控制程序流程。

本章总结

➢ 循环结构由循环条件和循环操作构成。只要满足循环条件,循环操作就会反复执行。
➢ 使用循环解决问题的步骤:分析循环条件和循环操作,套用循环的语法写出代码,检查循环能否退出。
➢ 编写循环结构代码时需要注意:循环变量的初值,循环操作中对循环变量值的改变和循环条件三者间的关系,确保循环次数正确,不要出现"死循环"。
➢ while 循环的特点是先判断,后执行。do-while 循环的特点是先执行,再判断。
➢ for 循环的语法格式如下:

```
for(参数初始化;条件判断;参数值改变){
    //循环体
}
```

➢ 在循环中,可以使用 break 和 continue 语句控制程序的流程。
- break 语句是终止某个循环,程序跳转到循环块外的下一条语句。
- continue 语句是跳出本次循环,进入下一次循环。

第 5 章 数 组

本章工作任务
- 统计本次考试平均分
- 求出本次考试最高分
- 实现数组排序
- 复制数组信息

本章知识目标
- 掌握数组的基本用法
- 会应用数组解决简单的问题
- 理解基本数据类型和引用数据类型

第5章 数组

在前面学习了不同的数据类型,比如整型、字符型、浮点型等。这些数据类型操作的往往是单个的数据。有时候,需要对数据类型相同、用途相近的一组数据集中进行处理,比如处理一个班级所有学员的考试成绩等。这种情况,仅仅使用以前的数据类型处理就会非常繁琐。因此,需要使用数组来处理这些问题。

数组是一种特殊的数据结构,用于存放一组相同类型的数据。Java 语言也有数组,用数组集中操作数据比使用单个变量操作数据便捷得多。

5.1 数组概述

在 Java 中,数组就是一个变量,用于将相同数据类型的数据存储在存储单元中,数组中的每一个元素都属于同一数据类型。

Java 数组中的元素可以是基本的数据类型,也可以是对象引用类型。数组也要先声明后使用,和变量的使用方法类似。声明数组时,需要提供数组将要保存元素的类型以及该数组的维数两方面的信息。维数通过方括号的对数指出,方括号对可以位于数组左边,也可以位于其右边。

5.2 如何使用数组

5.2.1 使用数组的步骤

已经学习了数组的基本结构,那么数组该如何使用呢？其实只需要四个步骤。

(1)声明数组。

声明数组时必须给出数组元素的类型,元素类型后是方括号对和数组名,方括号对与数组名之间的位置可以任意调换。数组的维数只与方括号的对数有关。

在 Java 中,声明一维数组的语法如下：

  数据类型[] 数组名；

或者

  数据类型 数组名[]；

以上两种方式都可以声明一个数组,数组名可以是任意合法的变量名。

声明数组就是告诉计算机该数组中数据的类型是什么,例如：

  int[] n;   //声明了一个 int 类型的一维数组 n,方括号位于 n 的左边
  String s[];   //声明了一个 String 类型的一维数组 s,方括号在 s 的右边

(2)分配空间。

声明了数组,只是得到了一个代表数组的变量,并没有为数组元素分配内存空间,不能使用。因此要为数组分配内存空间,这样数组的每一个元素才有一个空间进行存储。

简单地说,分配空间就是要告诉计算机在内存中为它分配了几个连续的空间来存储数据,在 Java 中可以使用 new 关键字来给数组分配空间。语法格式如下：

  数组名＝new 数据类型[数组长度]；

其中数组长度就是数组中能存放的元素个数,显然应该为大于 0 的整数。例如：

```
score = new int[30];              //长度为30的整型数组
height = new double[30];          //长度为30的浮点型数组
names = new String[30];           //长度为30的字符串型数组
```

有时把上面两个步骤合并,即在声明数组的同时就给它分配空间,语法如下:

　　　数据类型[ ] 数组名＝new 数据类型[数组长度];

例如:

　int scores[] = new int[30];

一旦声明了数组的大小就不能再修改。

(3)赋值。

分配空间后就可以向数组里放数据了,数组中的每一个元素都是通过下标来访问的,语法如下:

数组名[下标值];

例如向 scores 数组中存放数据。

```
scores[0] = 89;
scores[1] = 75;
scores[2] = 80;
……
```

其中数组名是经过声明和初始化的数组,数组下标是指元素在数组中的位置,数组下标的取值从0开始,下标值可以是整数型常量或整数型变量表达式。数组的下标值不能超过数组定义的个数,比如定义 int num[3],引用的时候最大的下标只能是 num[2],如果写 num[3],就会超出数组定义的个数,发生错误。

【例 5.1】 建立初始化 int 型数组,并对其赋值。

```
public class Model05_01 {
    public static void main(String[] args) {
        int num[];
        num = new int[5];
        for(int i = 0; i < num.length; i ++){
            num[i] = i;
            System.out.println("num[" + i + "]:" + i);
        }
    }
}
```

该例使用数组的 length 属性确定循环赋值的次数,并且输出数组的每个元素的值,运行结果如图5-1所示。

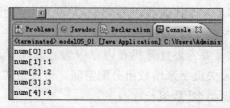

图5-1 利用循环给数组赋值并输出数组元素的值

在编写程序时,数组和循环往往结合在一起使用,可以大大简化代码,提高程序效率。

在 Java 中,还提供了另外一种直接创建数组的方式,它将声明数组、分配空间和赋值合并完成,语法如下:

数据类型[] 数组名={值1,值2,值3……值n};

例如,使用这种方式来创建 scores 数组。

int[] scores = {60,70,80,90,95};   //创建一个长度为 5 的数组 scores

同时,它也等价于下面的代码:

int[] scores = new int[]{60,70,80,90,95};

 值得注意的是,直接创建并赋值的方式一般在数组元素比较少的情况下使用,它必须一并完成,如下面代码是不合法的。

int[] score;
    score = {60,70,80,90,95};   //错误

(4) 对数据进行处理。

现在解决从键盘输入 5 位学员的分数,并计算平均分,代码如例 5.2 所示。

图 5-2 用数组求平均分的运行结果

【例 5.2】 输入 5 位学员分数并计算平均分。

```
import java.util.Scanner;
public class ArrayDemo {
    /**
     *使用数组计算平均分
     */
    public static void main(String[] args) {
        int[] scores = new int[5];//成绩数组
        int sum = 0;//成绩总和
        Scanner input = new Scanner(System.in);
        System.out.println("请输入 5 位学员的成绩:");
```

```
        for(int i = 0; i<scores.length; i++){
            scores[i] = input.nextInt();
            sum = sum + scores[i];//成绩累加
        }
        //计算并输出平均分
        System.out.println("学员的平均分是:" +(double)sum/scores.length);
    }
}
```

在循环中,循环变量 i 从 0 开始递增直到数组的最大长度 scores.length。因此,每次循环 i 加 1,实现数组的每个元素和的累加。

数组一经创建,其长度(数组中包含元素的数目)是不可改变的,如果越界访问(即元素下标超过 0 至数组长度−1 的范围),程序会报错。因此,当需要使用数组长度时,一般用如下的方式:

数组名.length;

比如例 5.2 的代码中,循环变量 i 小于数组长度,写成

i<scores.length;

而不写成

i<5;

5.2.2 常见错误

数组是编程中常用的存储数据的结构,但在使用的过程中会出现一些错误,这里归纳一下,希望能够引起大家的重视。

1. 数组下标从 0 开始

➪ 常见错误 1

```
public class Error01 {
    /**
     * @数组下标从 0 开始
     */
    public static void main(String[] args) {
        // TODO Auto-generated method stub
        int[] scores = {92,95,87,83,88};
        for(int i = 0;i<scores.length;i++){
            System.out.println("第"+(i+1)+"个学员的成绩为:"+scores[i]);
        }
        scores[3] = 90;                    //希望把第 3 个学员的成绩改为 90 分
        System.out.println("修改后的成绩为:");
        for(int i = 0;i<scores.length;i++){
```

```
                System.out.println("第"+(i+1)+"个学员的成绩为:"+scores[i]);
            }
        }
    }
```

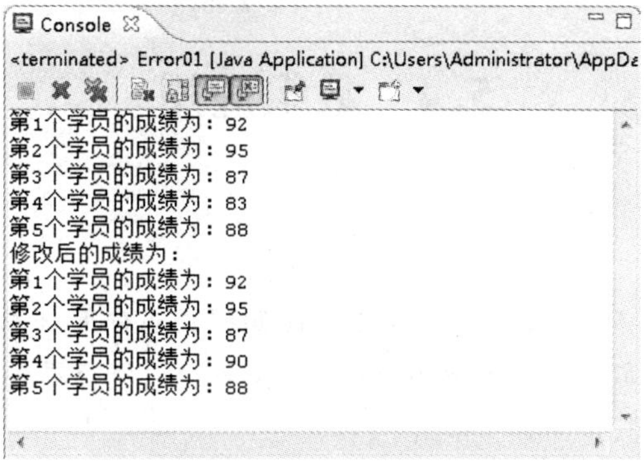

图 5-3 常见错误 1 的运行结果

从运行结果可以看到,第 3 位同学的成绩仍然是 87,而第 4 位同学的成绩变成了 90。分析原因是因为第 3 位同学的成绩在数组中的下标是 2,而不是 3。

排错方法:将赋值语句改为 scores[2]＝90;

将程序再运行,就可以将第 3 位同学的成绩改为 90 分。

2. 数组访问越界

⇨ 常见错误 2

```
    public class Error2 {
        /**
         * @数组下标越界
         */
        public static void main(String[] args) {
            // TODO Auto-generated method stub
            int[] score = new int[2];
            score[1] = 1;
            score[2] = 2;
            System.out.println(score[2]);
        }
    }
```

运行结果如图 5-4 所示。

图 5-4 数组下标越界运行结果

如图 5-4 中所示,控制台打印出了"java.lang.ArrayIndexOutOfBoundsException",意思是数组下标超过范围,即数组越界。这是异常类型。"Error2.java:12"指出了错误位置,这里是程序的第 12 行,即"score[2]=2;"这个语句。

排错方法:增加数组长度或删除超出数组下标范围的语句。

5.4 数组应用

5.3.1 数组排序

数组排序是实际编程中比较常见的操作。比如需要对存放在数组中的 5 位学员的考试成绩从低到高排序,如何实现呢?其实在 Java 中这个问题很容易解决。先看下面的语法。

Arrays.sort(数组名);

Arrays 是 Java 中提供的一个类,而 sort()是该类的一个方法。关于"类"和"方法"的含义将在后续章节中详细讲解。这里只需要知道,按照上面的语法,即将数组名放在 sort()方法的括号中,就可以完成对该数组的排序。因此,这个方法执行后,数组中的元素已经有序(升序)了。

为了掌握数组排序,下面就来解决上面的问题,即对 5 位学员的考试成绩从低到高排序。

【例 5.3】 数组排序。

```java
import java.util.Arrays;
import java.util.Scanner;
public class ScoreSort {
    public static void main(String[] args) {
        int[] scores = new int[5];//成绩数组
        Scanner input = new Scanner(System.in);
        System.out.println("请输入 5 位学员的成绩:");
        //循环录入学员成绩
        for(int i = 0; i<scores.length; i ++){
            scores[i] = input.nextInt();
        }
        Arrays.sort(scores);//对数组进行升序排序
        System.out.print("学员成绩按升序排列:");
        //利用循环输出学员成绩
        for(int i = 0; i<scores.length; i ++){
```

```
            System.out.print(scores[i]+" ");
        }
    }
}
```
程序运行结果如图 5-5 所示。

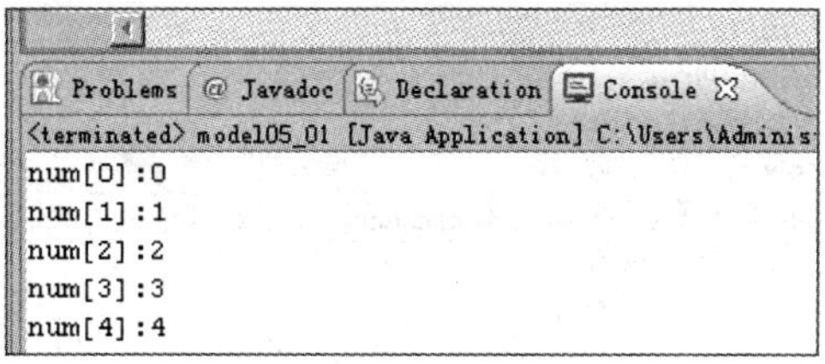

图 5-5　数组排序运行结果

为了对成绩数组 scores 排序,只需要把数组名 scores 放在 sort()方法的括号中,该方法执行后,利用循环输出数组中的成绩。可以看到数组中的成绩已经按升序排列。

5.3.2　求数组最大值

问题

从键盘输入 5 位学员的 Java 考试成绩,求考试成绩的最高分。

这是一个循环的过程,设置 max 变量依次与数组中的元素进行比较,如果 max 小于比较的元素,则执行置换操作;如果 max 较大,则不执行操作。因此,采用循环的方式来写代码会大大简化代码量,调高程序效率,代码如例 5.4 所示。

【例 5.4】　5 位学生成绩取最大值。
```java
import java.util.Scanner;
public class MaxScore {
    /**
     * 求数组最大值
     */
    public static void main(String[] args) {
        int[] scores = new int[5];
        int max = 0;//记录最大值
        System.out.println("请输入 5 位学员的成绩:");
        Scanner input = new Scanner(System.in);
        for(int i = 0; i<scores.length; i++){
            scores[i] = input.nextInt();
        }
        //计算最大值
        max = scores[0];
        for(int i = 1; i<scores.length; i++){
            if(scores[i]>max){
```

```
                    max = scores[i];
                }
            }
            System.out.println("考试成绩最高分为:" + max);
        }
    }
```

程序的运行结果如图 5-6 所示。

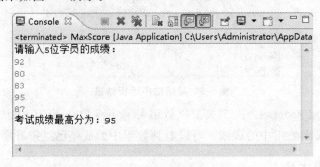

图 5-6　取最高分运行结果

5.4　贯穿项目练习

阶段 1:升级"快买购物管理系统",显示商品名称。

↳ 训练要点
- 定义数组
- 初始化数组

↳ 需求说明

定义特价商品数组,存储 5 件商品名称,在控制台显示特价商品名称。程序运行结果如图 5-7 所示。

图 5-7　现实商品名称的运行结果

↳ 实现思路及关键代码

(1)创建一个长度为 5 的 String 数组,存储商品名称。
(2)使用循环输出商品名称。

参考解决方案

```
public class GoodsOutput {
    /**
     * 输出商品名称
     */
    public static void main(String[] args) {
        String[] goods = new String[]{"Nike 背包","Adidas 运动衫","李宁运动鞋","Kappa 外套","361°腰包"};
        System.out.println("本次活动特价商品有：");
        for(int i = 0; i<goods.length; i ++ ){
            System.out.println(goods[i]);
        }
    }
}
```

阶段 2：升级"快买购物管理系统"，购物金额结算。

需求说明

某会员本月购物 5 次，输入 5 笔购物金额，以表格的形式输出这 5 笔购物金额及总金额。

程序运行结果如图 5-8 所示。

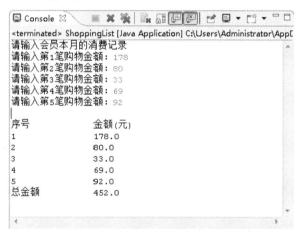

图 5-8　购物金额结算的运行结果

提示

可以参考的步骤如下：
(1) 创建一个长度为 5 的 double 数组，存储购物金额。
(2) 循环输入 5 笔购物金额，并累加总金额。
(3) 利用循环输出 5 笔购物金额，最后输出总金额。

本章总结

➢ 数组是可以在内存中连续存储多个元素的结构,数组中的所有元素必须属于相同的数据类型。

➢ 数组中的元素通过数组的下标进行访问,数组的下标从 0 开始。

➢ 一维数组可用一个循环动态初始化,或者用一个循环动态输出数组中的元素信息。

➢ 利用 Arrays 类提供的 sort() 方法可以方便地对数组中的元素进行排序。

第 6 章
类和对象

本章工作任务
- 实现学校类,并描述学校的信息
- 实现教员类,并输出教员的信息
- 实现学生类,并输出学生的信息
- 实现计算平均分和课程总成绩
- 实现快买系统入口程序
- 实现快买系统菜单类
- 实现快买系统菜单切换

本章知识目标
- 掌握类和对象的特征
- 理解封装
- 会创建和使用对象
- 会定义和使用类的方法
- 理解变量作用域

面向对象的程序设计是当今主流的程序设计语言,取代了以前的面向过程的程序设计语言。面向对象的程序设计语言有很多,Java 就是面向对象的语言中的一种。用 Java 进行面向对象的软件开发非常方便、高效。

6.1 类和对象

对象是人们要进行研究的任何事物,从最简单的整数到复杂的飞机等均可看作对象,它不仅能表示具体的事物,还能表示抽象的规则、计划或事件。

对象具有状态,一个对象用数据值来描述它的状态。对象还有操作,用于改变对象的状态,对象及其操作就是对象的行为。对象实现了数据和操作的结合,使数据和操作封装于对象的统一体中。对象用来描述客观事物的一个实体,由一组属性和方法构成。

属性即一组数据,用来描述对象的静态特征,例如汽车的颜色,速度等。

方法是一组操作,它是对象动态特征(行为)的描述。每个方法确定对象的一种行为或功能。例如汽车的启动、加速和刹车等。

类是面向对象中最重要的术语。类是具有相同属性和方法的一组对象的集合。对象是对事物的抽象,而类是对对象的抽象和归纳。在面向对象的编程中,类是一个独立的程序单元,是具有相同属性和方法的一组对象的集合。描述一个类需要指明如下三个方面的内容:

(1)类的标识:即一个类的名字,是用户和系统识别它的标志。

(2)属性:用来描述相同对象的静态特征。

(3)方法:用来描述相同对象的动态特征。

下面用 Java 语言描述显示生活中的汽车类。

【例 6.1】 Java 语言描述汽车类。

```
public class Car {
    String carColor;              //车的颜色
    int doorNum;                  //车门数量
    int carSpeed;                 //车速
    public Car(){                 //构造方法,与类名相同,没有返回值类型
        carColor = "red";
        doorNum = 4;
        carSpeed = 60;
    }
    public void start(){          //启动
        System.out.println("The car start!");
    }
    public void speedup(int s){   //加速
        carSpeed + = s;
    }
    public void slowdown(int s){  //减速
        carSpeed - = s;
    }
```

```
    public void brake(){                    //刹车
        System.out.println("The car brake!");
    }
}
```

carColor、doorNum 和 carSpeed 是 Car 类的 3 个属性;其中 public Car()是 class Car 类中的构造方法,可以通过构造方法来构造一个实例对象;start()、speedup(int s)、slowdown(int s)和 brake()是 class Car 类中的 4 个方法。

创建一个新的类 CarDemo,使用 main 主函数来实例化一个车辆,让车辆再加速,并且显示出速度,如例 6.2。

【例 6.2】 CarDemo 程序。

```
public class CarDemo {
    public static void main(String[] args) {
        Car mycar = new Car();
        mycar.speedup(20);
        System.out.println(mycar.carSpeed);
    }
}
```

此例中,用 Car 类实例化了类变量 mycar,并且调用实例 mycar 的 speedup()方法,并且传递参数 20,Car 类里的属性 carSpeed 的初始值为 60,传递了参数 20 后,speedup()方法内的 carSpeed=carSpeed+20,所以调用 speedup()方法后的 carSpeed 的值为 80,在控制台显示出的值为 80。

6.2　Java 是面向对象的语言

在面向对象程序设计中,类是程序的基本单元。Java 是完全面向对象的语言,所有程序都是以类为组织单元的。程序框架的最外层的作用就是定义了一个类。

6.2.1　Java 的类模板

学习了类、对象的相关知识,那如何在 Java 中描述他们呢?

Java 中的类将现实世界中的概念模拟到计算机中,因此需要在类中描述类所具有的所有属性和方法。Java 的类模板语法如下所示:

语法:

```
public class<类名>{
    //定义属性部分
    属性1 的类型属性1;
    属性2 的类型属性2;
    ……
    //定义方法部分
    方法1;
```

方法2；
　　……
}

在Java中要创建一个类，需要使用一个class、一个类名和一对表示程序体的大括号。其中，class是创建类的关键字。在class前有一个public，表示"共有"的意思。编写程序时，要注意编码规范，不要漏写public。在class关键字的后面要给定义的类命名，然后写上一对大括号，类的主体部分就写在{}中。类似于给变量命名，类的命名也要遵循一定的规则。

- 不能使用Java关键字。
- 不能包含任何嵌入的空格或点号"."以及除下划线"_"、"$"字符外的特殊字符。
- 不能以数字开头。

类名通常由多个单词组成，每个单词的首字母大写。另外，类名应该简洁而有意义，尽量使用完整单词，避免使用缩写词（除非该缩写词已经被广泛使用）。

6.2.2　如何定义类

类定义了对象将会拥有的属性和方法。定义一个类的步骤如下：
(1)定义类名。
通过定义类名，得到程序最外层的框架。
语法：
　　public class 类名{
　　　　//程序体
　　}
(2)编写类的属性。
通过在类的主体中定义变量来描述类所具有的静态特征（属性），这些变量称为类的成员变量。
(3)编写类的方法。
通过在类中定义方法来描述类所具有的行为，这些方法称为类的成员方法。
知道了定义一个类的步骤，下面通过一个例子具体看一下。

在不同的学校会感觉到不同的教学环境和教学氛围，用类的思想输出不同学校的信息。

〔分析〕　在定义类之前，首先要从问题中找出对象和类，进而分析它们所具有的属性和方法。一般利用问题描述中的名词和名词短语来识别对象和类。例如用特指名词（张伟、我的家、第6次比赛）识别对象，用复数名词（人们、顾客、开发商）以及泛指名词（每一个人、不同的教员、一台电脑）识别类。对上面的问题，第一学校和第二学校是特指名词，这样得到两个对象,学校是泛指名词,可以抽象成类。对于每个学校,都具有"学校名称"、"教室数量"和"机房数量",它们所具有的行为都有"展示本校的信息"。通过上面的分析,抽象出了这个类的(部分)属性和行为,下一步就可以定义类了。根据定义类的步骤,编写代码。

【例 6.3】 School 类。

```
public class School{
    String schoolName;           //学校名称
    int classNumber;             //教室数目
    int labNumber;               //机房数目
    //定义学校的方法
    public void showSchool(){
        System.out.println(schoolName + "培训学员\n" + "配备:" + classNumber + "教" +
        labNumber + "机");
    }
}
```

在上面的例题中,定义了一个 School 类,并且定义了三个成员变量:schoolName、classNumber、labNumber。另外,定义了一个类的方法名,方法名是 showSchool()。这个方法的作用是显示学校的信息,即学校名称以及教室和机房配置情况。在后面的学习中,将详细讲解如何编写类的方法,这里只对 showSchool 方法做一个简单说明,该方法代码如下:

```
public String showSchool(){
    //方法体
}
```

编写 showSchool() 方法时,只需要在"方法体"部分写出需要实现的功能即可,showSchool 是方法名。在 Java 中,一个简单方法的框架语法如下所示:

```
访问修饰符返回值类型方法名(){
    方法体
}
```

访问修饰符限制了访问该方法的范围,比如 public,还有其他的访问修饰符,会在后面学习。返回值类型是方法执行后返回结果的类型,这个类型可以是基本类型,或者是引用类型,也可以没有返回值,此时必须使用 void 来描述。方法名一般使用一个有意义的名字描述该方法的作用,其命名应该符合标识符的命名规则。

这里介绍一下 Camel(骆驼)命名法和 Pascal 命名法。
- 骆驼式命名法:方法或变量名的第一个单词的首字母小写,后面每个单词的首字母都大写,比如:showSchool、userName 等。
- Pascal 命名法:每一个单词的首字母都大写,比如:ShowCenter()、UserName 等。在 Java 中,使用骆驼式命名法。

6.2.3 如何创建和使用对象

类 School 定义好了,下面就可以根据定义的模板创建对象了。类的作用就是创建对

象。由类生成对象,成为类的实例化进程。一个实例也就是一个对象,一个类可以生成多个对象。创建对象的语法如下:

   类名 对象名=new 类名();

在创建类的对象时,需要使用Java的new关键字。例如,创建类School的一个对象。
School school=new School();

这里变量school的类型就是School类型。使用new创建对象时,并没有给它的数据成员赋一个特定的值,考虑到每个对象的属性值可能是不一样的,所以在创建对象后再给它的数据成员赋值。

在Java中,要引用对象的属性和方法,需要使用"."操作符,其中对象名在原点的左边,属性或方法的名称在圆点的右边。语法如下:

   对象名.属性   //引用对象的属性
   对象名.方法名()   //引用对象的方法

例如,创建School类的对象school后,就可以给对象的属性赋值或调用方法,代码如下:

school.name="第一学校";   //给name属性赋值
school.showSchool();   //调用showSchool()方法

知道了如何创建类的对象,下面就来解决相关的问题。

【例6.4】

```java
public class InitialSchool {
    public static void main(String[] args) {
        School school = new School();
        System.out.println("*** 初始化成员变量前 ***");
        school.showSchool();
        school.schoolName = "第一学校";        //给schoolName属性赋值
        school.classNumber = 10;              //给classNumber属性赋值
        school.labNumber = 10;                //给labNumber属性赋值
        System.out.println("\n*** 初始化成员变量后 ***");
        school.showSchool();
    }
}
```

运行结果如图6-1所示。

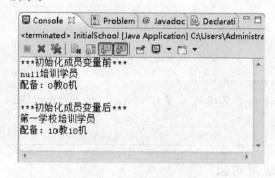

图6-1 显示School类

下面分析一下上例中的代码,这里新创建一个类 InitialSchool,用它来测试 School 类。大家知道,程序要执行的话需要一个入口程序。因此,像以前编写过的程序一样,在 main()方法中编写代码来使用 School 类。

> **说明**
>
> main()方法是程序的入口,可以出现在任何一个类中。但要保证一个 Java 类中只有一个 main()方法。因此,可以将 main()写在 School 类中。但这里,将 main()写在了 InitialSchool 类中,目的是使不同的类实现不同的功能。

在 main()中,有以下三点需要大家注意:
- 首先使用关键字 new 创建类的对象"school"。
  ```
  School school = new School();
  ```
- 使用点操作符访问类的属性。
  ```
  school.schoolName = "第一学校";      //引用 schoolName 属性
  school.classNumber = 10;            //引用 classNumber 属性
  school.labNumber = 10;              //引用 labNumber 属性
  ```
- 使用点操作符访问类的方法。
  ```
  school.showSchool();
  ```

下面分析一下运行结果,showSchool()方法返回一个字符串,在没有初始化成员变量时,String 类型的变量 schoolName 的值是 null(空),而两个整型变量 classNumber 和 labNumber 的值是 0。为什么呢?这是因为在定义类时,如果没有给属性赋初始值,Java 会给它一个默认值。

前面定义了学校类,下面来看看如何定义学生类和教员类。

编写学生类,输出学生相关信息,代码如例 6.5 所示。

【例 6.5】 学生类。
```java
public class Student {
    String name;                    //姓名
    int age;                        //年龄
    String classNo;                 //班级
    String hobby;                   //爱好
    public void show(){
        System.out.println(name + "\n 年龄:" + age + "\n 就读于:" + classNo + "\n 爱好:" + hobby);
    }
}
```

【例 6.6】 显示学生类。
```java
public class InitialStudent {
    public static void main(String args[]){
        Student student = new Student();            //创建对象
        student.name = "张伟";                      //给各个属性赋值
        student.age = 10;
```

```
        student.classNo = "Java 班";
        student.hobby = "篮球";
        student.show();                    //调用方法
    }
}
```

运行的结果如图 6-2 所示。

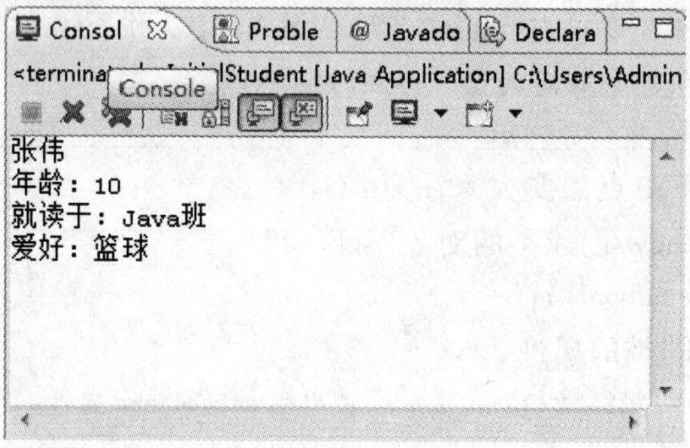

```
张伟
年龄：10
就读于：Java班
爱好：篮球
```

图 6-2　输出学生类

【例 6.7】　教师类。

```java
public class Teacher {
    String name;//姓名
    String major;//专业方向
    String courses;//教授课程
    int schoolAge;//教龄
    //输出信息方法
    public void show(){
        System.out.println(name + "\n 专业方向:" + major + "\n 教授课程:" + courses + "\n 教龄:" + schoolAge);
    }
}
```

【例 6.8】　显示教师类。

```java
public class InitialTeacher {
    public static void main(String[] args) {
        Teacher teacher = new Teacher();           //创建对象
        teacher.name = "王老师";                    //给各个属性赋值
        teacher.major = "计算机";
        teacher.courses = "Java 语言基础";
        teacher.schoolAge = 5;
        teacher.show();                            //调用方法
    }
}
```

程序的运行结果如图 6-3 所示。

图 6-3　输出教师类

6.2.4　面向对象的优点

了解了类和对象，也学习了如何定义类、创建对象和使用对象，下面总结一下面向对象的优点，具体如下：

• 与人类的思维习惯一致：面向对象的思维方式是从人类考虑问题的角度出发，把人类解决问题的思维过程转变为程序能够理解的过程。面向对象程序设计能够使用"类"来模拟现实世界中的抽象概念，用"对象"来模拟显示世界中的实体，从而用计算机解决现实问题。

• 信息隐藏，提高了程序的可维护性和安全性：封装实现了模块化的信息隐藏，即将类的属性和行为封装在类中，这保证了对它们的修改不会影响到其他的对象，有利于维护。同时，封装使得在对象外部不能随意访问对象的属性和方法，避免了外部错误对它的影响，提高了安全性。

• 提高了程序的可重用性：一个类可以创建多个对象实例，增加了重用性。

面向对象程序设计还有其他优点，在以后的学习中会慢慢介绍。

6.3　数据类型总结

Java 中的数据类型分为两类。

• 基本数据类型：比如整型（int）、双精度浮点型（double）、字符型（char）、布尔型（boolean）。

• 引用数据类型：比如字符串（String）、数组、使用 class 自定义的类型（School、Student 等）。

为什么 String 类型是引用数据类型呢？

一直使用的 String 类型实际上是 Java 开发人员使用 class 关键字定义的一个类，直接使用即可。因此，它也有属性和方法，不过现在大家不需要知道这些，只需要记住它属于引用数据类型就可以了。

6.4　类的方法

类是由一组具有相同属性和共同行为的实体抽象而来的。对象执行的操作是通过编写类的方法实现的。所以类的方法是一个功能模块,其作用是"做一件事"。例如一只电动小狗,在它的身上有两个按钮,如果按动按钮,电动小狗就会跑或者叫。下面来创建一个电动小狗的类,它的属性和行为如例 6.9 所示。

【例 6.9】　电子狗的跑和叫的方法。

```
public class AutoDog{
    String color = "黄色";
    //跑的方法
    public void run(){
        System.out.println("正在快速奔跑!");
    }
    //叫的方法
    public String bark(){
        String sound = "汪汪叫";
        return sound;
    }
}
```

在例 6.9 中,调用跑的方法 run(),会在控制台输出文字"正在快速奔跑!",如果调用叫的方法 bark(),会得到一个字符串的返回值 sound,sound 的值是"汪汪叫"。

类的方法必须包括以下三个部分:
(1)方法的名称。
(2)方法的返回值类型。
(3)方法的主体。

语法如下:

```
public 返回值类型 方法名(){
    //方法的主体
}
```

通常编写方法的时候分两步完成:

第一步:定义方法名和返回值类型。
第二步:在{}中编写方法的主体部分。

在编写方法的时候注意以下三点:

(1)方法体放在一堆大括号中。方法体就是一段程序代码,完成一定的工作。
(2)方法名主要在调用这个方法时使用。在 Java 中一般采用骆驼式命名。
(3)方法执行后可能会返回一个结果,该结果的类型称为返回值类型。使用 return 语句返回值。

return 的语法如下:

```
return 表达式;
```

如果方法没有返回值,则返回值类型为 void。比如 run()方法没有返回值,所以返回值类型为 void。

因此,在编写程序时一定要注意方法声明中返回值的类型和方法体中真正返回值的类型是否匹配。如果不匹配,编译器就会报错。

其实这里的 return 语句是跳转语句的一种,它主要做两件事情。

(1)跳出方法。意思是方法已经完成了,要离开这个方法。

(2)给出结果。如果方法产生一个值,这个值放在 return 后面,即<表达式>部分,意思是"离开方法,并将<表达式>的值返回给调用它的程序"。就像按动按钮,电动狗就会跑。

6.4.1 方法的调用

定义了方法就要拿来使用的,简单地说,在程序中通过使用方法名称从而执行方法中包含的语句,这一过程就称为方法的调用。方法调用的一般形式如下:

  对象名.方法名();

Java 中类是程序的基本单元。每个对象需要完成特定的应用程序功能。当需要某一对象执行一项特定操作时,通过调用该对象的方法来实现。另外,在类中,类的不同成员方法之间也可以进行相互调用。

【例 6.10】 小飞的爸爸送给小飞一个玩具电子狗礼物,编写程序测试玩具狗能否跑、叫和显示颜色。

```java
public class AutoDog {
    String color = "黄色";
    // 跑的方法
    public void run(){
        System.out.println("正在快速奔跑!");
    }
    // 叫的方法
    public String bark(){
        String sound = "汪汪叫";
        return sound;
    }
    // 获得颜色
    public String getColor(){
        return color;
    }
    // 显示电子狗颜色特征
    public String showDog(){
        return "这是一个" + getColor() + "的玩具电子狗!";
    }
}
```

【测试类】
```java
public class TestDog {
    public static void main(String[] args) {
        // 创建 AutoDog 对象
        AutoDog dog = new AutoDog();
        // 调用方法显示电子狗颜色信息
        System.out.println(dog.showDog());
        dog.run();// 调用跑的方法
        System.out.println(dog.bark());// 调用叫的方法
    }
}
```
运行测试类后,控制台的显示结果如下:

图 6-4 运行测试程序后显示的电子狗信息

要模拟玩具狗的过程,按下控制电子狗叫的按钮,它就会发出叫声,按动控制电子狗跑的按钮,它就会跑,因此编写两个类:电子狗类(AutoDog)和测试类(TestDog)。其中 TestDog 类中定义程序入口(main 方法),检测跑和叫的功能是否可以正常运行。

凡涉及类的方法的调用,均使用如下两种形式:

(1)同一个类中的方法,直接使用方法名调用该方法。

(2)不同类的方法,首先创建对象,再使用"对象名.方法名"来调用。

6.4.2 常见错误

在编写方法以及调用方法时,避免出现以下错误:

(1)方法定义没有返回值,方法体内有返回语句,例如:
```java
public class Add{
    public void addNum(){
        int a = 1;
        int b = 2;
        return a + b;
    }
}
```

(2)方法不能返回多个值,例如:
```java
public class Add{
    public int addNum(){
        int a = 1;
        int b = 2;
```

```
            return a + b,a;
        }
    }
```

(3)多个方法不能互相嵌套定义,例如不能将 showResult()方法定义在 addNum()方法体内,例如:

```
public class Add{
    public int addNum(){
        int a = 1;
        int b = 2
        return a + b;
        public void showResult(){
            System.out.println(a + b);
        }
    }
}
```

(4)不能在方法体外直接写程序逻辑代码,例如:

```
public class Add{
    int a = 1;
    if(a<5){
        System.out.println("a 的值小于 5!");
    }
    pubic int add(){
        int b = 2;
        return a + b;
    }
}
```

6.5 带参方法

类的方法是一个功能模块,其作用是实现某一个独立的功能,可以供多个地方使用。如果在调用类的方法的时候,需要给方法传递一些信息,这就需要用到带参数的方法了。带参数的方法语法格式如下:

<访问修饰符>返回类型<方法名>(<参数列表>){
　　//方法的主体
}

<访问修饰符>指该方法允许被访问调用的权限范围,只能是 public、protected 或者 private。其中 public 访问修饰符表示该方法被任何其他代码调用。

返回类型指方法返回值的类型。如果方法不返回任何值,它应该声明为 void 类型。Java 对待返回值的要求很严格,方法返回值必须与所说明的类型相匹配。使用 return 关键字返回值。

<方法名>是定义的方法的名字,它必须使用合法的标识符。

<参数列表>是传递给方法的参数列表。列表中各参数间以逗号分隔,每个参数由一个类型和一个标识符名组成。参数列表的格式为数据类型 参数 1,数据类型 参数 2……数据类型 参数 n,其中 n>=0。

如果 n=0,代表没有参数。这时的方法就是前面学习过的无参方法。

调用带参方法与调用无参方法的语法相同,但是在调用带参方法时必须传入实际的参数的值。

语法如下:

　　对象名.方法名(变量 1,变量 2……变量 n);

在定义方法和调用方法时,把参数分别称为形式参数和实际参数,简称形参和实参。形参是在定义方法的时候对参数的称呼,目的是用来定义方法需要传入的参数类型和个数;实参是在调用方法时传递给方法处理的实际的值。

调用方法时,需要注意以下几点:

(1)先实例化对象,再调使用方法。

(2)实参的类型、数量、顺序都要与形参一一对应。

```
public class TestAdd{
    public static void main(String[] args){
        StudentsBiz st = new StudentsBiz();
        Scanner input = new Scanner(System.in);
        for(int i = 0;i<5;i++){
            System.out.print("请输入学生姓名:");
            String newName = input.next();
            //此处的 newName 是调用 addName 方法传递的实参
            st.addName(newName);
        }
        st.showNames();
    }
```

6.6　变量的作用域

Java 中以类来组织程序,类中可以定义变量和方法。在类的方法中,同样也可以定义变量。在不同的位置定义的变量有什么不同吗?

在类中定义的变量称为类的成员变量,在方法中定义的变量称为局部变量。在使用时,成员变量和方法的局部变量具有不同的使用权限。

(1)成员变量:AutoDog 类的方法可以直接使用该类定义的成员变量,如果别的类的方法要访问它,必须首先创建该类的对象,然后才能通过点运算符来引用。

(2)局部变量:它的作用域仅仅在定义该变量的方法内,因此只有在这个方法中能够使用它。

总的来说,使用成员变量和局部变量时需要注意以下几点:

(1)作用域不同。局部变量的作用域仅限于定义它的方法。在该方法外无法访问它。成员变量的作用域在整个类内部都是可见的,所有成员方法都可以使用它,如果访问权限允许,还可以在类外部使用成员变量。

(2)初始值不同:对于成员变量,如果在类定义中没有给它赋予初始值,Java 会给它一个默认值,基本数据类型的值为 0,引用类型的值为 null。但是 Java 不会给局部变量赋予初始值,因此局部变量必须要定义赋值后再使用。

(3)在同一个方法中,不允许有同名的局部变量。在不同的方法中,可以有同名的局部变量。

(4)局部变量可以和成员变量同名,并且在使用时,局部变量具有更高的优先级。

常见错误

在编程过程中,因为使用了无权使用的变量而造成编译错误是非常常见的。

1. 误用局部变量

```java
public class Model06_01 {
    int score1 = 88;
    int score2 = 98;
    public void calAvg(){
        int avg = (score1 + score2)/2;
    }
    public void showAvg(){
        System.out.println("平均分是:" + avg);
    }
    public static void main(String[] args) {
        Model06_01 md = new Model06_01();
        md.calAvg();
        md.showAvg();
    }
}
```

运行后,在控制台显示如下结果:

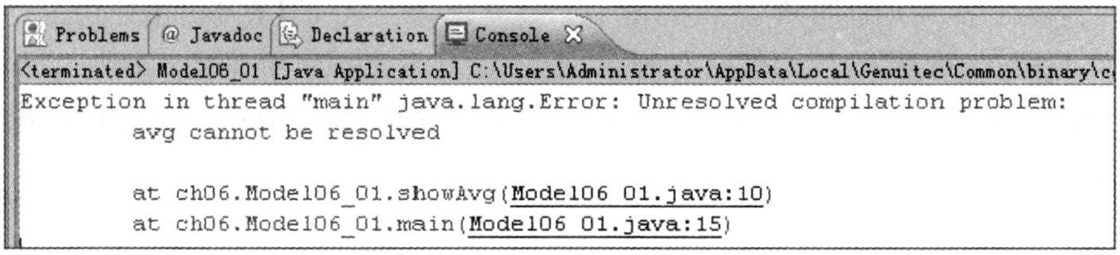

```
Problems  @ Javadoc  Declaration  Console
<terminated> Model06_01 [Java Application] C:\Users\Administrator\AppData\Local\Genuitec\Common\binary\c
Exception in thread "main" java.lang.Error: Unresolved compilation problem:
        avg cannot be resolved

    at ch06.Model06_01.showAvg(Model06_01.java:10)
    at ch06.Model06_01.main(Model06_01.java:15)
```

图 6-5 误用局部变量后的运行效果

运行的时候编译器报错"无法解析 avg"。因为在方法 showAvg()中使用了方法 calAvg()中定义的变量 avg,这就超出了 avg 的作用范围了。

如果要使用在方法 calAvg()中获得的 avg 结果,可以编写带有返回值的方法,然后从方法 showAvg()中调用这个方法,而不是直接使用在这个方法中定义的变量,程序如下:

```java
public class Model06_01 {
    int score1 = 88;
    int score2 = 98;
    public int calAvg(){
        int avg = (score1 + score2)/2;
        return avg;
    }
    public void showAvg(){
        System.out.println("平均分是:" + this.calAvg());
    }
    public static void main(String[] args) {
        Model06_01 md = new Model06_01();
        md.showAvg();
    }
}
```

运行后的控制台显示结果如图 6-6 所示：

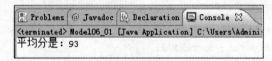

图 6-6 调用带返回值的方法后运行结果

2. 控制流语句块中的局部变量

```java
public class Model06_02 {
    public static void main(String[] args) {
        for(int i = 0,a = 0;i<4;i ++){
            a ++ ;
        }
        System.out.println(a);
    }
}
```

运行这段程序，编译器报错"无法解析 a"。这是因为变量 a 是在 for 循环块中定义的变量，因此 a 只能在 for 循环中使用，一旦退出循环，也就不能再使用 a 了。另外 while 循环、do-while 循环、if 选择结构、switch 选择结构中定义的变量，作用域也仅仅在这些控制流程语句块内。

6.7 包

编写 Java 项目的时候，需要使用到"包"。就像日常生活中，很多繁杂的资料需要归纳整理到不同的文件袋里一样。在复杂的文件系统中，文件分门别类存储在不同的文件夹中，解决了文件冲突的问题。在编写复杂程序的过程中，也会遇到同样的问题。Java 以类组织程序，开发一个大型的工程可能需要编写成百上千个类。如果要求开发人员确保自己选用的类名不和其他程序要选择的类名冲突,这基本是不可能的。另外在编写大型工程的时候,具有不同功能的类需要保存到不同的地方,这样的工程才会井井有条,不至于所有的类都混杂在一起而显得杂乱无章。包的出现很好地解决了这个问题。

包的作用有以下三个方面:

(1)包允许将类组合较小的单元(类似文件夹),易于找到和使用相应的类文件。

(2)防止命名冲突。有了包,可以将同一个工程中相同的命名文件分隔在不同的包中,这样互不干扰,各自运用。

(3)包允许在更广的范围内保护类、数据和方法。可以在包内定义类,根据规则,包外的代码有可能不能访问该类。

6.7.1 如何创建包

要创建一个包,只要在class类的第一行包含一个package命令就可以了。如下:
```
package ch06;                    //声明包
public class Model06_02 {
    public static void main(String[] args) {
        //……
    }
}
```
语法如下:
```
package 包名;
```
package是关键字,包的声明必须是Java源文件中的第一行,并且源文件只能有一个包声明语句。

另一种方法是在使用编辑软件的时候,用编辑软件来创建包,比如使用MyEclipse软件来编写Java程序,创建项目后,对着项目右键或者对着项目中的src文件夹右键,选择New菜单,再选择package菜单项,会出现对话框,如图6-7所示。

图 6-7 用 MyEclipse 创建包

默认情况下,包是建立在项目的src目录下,在name中输入想要建立的包的名称,然后点击Finish按钮,完成包的创建。当然,如果想在src下创建二级包,可以直接在name中输入一级包名.二级包名,这样可以直接在 src 下创建一级包和二级包,如图 6-8 所示。

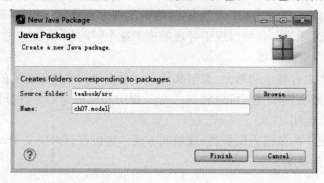

图 6-8　使用 MyEclipse 在 src 下创建二级包

这里在 src 下创建了一级包,名称是 ch07,并且在一级包下创建了一个二级包,名称是 model,在 ch07 包下创建一个 Test 类,就可以清晰地看出二级包的树形结构,创建后的效果如图 6-9 所示。

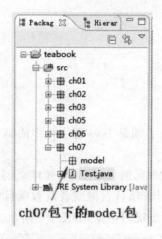

图 6-9　ch07 包下的 model 包

另外,可以在创建类的同时,创建类所在的包。例如在项目下创建一个 BaseDao 的类,并且把这个类放到 dao 这个包下,右键单击项目,选择 New 菜单,然后选择 class 菜单,如图 6-10 所示。

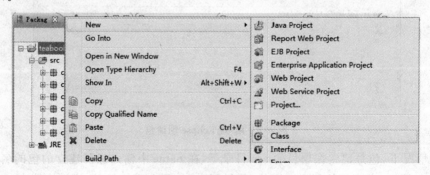

图 6-10　选择创建 class

选择 class 菜单后,会弹出输入创建类的对话框,如图 6-11 所示。

图 6-11 创建类的对话框

完成后点击 Finish 按钮,这样就在项目的 src 下创建了一个 dao 的包,并同时创建了一个 BaseDao 的类。

6.7.2 如何导入包

要使用不在同一个包中的类,需要将包显式地包括在 Java 程序中。在 Java 中,使用关键字 import 告知编译器所要使用的类位于哪个包中。这个过程称为导入包。import 关键字在以前的程序中已经使用过了,下面的代码就是导入 Java 本身提供的包 java.util。

  import java.util.Scanner;   // 导入 java.util.Scanner 包

在使用 import 时可以指定类的完整描述,即"包名.类名",来导入包中的某个特定的类。语法如下:

  import 包名.类名;

这里的包名可以是系统提供的包,如 java.util 等,也可以是自己定义的包,例如 ch06.StudentsBiz。

如果要使用到包下的多个类,可以在使用 import 导入的时候,直接使用"包名.*"的形式全部导入,语法如下:

  import 包名.*;

这样就可以使用包下的所有的类,非常方便。

6.8 贯穿项目练习

阶段 1：升级"快买购物管理系统"，定义管理员类。

✎ 训练要点
- 定义类的属性。
- 定义类的方法。

✎ 需求说明

编写管理员（属性：用户名，密码；方法：show()显示管理员信息）。

✎ 实现思路及关键代码

定义管理员类 Administrator，然后定义属性和方法。

✎ 参考解决方案

```
public class Administrator{
    String name;              //姓名
    String password;          //密码
    //显示信息方法
    public void show(){
        System.out.println("姓名:" + name + ",密码:" + password);
    }
}
```

阶段 2：升级"快买购物管理系统"，定义客户类。

✎ 训练要点

编写客户类（属性：积分，卡类型；方法：show()显示客户信息）。

阶段 3：升级"快买购物管理系统"，创建管理员对象。

✎ 训练要点
- 使用类创建对象。
- 引用对象的属性和方法。

✎ 需求说明

创建两个管理员类对象，输出他们的相关信息，运行结果如图所示。

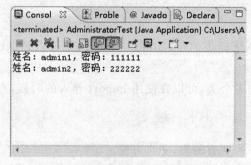

图 6-12 创建管理员对象输出结果

✿ **实现思路及关键代码**

(1)利用 new 关键字创建两个管理员类的对象。

(2)分别给这两个对象赋值并调用显示方法。

✿ **参考解决方案**

```java
public class AdministratorTest {
    public static void main(String[] args) {
        Administrator admin1 = new Administrator();        //创建管理员对象 1
        Administrator admin2 = new Administrator();        //创建管理员对象 2
        //给管理员对象 1 赋值并调用显示方法
        admin1.name = "admin1";
        admin1.password = "111111";
        admin1.show();
        //给管理员对象 2 赋值并调用显示方法
        admin2.name = "admin2";
        admin2.password = "222222";
        admin2.show();
    }
}
```

阶段 4：升级"快买购物管理系统",更改管理员密码。

✿ **训练要点**

- 使用类创建对象。
- while 循环。

✿ **需求说明**

- 输入旧的用户名和密码,如果正确,才有权限更新。
- 从键盘获取新的密码,进行更新。

运行结果如图 6-13 所示。

图 6-13　更改管理员密码输出结果

✿ **实现思路及关键代码**

(1)利用 new 关键字创建管理员类的对象。

(2)利用 while 实现循环执行。

◈ **参考解决方案**

```java
public class ChangePassword {
    /**
     * 更改管理员密码
     */
    public static void main(String[] args) {
        String nameInput;                                    //保存用户输入的用户名
        String pwd;                                          //保存用户输入的密码
        String pwdConfirm;                                   //保存用户再次输入的密码
        Scanner input = new Scanner(System.in);
        Administrator admin = new Administrator();           //创建管理员对象
        admin.name = "admin1";                               //给 name 属性赋值
        admin.password = "111111";                           //给 password 属性赋值
        //输入旧的用户名和密码
        System.out.print("请输入用户名:");
        nameInput = input.next();
        System.out.print("请输入密码:");
        pwd = input.next();
        //判断用户输入的用户名和密码是否正确
        if(admin.name.equals(nameInput) && admin.password.equals(pwd)){
            System.out.print("\n请输入新密码:");
            pwd = input.next();
            System.out.print("请再次输入新密码:");
            pwdConfirm = input.next();
            while(! pwd.equals(pwdConfirm)){
                System.out.println("您两次输入的密码不一致,请重新输入!");
                System.out.print("\n请输入新密码:");
                pwd = input.next();
                System.out.print("请再次输入新密码:");
                pwdConfirm = input.next();
            }
            System.out.println("修改密码成功,您的新密码为:" + pwd);
        }else{
            System.out.print("用户名和密码不匹配！您没有权限更新管理员信息。");
        }
    }
}
```

阶段 5:升级"快买购物管理系统",实现客户积分回馈。

◈ **需求说明**

- 实现积分回馈功能,金卡客户积分大于 1000 分或普卡客户积分大于 5000 分,获得回馈积分 500 分。

- 创建客户对象(金卡会员,积分3050),输出他得到的回馈积分。

- 使用 new 关键字创建客户对象,并调用 show()方法输出客户信息。
- 使用 if 结构实现分支判断。

运行结果如图 6-14 所示。

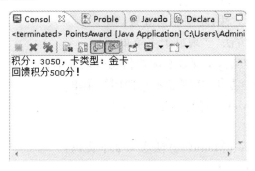

图 6-14　客户积分回馈运行结果

阶段 6:升级"快买购物管理系统",定义管理员类。

◆ 需求说明

编写管理员类 Manager,使用 show()方法返回管理员信息。

show()方法使用 return 语句实现信息的返回。

运行结果如图 6-15 所示。

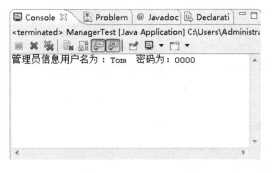

图 6-15　返回管理员信息输出结果

阶段 7:升级"快买购物管理系统",实现菜单的级联效果。

◆ 训练要点
- 方法的定义。

- 方法的调用。
- 循环结构。

✎ 需求说明

实现"快买购物管理系统"的菜单,输入菜单项编号,可自由切换各个菜单。

✎ 实现思路及关键代码

(1)创建菜单类 Menu。

(2)分别编写方法,实现以下功能:
- showLoginMenu()方法,实现显示登录菜单。
- showMainMenu()方法,实现显示主菜单。
- showCustMenu()方法,实现显示客户信息管理菜单。
- showSendGMenu()方法,实现显示真情回馈菜单。

(3)编写测试类 TestMenu,进行验证。

✎ 参考解决方案

(1)登录菜单 showLoginMenu()方法参考如下代码:

```java
public void showLoginMenu(){
    System.out.println("\n\t 欢迎使用快买购物管理系统\n");
    System.out.println("\t\t 1. 登 录 系 统\n");
    System.out.println("\t\t 2. 退 出\n");
    System.out.println ("******************************************");
    System.out.print("请选择,输入数字:");
}
```

(2)主菜单 showMainMenu()方法中关键代码如下:

```java
public void showMainMenu(){
    System.out.println("\n\t 快买购物管理系统主菜单\n");
        System.out.println("******************************************\n");
        System.out.println("\t\t 1. 客 户 信 息 管 理\n");
        System.out.println("\t\t 2. 真 情 回 馈\n");
        System.out.println("******************************************");
        System.out.print("请选择,输入数字或按 0 返回上一级菜单:");
        boolean con;
        do{
            con = false;
            /*输入数字,选择菜单*/
            Scanner input = new Scanner(System.in);
            int no = input.nextInt();
            if (no ==1){
                showCustMenu();
            }else if (no ==2){
                showSendGMenu();
            }else if (no ==0){
```

```java
                showLoginMenu();
            }else{
                System.out.print("输入错误,请重新输入数字:");
                con = true;
            }
        }while(con);
    }
```

(3)真情回馈 showSendGMenu()方法中关键代码如下:
```java
  public void showSendGMenu(){
      System.out.println("\n\t 快买购物管理系统>真情回馈");
          System.out.println("*******************************************\n");
          System.out.println("\t\t 1. 幸 运 大 放 送\n");
          System.out.println("\t\t 2. 幸 运 抽 奖\n");
          System.out.println("\t\t 3. 生 日 问 候\n");
          System.out.println("*******************************************");
          System.out.print("请选择,输入数字或按 0 返回上一级菜单:");
          boolean con;
          do{
              con = false;
              /*输入数字,选择菜单*/
              Scanner input = new Scanner(System.in);
              int no = input.nextInt();
              if(no ==1){
                  System.out.println("执行幸运大放送");
              }else if(no ==2){
                  System.out.println("执行幸运抽奖");
              }else if(no ==3){
                  System.out.println("执行生日问候");
              }else if(no ==0){
                  showMainMenu();    //返回主菜单
              }else{
                  System.out.print("输入错误,请重新输入数字:");
                  con = true;
              }
          }while(con);
      }
  }
```

(4)测试类 TestMenu 中关键代码如下:
```java
 boolean con = true;
     do{
     /*显示登录菜单*/
```

```
Menu1 menu = new Menu1();
menu.showLoginMenu();
/*实现菜单*/
Scanner input = new Scanner(System.in);
int choice = input.nextInt();
switch(choice){
case 1:
    menu.showMainMenu();
    break;
case 2:
    System.out.println("谢谢您的使用!");
    con = false;
    break;
}
}while(con);
}
```

阶段 8:升级"快买购物管理系统",实现系统入口程序。

▷ 需求说明

编写类 StartSMS,实现输入用户名和密码,符合条件的进入系统,运行效果如图 6-16 所示。

图 6-16 系统入口程序输出效果

本章总结

- 对象是用来描述客观事物的一个实体,由一组属性和方法构成。
- 类是具有相同属性和方法的一组对象的集合。
- 类和对象的关系是抽象和具体的关系。类是对象的集合,对象是类的实例。
- 对象的属性和方法被共同封装在类中,相辅相成,不可分割。
- 使用类的步骤如下:

(1)定义类:使用关键字class。

(2)创建类的对象:使用关键字new。

(3)使用类的属性和方法:使用点操作符。

- Java中的数据类型分为两类:基本数据类型和引用数据类型。
- 定义类的方法必须包括名称、返回值类型、主体3个部分。
- 类的方法在同一个类中调用直接使用方法名调用,不同类的方法,创建对象后使用"对象名.方法名"来调用。
- 在Java中,成员变量和局部变量作用域各不相同。

第 7 章
抽象和封装

本章工作任务
- 用类图描述电子宠物系统的设计
- 编写代码实现领养宠物功能

本章知识目标
- 使用类图描述设计
- 掌握面向对象设计的基本步骤
- 掌握类和对象的概念
- 掌握构造方法及其重载
- 掌握封装的概念及其使用

现实世界就是"面向对象的"。现实世界中的任何事物都可以看做是"对象",比如人、建筑、交通工具、学习用品等。而事物都有自己的属性和行为。比如人具有各种属性,姓名、性别、身高、体重等。还可以做很多事情,吃饭、睡觉、上班、锻炼等。各个事物之间还会发生各种联系,比如人可以开汽车,可以养动物,等等。

面向对象就是采用"现实模拟"的方法设计和开发程序。计算机软件开发规模越来越大,越来越复杂,导致软件开发时间,软件开发成本和软件维护费用甚至软件开发质量等难以控制。而面向对象技术利用"面向对象的思路"去描述"面向对象的世界",实现了虚拟世界和现实世界的一致性,符合人们的思维习惯,使得客户和软件设计开发人员之间,软件设计开发人员内部交流更加符合现实。同时还带来了代码重用性高,可靠性强等优点。大大提高了大型软件的设计和开发效率。

7.1 使用面向对象设计系统

下面使用面向对象的方法,进行电子宠物系统设计。首先用类来描述宠物,然后实现宠物的领养功能。先需要根据需求进行面向对象的设计。

面向对象的设计就是抽象的过程,分三步来完成。

第一步:发现类。

第二步:发现类的属性。

第三步:发现类的方法。

7.1.1 类的抽象过程

实现以上三步,就把一个对象的类给抽象出来了。下面来按照这三个步骤来完成设计。

第一步:发现类。

作为类的名词有宠物、昵称、小猴子、米老鼠、类型、品种、猕猴、金丝猴、性别、鼠小弟、鼠小妹、健康值、亲密度和主人等。

根据仔细筛选,发现可以作为类的名词有宠物、小猴子、米老鼠和主人。要实现领养宠物功能,主要用到两个类:小猴子(Monkey)和米老鼠(Mouse)。宠物和主人在完善设计和增加功能时再使用。

第二步:发现类的属性。

作为类的属性的名词有昵称、健康值、亲密度、品种和性别,还有一些名词是作为属性值存在的,例如猕猴和金丝猴作为品种的属性值,鼠小弟和鼠小妹是性别的属性值。

定义小猴子类的属性有昵称(name)、健康值(health)、亲密度(love)和品种(strain)。米老鼠类的属性有昵称(name)、健康值(health)、亲密度(love)和性别(sex)。

第三步:发现类的方法。

通过筛选,发现类的方法主要是打印宠物信息。小猴子和米老鼠的方法主要是打印出自己的信息,取名为 print()。其他无关的行为后面需要的时候再添加。设计是一个逐步调整完善的过程。

完成上面的三步以后,下面来创建类:

【例 7.1】 小猴子类:

```java
public class Monkey {
    String name = "无名氏";                    //昵称,默认值是"无名氏"
    int health = 100;                         //健康值,默认值是100
    int love = 0;                             //亲密度
    String strain = "聪明的猕猴";              //品种
    /**
     * 输出小猴子的信息。
     */
    public void print() {
        System.out.println("宠物的自白:\n 我的名字叫" + this.name + ",健康值是" + this.
        health + ",和主人的亲密度是" + this.love + ",我是一只" + this.strain + "。");
    }
}
```

【例 7.2】 米老鼠类:

```java
public class Mouse {
    String name = "无名氏";//昵称
    int health = 100;//健康值
    int love = 0;//亲密度
    String sex = "鼠小弟";//性别
    /**
     * 输出米老鼠的信息。
     */
    public void print() {
        System.out.println("宠物的自白:\n 我的名字叫" + this.name + ",健康值是" +
        this.health + ",和主人的亲密度是" + this.love + ",性别是 " + this.sex + "。");
    }
}
```

从上面的示例中知道了类的基本结构主要由属性和行为组成,成为类的成员变量(或者成员属性)和成员方法。统称为类的成员。

下面来通过创建测试类来创建类的对象,调用类的方法。

【例 7.3】 Test 类:

```java
import java.util.Scanner;
public class Test {
    public static void main(String[] args) {
        Scanner input = new Scanner(System.in);
        System.out.println("欢迎您来到宠物店!");
        //1.输入宠物名称
        System.out.print("请输入要领养宠物的名字:");
```

```java
String name = input.next();
//2.选择宠物类型
System.out.print("请选择要领养的宠物类型:(1.小猴子 2.米老鼠)");
switch (input.nextInt()) {
case 1:
    //2.1.如果是小猴子
    //2.1.1.选择小猴子品种
    System.out.print("请选择小猴子的品种:(1.猕猴"+" 2.金丝猴)");
    String strain = null;
    if (input.nextInt()==1) {
        strain = "猕猴";
    } else {
        strain = "金丝猴";
    }
    //2.1.2.创建小猴子对象并赋值
    Monkey Monkey = new Monkey();
    Monkey.name = name;
    Monkey.strain = strain;
    //2.1.3.输出小猴子信息
    Monkey.print();
    break;
case 2:
    //2.2.如果是米老鼠
    //2.2.1.选择米老鼠性别
    System.out.print("请选择米老鼠的性别:(1.鼠小弟 2.鼠小妹)");
    String sex = null;
    if (input.nextInt()==1)
        sex = "鼠小弟";
    else
        sex = "鼠小妹";
    //2.2.2.创建米老鼠对象并赋值
    Mouse mouse = new Mouse();
    mouse.name = name;
    mouse.sex = sex;
    //2.2.3.输出米老鼠信息
    mouse.print();
    }
  }
}
```

运行结果如图 7-1 和图 7-2 所示：

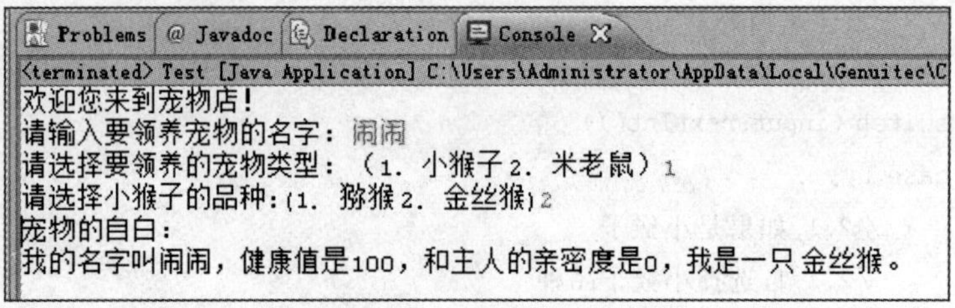

图 7-1　领养小猴子的运行结果

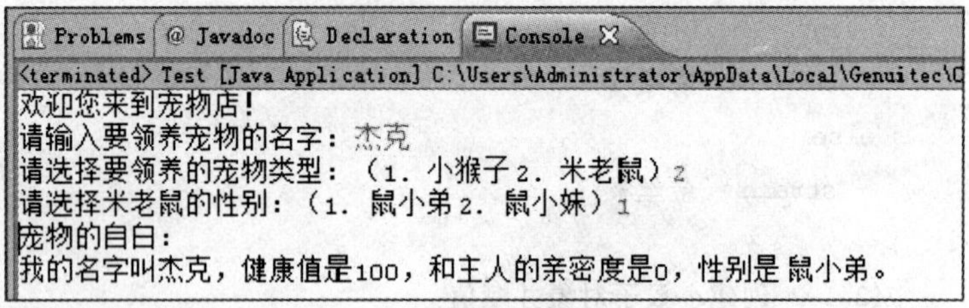

图 7-2　领养米老鼠的运行结果

在 main()函数中，先定义输入变量 input，通过 Java 系统提供的 java.util.Scanner 来声明；然后在控制台显示"欢迎来到宠物店！"，再在控制台显示"请输入要领养宠物的名字："；定义一个 String 类型的 name 变量来接收控制台输入的宠物名字；然后控制台显示"请选择要领养的宠物类型：(1.小猴子 2.米老鼠)"；switch 语句判断控制台输入的数值，如果输入的是 1，说明选择的是小猴子，这时候，控制台显示"请选择小猴子的品种：(1.猕猴 2.金丝猴)"，定义一个 String 类型的变量 strain，并且赋值为 null。if 语句判断如果选择品种的时候输入是 1，那么给 strain 变量赋值为"猕猴"，否则给 strain 变量赋值为"金丝猴"。根据控制台输入，赋值完毕后，使用 Monkey 类声明一个实例变量 monkey，然后给这个实例 monkey 的 name 属性赋值为之前控制台输入的宠物名字，再给 monkey 的 strain 属性赋值为之前选择的 strain 值(猕猴或者金丝猴)，然后再调用 monkey 的 print()方法，在控制台显示出宠物的自白，如图 7-1 所示。switch 语句如果判断领养宠物类型选择是 2，也就是选择米老鼠，控制台会显示出"请选择米老鼠的性别：(1.鼠小弟 2.鼠小妹)"，定义一个 String 类型的变量 sex 赋值为 null，if 语句判断如果性别选择的是 1，给 sex 赋值为"鼠小弟"，否则 sex 赋值为"鼠小妹"。使用 Mouse 类声明一个实例变量 mouse，给实例 mouse 的 name 属性赋值为之前输入的要领养的宠物的名字，再给 mouse 的 sex 属性赋值为刚才选择的"鼠小弟"或者"鼠小妹"，再调用 mouse 的 print()方法，在控制台输出宠物的自白，如图 7-1 所示。

为什么 name、strain 和 sex 变量的值已经获取以后，还要赋值给实例的属性，然后调用实例的方法在控制台显示出来，而不直接通过控制台显示出 name、strain 和 sex 的值呢？

类(Class)和对象(Object)是面向对象中的两个核心概念。类是对某一类事物的描述，是抽象的、概念上的定义。对象是实际存在的该事物的个体，是具体的、显示的。类和对象就好比模具和铸件的关系,通过模具来生成一个个铸件。可以由一个类创建多个对象。

小猴子类是一个 Monkey 类的代码,米老鼠类是一个 Mouse 类的代码。但是如果要实现需求,只有两个类是不行的,还需要创建对应类的示例,也就是对象。在 Test 类中根据输入的数据创建宠物对象小猴子对象 monkey(Monkey monkey = new Monkey();)或者是米老鼠对象 mouse(Mouse mouse = new Mouse();)。

创建对象的时候,首字母大写的 Monkey 和 Mouse 表示的是 Monkey 类和 Mouse 类,而首字母小写的 monkey 和 mouse 则是实例化的 monkey 和 mouse 对象。

7.1.2 构造方法和构造方法的重载

在前面的示例中,是先创建对象,然后给对象的属性赋值,是通过多个语句实现的,那么可不可以在创建对象的时候就直接完成给属性的赋值操作呢?这是可以的,在 Mouse 类中增加一个无参的 Mouse()方法,来看看结果会怎么样。

【例 7.4】 Mouse 的无参构造方法。

```java
public class Mouse {
    String name = "无名氏";           //昵称
    int health = 100;                //健康值
    int love = 0;                    //亲密度
    String sex = "鼠小弟";           //性别
    /**
     * 无参构造方法。
     */
    public Mouse() {
        name = "楠楠";
        love = 20;
        sex = "鼠小妹";
        System.out.println("执行构造方法");
    }
    /**
     * 输出米老鼠的信息。
     */
    public void print() {
        System.out.println("宠物的自白:\n 我的名字叫" + this.name + ",健康值是" +
            this.health + ",和主人的亲密度是" + this.love + ",性别是" + this.sex + "。");
    }
    /**
     * 测试无参构造方法的使用。
     */
    public static void main(String[] args) {
        Mouse mouse = null;
        mouse = new Mouse();
```

```
        mouse.print();
    }
}
```

运行的结果如图 7-3 所示。

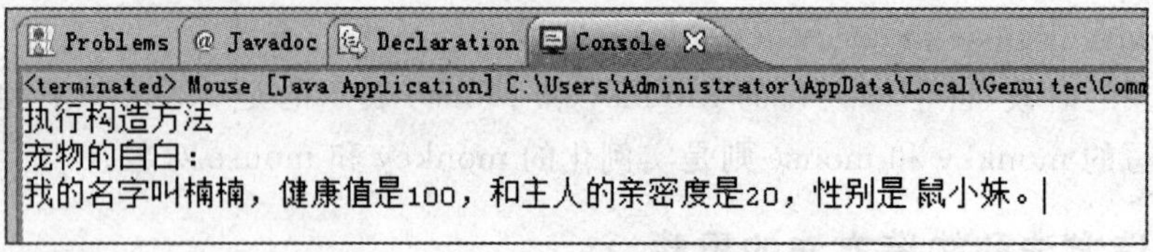

图 7-3 Mouse 无参构造方法运行结果

其中 Mouse()方法是 Mouse 类的构造方法。从执行结果看,当运行 mouse＝new Mouse()时就会执行 Mouse()方法中的代码,在前面示例 2 中,没有 Mouse()方法,系统默认会提供一个空的 Mouse()构造方法,方法体里面不执行任何语句。

构造方法(Constructor)是一个特殊的方法,它用于创建类的对象,因此一个类必须包含至少一个构造方法,否则就无法创建对象。

构造方法的名字和类名相同,没有返回值类型。构造方法的作用主要就是在创建对象时执行一些初始化操作,如给成员属性赋值。使用 MyEclipse 的断点功能来看一下程序的运行流程:

在 main()的 mouse＝new Mouse()语句的行数前双击,在此设置断点,然后选择 run 菜单里面的 Debug 菜单,或者直接输入 F11 键,MyEclipse 开始进行调试运行;程序运行到如图 7-4 所示的位置暂停,此时控制台没有输出任何内容。

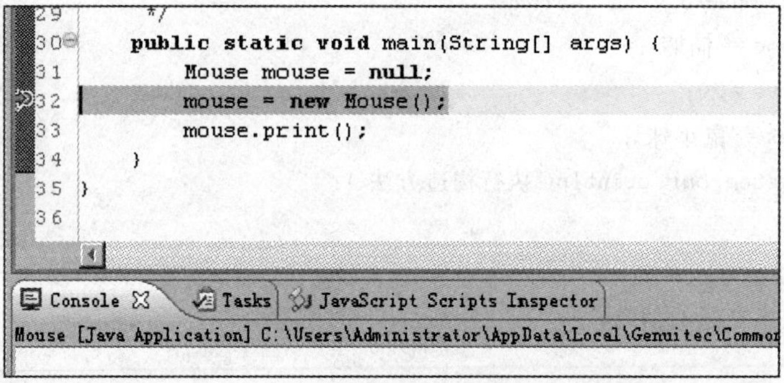

图 7-4 断点调试在进入构造方法前

显示的变量也没有任何值。如图 7-5 所示。

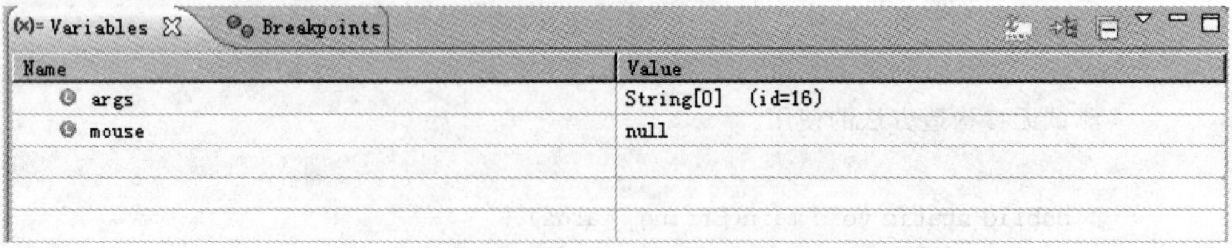

图 7-5 进入构造方法前的变量状态

此时，按下键盘上的 F5 键，进入 Mouse 类来执行 mouse 初始化的过程。这时按键盘上的 F6 键来依次执行类的初始化，从执行的结果可以看出，类的初始化，是先对属性进行赋值，执行完属性赋值后，变量的结果如图 7-6 所示：

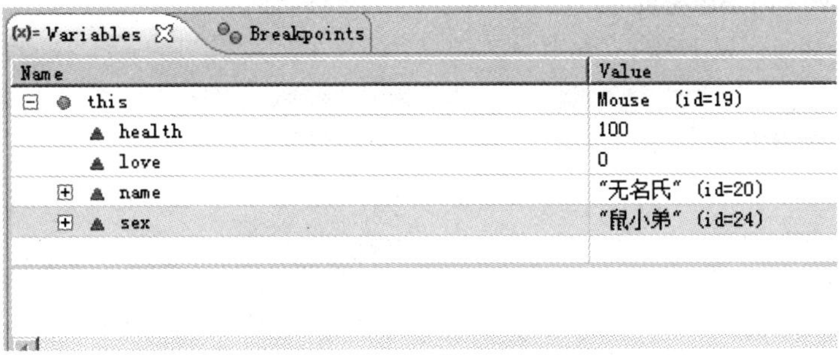

图 7-6　执行类里面的属性赋值后的结果

然后执行构造方法内的语句，执行完构造方法内的语句后，属性值的状况如图 7-7 所示：

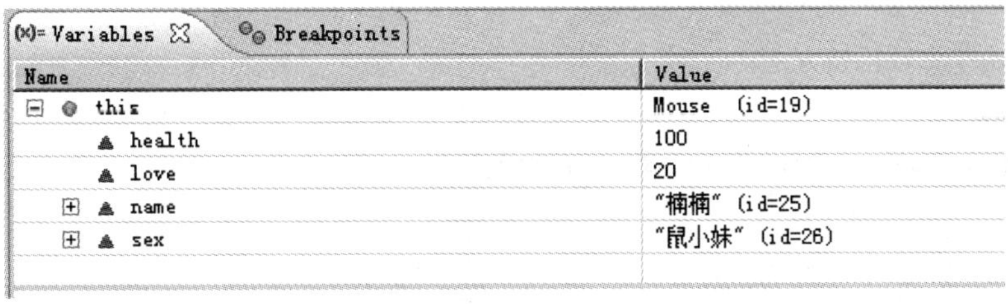

图 7-7　执行构造方法后的属性值状况

执行完构造方法内的程序后，继续按键盘上的 F6 键，程序进入 main()函数的下一句 mouse.print()，调用实例 mouse 的 print()方法，打印出宠物的自白相关内容，调用完成后的结果如图 7-8 所示：

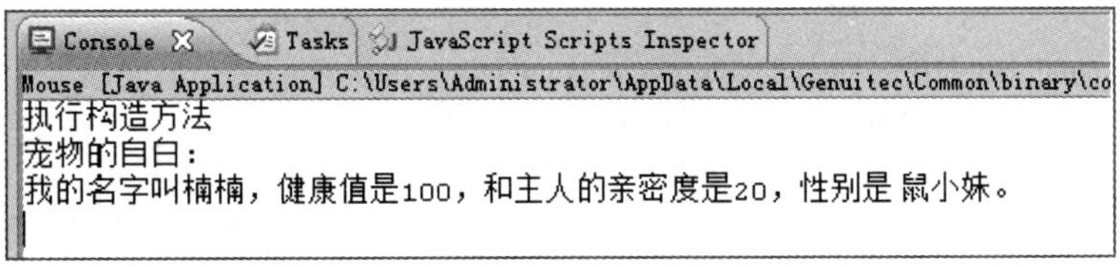

图 7-8　运行后的结果

从上面的例子里看到，在创建对象的时候，开始是类里面的属性赋值，然后是运行类的构造方法里面的语句给属性赋值，这里的属性赋值都是程序之前设定好的，没有与程序使用者互动的过程。那么如何才能动态地为实例的属性赋值呢？这就需要使用到带参数的构造方法，也就是构造方法的重载。看例 7.5。

【例 7.5】　构造方法的重载。

```
package ch07.model05;
/**
 * 宠物米老鼠类,指定多个构造方法。
 */
```

```java
public class Mouse {
    String name = "无名氏";//昵称
    int health = 100;//健康值
    int love = 0;//亲密度
    String sex = "鼠小弟";//性别
    /**
     * 无参构造方法。
     */
    public Mouse() {
        name = "杰希";
        love = 20;
        sex = "鼠小妹";
        System.out.println("执行构造方法");
    }
    /**
     * 两个参数构造方法。
     */
    public Mouse(String name, String sex) {
        this.name = name;
        this.sex = sex;
    }
    /**
     * 四个参数构造方法。
     */
    public Mouse(String name, int health, int love, String sex) {
        this.name = name;
        this.health = health;
        this.love = love;
        this.sex = sex;
    }
    /**
     * 输出米老鼠的信息。
     */
    public void print() {
        System.out.println("宠物的自白:\n 我的名字叫" + this.name + ",健康值是" + this.health + ",和主人的亲密度是" + this.love + ",性别是 " + this.sex + "。");
    }
    /**
     * 测试构造方法的使用。
     */
    public static void main(String[] args) {
```

```
        Mouse mouse = null;
        mouse = new Mouse();
        mouse.print();
        mouse = new Mouse("杰米","鼠小妹");
        mouse.print();
        mouse = new Mouse("杰克",80,20,"鼠小弟");
        mouse.print();
    }
}
```

程序的运行结果如图 7-9 所示：

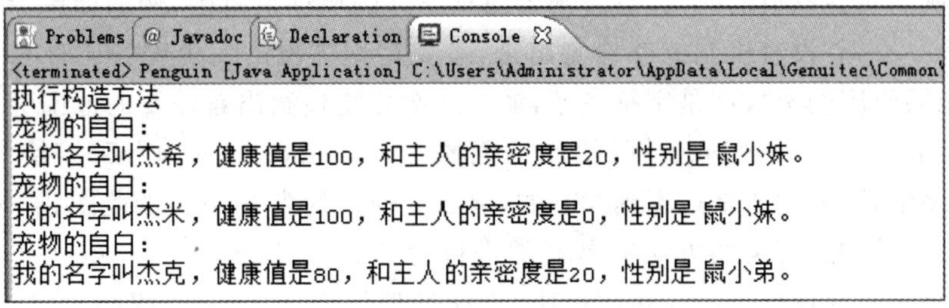

```
Problems  @ Javadoc  Declaration  Console
<terminated> Penguin [Java Application] C:\Users\Administrator\AppData\Local\Genuitec\Common
执行构造方法
宠物的自白：
我的名字叫杰希，健康值是100，和主人的亲密度是20，性别是 鼠小妹。
宠物的自白：
我的名字叫杰米，健康值是100，和主人的亲密度是0，性别是 鼠小妹。
宠物的自白：
我的名字叫杰克，健康值是80，和主人的亲密度是20，性别是 鼠小弟。
```

图 7-9　构造方法重载

例 7.5 的 Mouse 类中，共有 3 个构造方法，3 个构造方法的方法名相同，但是他们的参数列表不同，这叫作构造方法的重载。可以通过构造方法重载来实现多种初始化行为，在创建对象时可以根据需要选择合适的构造方法。

在 main() 函数中，mouse＝new Mouse() 语句是调用 Mouse 类中的无参构造方法；语句 mouse＝new Mouse("杰米","鼠小妹") 调用的是两个参数的构造方法；语句 mouse＝new Mouse("杰克",80,20,"鼠小弟") 调用的是四个参数的构造方法。在创建实例的时候，可以灵活地根据需要选择构造方法。

把程序中的无参构造方法删除，再运行程序会如何？可以看到运行的结果如图 7-10 所示：

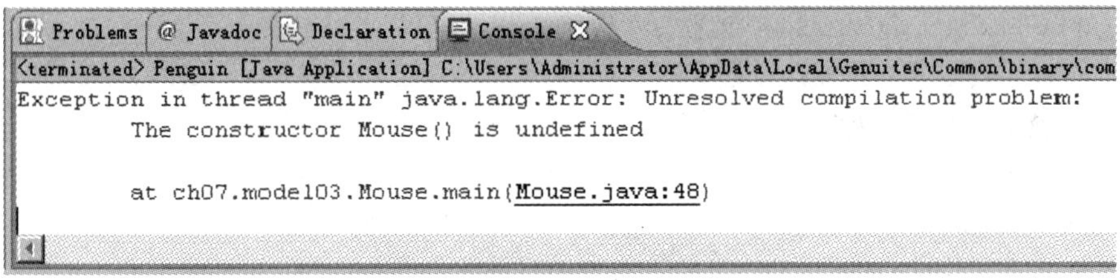

```
Problems  @ Javadoc  Declaration  Console
<terminated> Penguin [Java Application] C:\Users\Administrator\AppData\Local\Genuitec\Common\binary\com
Exception in thread "main" java.lang.Error: Unresolved compilation problem:
        The constructor Mouse() is undefined

        at ch07.model03.Mouse.main(Mouse.java:48)
```

图 7-10　删除无参构造方法后的运行效果

为什么在之前的例 7.3 中，使用的语句 Mouse mouse＝new Mouse() 调用无参构造方法的时候，类 Mouse 中并没有无参构造方法，但是程序确实正常运行的。这是因为在类中，如果没有任何构造方法，系统会提供给类一个默认的无参构造方法。而在此处，Mouse 类中没有无参构造方法，但是有两个有参构造方法，系统不再提供默认的无参构造方法，如果在类中有了有参构造方法却还想调用无参构造方法，那就需要在类中手工写入无参构造方法,系统不会提供默认的无参构造方法。

方法重载的判断依据如下:

(1)必须在同一个类中;

(2)方法名相同;

(3)方法参数个数或者参数类型不同;

(4)与方法返回值和方法修饰符没有任何关系。

7.2 使用封装优化类

在给实例的属性赋值的时候,有时候会超过正常的属性值范围,例如如果给年龄属性赋值,输入了500岁,有没有机制能够检测出来,避免这种情况的发生呢?还有在使用构造方法的时候,如果使用的参数都是字符串型,那么怎么才能检测出是需要的范围呢?例如前面例7.5中,在 mouse = new Mouse()语句后面添加一句 mouse.love = 500,给 love 赋值为500,而在程序中,love 的值是达不到500的,那么如何来约束 love 值的范围。

考虑到这种情况,解决的方法就是对类进行封装。通过 private、protected、public 和默认权限控制符来实现权限控制。在此例中,将属性值设置为 private 权限,这样就只能在类的内部引用,然后在提供 public 权限的 setter 方法和 getter 方法实现对属性的存取,在 setter 方法中对输入的属性值的范围进行判断,从而实现对属性值的范围约束。如例 7.6 所示。

【例 7.6】 封装小猴子类。

```
/**
 * 宠物小猴子类,使用权限修饰符 private 和 public 进行封装。
 */
class Monkey {
    private String name = "无名氏";//昵称
    private int health = 100;//健康值
    private int love = 0;//亲密度
    private String strain = "猕猴";//品种
    /**
     * 读取小猴子昵称。
     * @return 昵称
     */
    public String getName() {
        return name;
    }
    /**
     * 指定小猴子昵称。
     * @param name 昵称
     */
    public void setName(String name) {
```

```java
        this.name = name;
    }
    /**
     * 读取小猴子健康值。
     * @return 健康值
     */
    public int getHealth() {
        return health;
    }
    /**
     * 指定小猴子健康值,对健康值范围进行判断。
     * @param health 健康值
     */
    public void setHealth(int health) {
        if (health>100 || health<0) {
            this.health = 40;
            System.out.println("健康值应该在 0 和 100 之间,默认值是 40");
        } else {
            this.health = health;
        }
    }
    /**
     * 读取小猴子亲密度。
     * @return 亲密度
     */
    public int getLove() {
        return love;
    }
    /**
     * 指定小猴子亲密度。
     * @param love 亲密度
     */
    public void setLove(int love) {
        this.love = love;
    }
    /**
     * 读取小猴子品种。
     * @return 品种
     */
    public String getStrain() {
        return strain;
```

```
    }
    /**
     * 指定小猴子品种。
     * @param strain   品种
     */
    public void setStrain(String strain) {
        this.strain = strain;
    }
    /**
     * 输出小猴子的信息。
     */
    public void print() {
        System.out.println("宠物的自白:\n我的名字叫" + this.name + ",健康值是" +
        this.health + ",和主人的亲密度是" + this.love + ",我是一只 " + this.
        strain + "。");
    }
}
```

在例 7.6 中,把所有的属性都设置为 private 权限修饰符,这样除了在本类之中,其他的地方都没有权限调用这些属性。设置好权限范围以后,在类里面增加 setter 方法和 getter 方法。可以手动来写入每个属性的 setter 方法和 getter 方法,也可以通过 MyEclipse 软件自带的生成功能来自动生成 setter 方法和 getter 方法,对着编辑区点击右键,在弹出菜单中选择"Source"菜单,然后选择"Generate Getters and Setters"。如图 7-11 所示。

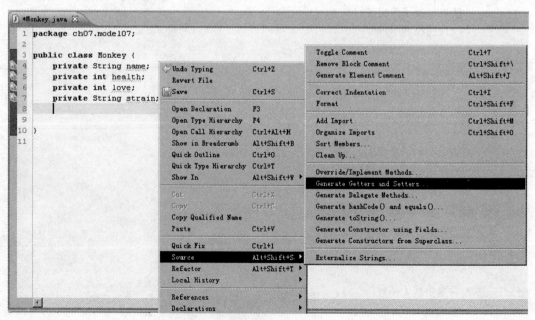

图 7-11　使用 MyEclipse 自动生成 setter 和 getter 方法

选择后弹出如下页面,选择需要生成的属性,Access modifier 选项默认选择 public,然后点击 OK 按钮,如图 7-12 所示。

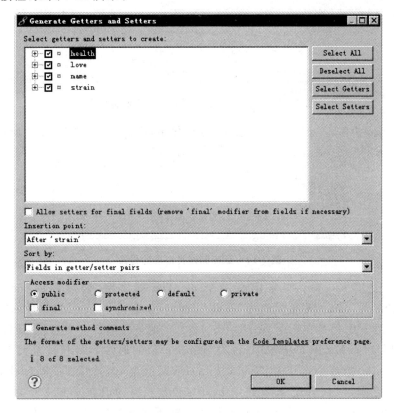

图 7-12　自动生成 setter 和 getter 方法对话框

点击完成后,在类中自动生成相应属性的 setter 和 getter 方法。

下面再来编写测试类,看看封装的小猴子类有没有达到效果。

【例 7.7】　测试类。

```
/**
 * 测试类的封装。
 */
class Test {
    public static void main(String[] args) {
        Monkey monkey = new Monkey();
        // monkey.health = 300;
        monkey.setName("闹闹");
        monkey.setHealth(300);
        System.out.println("昵称是" + monkey.getName());
        System.out.println("健康值是" + monkey.getHealth());
        monkey.print();
    }
}
```

如果把语句 monkey.health＝300 取消注释,那么在运行的时候,控制台会出现如图

7-13 的信息提示。

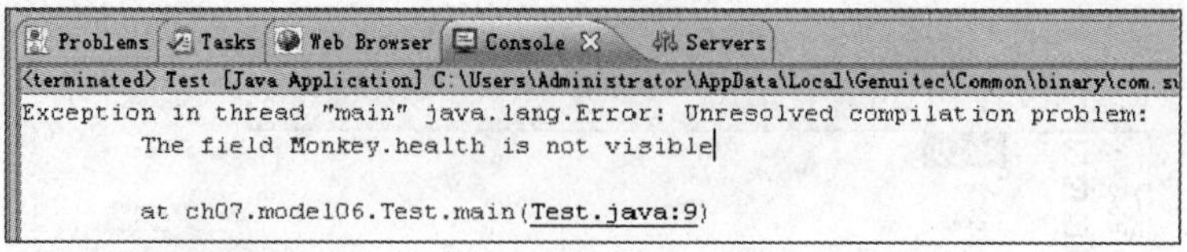

图 7-13 对 private 权限属性赋值控制台提示

monkey.health＝300 这个语句注释后，运行程序，控制台出现如图 7-14 所示的结果。

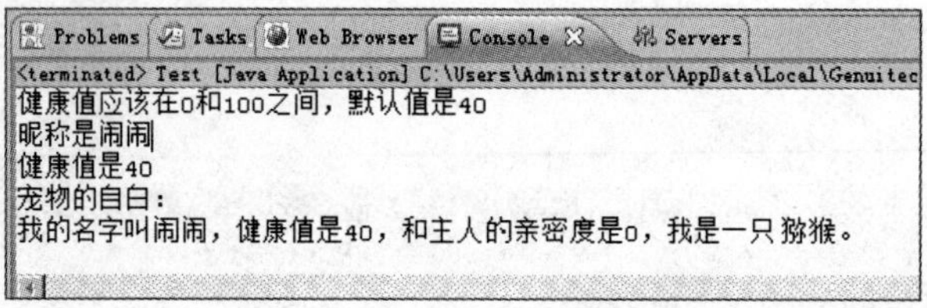

图 7-14 运行测试类出现的界面

程序首先使用 Monkey 类来定义一个 monkey 的实例，通过调用 monkey 实例的 setName()方法，给 name 属性赋值为"闹闹"；再调用 monkey 实例的 setHealth()方法给 health 属性赋值 300，但是在调用 setHealth()方法的时候传递 300 实参给 setHealth()方法中的 health 形参，setHealth()方法中，首先判断获得值的形参 health 是否大于 100 或者小于 0，如果大于 100 或者小于 0，给类的属性 health 赋值为 40，并且在控制台显示"健康值应该在 0 和 100 之间，默认值是 40"；如果 health 参数获得的值在 0 和 100 之间，那么通过 this.health＝health 语句把值赋给 health 属性。接下来在控制台显示昵称，并且调用实例 monkey 的 getName()方法获取 monkeys 实例的属性 name 的值，然后在控制台显示健康值，通过调用 monkey 实例的 getHealth()方法获取 monkey 实例的属性 health 的值，再调用 monkey 实例的 print()方法，在控制台显示出宠物的自白，显示出 monkey 实例的 name，health，love 和 strain。

从例 7.7 的两次运行结果图可以看到封装后的两个变化：采用了 private 修饰符的变量不能在类外部访问，而是通过 public 修饰的 setter 方法中编写相应的存取控制语句可以避免出现不符合实际需求的赋值。

封装的具体步骤：修改属性的可见性来限制对属性的访问；为每个属性创建一对赋值 (setter)方法和取值(getter)方法，用于对这些属性的存取；在赋值方法中，加入对属性的存取控制语句。

封装的好处主要有：隐藏类的实现细节；让使用者只能通过程序员规定的方法来访问数据；可以方便地加入存取控制语句，限制不合理操作。

封装时会用到多个权限控制符来修饰成员变量和方法，区别如下：

private：成员变量和方法只能在类内被访问，具有类可见性。

默认：成员变量和方法只能被同一个包里的类访问，具有包可见性。

protected：可以被同一个包中的类访问，被同一个项目中不同包中的子类访问。

public：可以被同一个项目中所有类访问，具有项目可见性，这是最大的访问权限。

如果电子宠物系统要求领养宠物的时候可以指定昵称、品种，以后不许修改；领养的宠物健康值和亲密度采用默认值,只有通过玩耍、吃饭、睡觉等行为来改变。那么应该怎么做呢?

首先,要去掉所有的 setter 方法,保留 getter 方法,因为属性是 private 修饰的,外部无法调用赋值,所以去掉 public 修饰的 setter 方法以后,一些属性就只能通过构造实例的时候进行初始化,实例构造完成后,就无法再进行更改了;其次,要提供有 name 和 strain 两个参数的构造方法实现对昵称和品种的赋值,让这两个属性在构造实例的时候通过构造方法对其赋值;再次,需要提供吃饭(eat())、玩耍(play())和睡觉(sleep())等方法实现健康值和亲密度的变化。

按照要求,对 Monkey 类进行了更改,更改后的 Monkey 类如例 7.8 所示。

【例 7.8】 优化 Monkey 类的封装。

```
/**
 * 宠物小猴子类,使用权限修饰符 private 和 public 进行封装。
 */
class Monkey {
    private String name = "无名氏";  // 昵称
    private int health = 100;  // 健康值
    private int love = 0;  // 亲密度
    private String strain = "猕猴";  // 品种
    /**
     * 通过构造方法指定小猴子的昵称、品种
     * @param name 昵称
     * @param strain 品种
     */
    public Monkey(String name, String strain) {
        this.name = name;
        this.strain = strain;
    }
    /**
     * 通过吃饭增加健康值。
     */
    public void eat() {
        if (health >= 100) {
            System.out.println("小猴子需要多运动呀!");
        } else {
            health = health + 3;
            System.out.println("小猴子吃饱饭了!");
        }
    }
    /**
     * 通过玩游戏增加与主人亲密度,减少健康值。
     */
```

```java
public void play() {
    if (health<60) {
        System.out.println("小猴子生病了!");
    } else {
        System.out.println("小猴子正在和主人玩耍。");
        health = health - 10;
        love = love + 5;
    }
}
/**
 * 读取小猴子昵称。
 * @return 昵称
 */
public String getName() {
    return name;
}
/**
 * 读取小猴子健康值。
 * @return 健康值
 */
public int getHealth() {
    return health;
}
/**
 * 读取小猴子亲密度。
 * @return 亲密度
 */
public int getLove() {
    return love;
}
/**
 * 读取小猴子品种。
 * @return 品种
 */
public String getStrain() {
    return strain;
}
/**
 * 输出小猴子的信息。
 */
public void print() {
```

```
            System.out.println("宠物的自白:\n 我的名字叫" + this.name +",健康值是" +
            this.health +",和主人的亲密度是" + this.love +",我是一只 " + this.
            strain +"。");
        }
    }
```

Monkey 类中定义了带参数的构造方法 Monkey(String name,String strain),用于在进行构造实例的时候对 name 和 strain 属性进行赋值,并且在类中没有 setter()方法,在通过带参构造方法构造实例后,其他没有方法可以更改 name 和 strain 属性的值;Monkey 类中增加了 eat()方法和 play()方法,在 eat()方法中,首先判断 health 属性是否大于 100,如果大于 100,在控制台显示"小猴子需要多运动呀!";如果 health 不大于 100,给 health 属性值加 3,并且在控制台显示"小猴子吃饱饭了!"。

health()方法中,首先判断 health 属性是否小于 60,如果小于 60,在控制台显示"小猴子生病了!";如果不是小于 60,在控制台显示"小猴子正在和主人玩耍。",然后 health 属性值减 10,love 值加 5。

通过编写 Test 类来调用 Monkey 类中的方法,如例 7.9 所示。

【例 7.9】 测试封装类。

```
/**
 * 测试类的封装。
 */
class Test{
    public static void main(String[] args) {
        Monkey monkey = new Monkey("闹闹","猕猴");
        monkey.play();
        System.out.println("健康值是" + monkey.getHealth());
        monkey.eat();
        monkey.print();
    }
}
```

运行的结果如图 7-15 所示。

```
<terminated> Test (1) [Java Application] C:\Users\Administrator\AppData\Local\Gen
小猴子正在和主人玩耍。
健康值是90
小猴子吃饱饭了!
宠物的自白:
我的名字叫闹闹,健康值是93,和主人的亲密度是5,我是一只猕猴。
```

图 7-15 测试类的封装运行结果

在 Test 类中,首先使用 Monkey 定义一个实例 monkey,并用 Monkey 类里的带参构造方法进行实例化,给 name 赋值为"闹闹",strain 赋值为"猕猴";然后调用 monkey 实例的 play()方法,monkey 实例初始化的时候 health 赋值为 100,在 play()方法中,首先判断 health 的值,大于 60,在控制台显示"小猴子正在和主人玩耍。",然后 health 的值减 10,love

值加5;返回 Test 类,在控制台输出当前 monkey 实例的健康值,然后调用 monkey 实例的 eat()方法,在 eat()方法中首先判断 health 值不是大于等于 100,health 值加3,在控制台显示"小猴子吃饱饭了!";再返回 Test 类,调用 print()方法,在控制台显示出宠物的自白,显示宠物的 name,health,love 和 strain。

在上面的例题中,使用了 this 关键字,那么 this 是什么含义呢?它还有什么其他的用法?

this 关键字是对一个对象的默认引用,在每个实例方法内部,都有一个 this 引用变量,指向调用这个方法的对象。

在例7.7中,创建了一个 Monkey 对象 monkey,monkey 对象的昵称是闹闹,健康值是300,但是在例7.6中 Monkey 类代码的编写是早于创建 Monkey 对象的,当时并不知道以后创建的对象的名字,this 关键字就是用来表示以后调用当前方法的那个对象的引用。当调用 monkey.setName("闹闹"),monkey.setHealth(300)时,this 就代表 monkey,而当创建另外 Monkey 对象 xxx,然后调用 xxx.setName("yyy")时,this 就代表 xxx,this 和 xxx 指向同一个对象。

this 使用举例。

- 使用 this 调用成员变量,解决成员变量和局部变量同名冲突。
```
public void setName(String name){
    this.name = name;                //成员变量和局部变量同名,必须使用 this
}
public void setName(String xm){
    name = xm;                       //成员变量和局部变量不同名,this 可以省略
}
```

- 使用 this 调用成员方法。
```
public void play(int n){
    health = health - n;
    this.print();                    //this 可以省略,直接调用 print()
}
```

- 使用 this 调用重载的构造方法,只能在构造方法中使用,必须是构造方法的第一条语句。
```
public Mouse(String name, String sex){
    this.name = name;
    this.sex = sex;
}
public Mouse(String name, int health, int love, String sex){
    this(name,sex);                  //调用重载的构造方法
    this.health = health;
    this.love = love;
}
```

因为 this 是在对象内部指代自身的引用,所以 this 只能调用实例变量、实例方法和构造方法。this 不能调用类变量和类方法;this 也不能调用局部变量。

7.3 贯穿项目练习

阶段 1:建立帖子类。

▶ **训练要点**

封装、私有属性。

▶ **需求说明**

创建帖子类,建立 private 属性,为私有属性设置,编写方法输出帖子信息,编写测试类类声明帖子对象,调用帖子的输出方法。

▶ **实现思路及关键代码**

(1)创建帖子类:Tip。

(2)声明私有属性并初始化,帖子属性:String title、String content、String publicTime、int uid。

(3)编写方法 getInfo(),输出帖子基本信息。

(4)创建测试类,编写 main 方法调用帖子类的 getInfo()方法。

▶ **参考解决方案**

【帖子类】

```java
public class Tip {
    private String title           = "我是新手,请大家指教";          //帖子标题
    private String content         = "我刚开始学 java,请大家指教";    //帖子内容
    private String publishTime     = "2015-1-1 10:30:16";          //发表时间
    private int    uid             = 1;    //引用用户的 id,用来表示该帖子是哪个用户发表的
    /**
     * 输出当前帖子的信息
     */
    public void getInfo(){
        System.out.println("====帖子信息====");
        System.out.println("帖子标题:" + title);
        System.out.println("帖子内容:" + content);
        System.out.println("发表时间:" + publishTime);
    }
}
```

【测试类】

```java
public class EntityTest1 {
    public static void main(String[] args){
```

```
        Tip tip = new Tip();
        tip.getInfo();
    }
}
```

运行结果如图 7-16 所示。

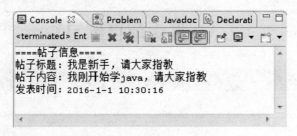

图 7-16 EntityTest1 运行效果

阶段 2：建立板块类和用户类。

✎ 需求说明

（1）创建板块类 Board，声明私有属性并初始化，编写方法 getBoardInfo()输出板块信息。

版块属性有 boardId、boardTitle、parentId（主版块 id）

（2）创建用户类 User，声明私有属性并初始化，编写方法 getUserInfo()输出用户信息。

用户属性有 uId、uName、uPass。

（3）创建测试类 EntityTest2，调用 getBoardInfo()方法和 getUserInfo()方法。

运行结果如图 7-17 所示。

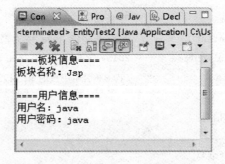

图 7-17 EntityTest2 运行效果

阶段 3：为帖子类声明无参和有参的构造方法。

✎ 训练要点

构造方法，重载构造方法。

✎ 需求说明

（1）使用无参构造方法初始化帖子对象。

（2）使用有参构造方法初始化帖子对象。

第7章 抽象和封装

🖐 **实现思路及关键代码**

（1）为帖子类编写无参构造方法，初始化帖子对象。

（2）为帖子类编写有参构造方法，初始化 topicTitile、topicContent、publishTime，注意参数名不要和属性名相同。

（3）测试类使用无参构造方法初始化帖子对象，调用帖子对象的 getInfo()输出信息。

（4）测试类使用有参构造方法初始化帖子对象，调用帖子对象的 getInfo()输出信息。

🖐 **参考解决方案**

【帖子类】

```java
public class Tip {
    private String title        = "我是新手,请大家指教";           //帖子标题
    private String content      = "我刚开始学 java,请大家指教";    //帖子内容
    private String publishTime  = "2015-1-1 10:30:16";            //发表时间
    //引用用户的 id,用来表示该帖子是哪个用户发表的
    private int    uid          = 1;
    /**
     * 帖子类的无参构造方法
     */
    public Tip(){
        title       = "re:我是新手,请大家指教";
        content     = "好的,我们一起学";
        publishTime = "2015-1-1 10:30:20";
        System.out.println("帖子类的无参构造方法");
    }
    /**
     * 帖子类的有参构造方法
     * @param pTitle
     * @param pContent
     * @param pTime
     */
    public Tip(String pTitle,String pContent,String pTime) {
        title       = pTitle;
        content     = pContent;
        publishTime = pTime;
        System.out.println("帖子类的有参构造方法");
    }

    /**
     * 输出当前帖子的信息
     */
    public void getInfo(){
        System.out.println("====帖子信息====");
```

```
            System.out.println("帖子标题:" + title);
            System.out.println("帖子内容:" + content);
            System.out.println("发表时间:" + publishTime + "\n");
        }
    }
```

【测试类】
```
    public class EntityTest3 {
        public static void main(String[] args) {
            Tip tip1 = new Tip();
            tip1.getInfo();
            Tip tip2 = new Tip("一个经典的 Java 程序","HelloWorld","2015-1-1 00:00:00");
            tip2.getInfo();
        }
    }
```

运行结果如图 7-18 所示。

图 7-18　EntityTest3 运行效果

阶段 4：为私有属性设置 setter/getter 方法。

☆需求说明

为所有 private 顺序性添加 setter/getter 方法，创建测试类 EntityTest4，测试使用帖子类的 setter/getter 方法。

运行结果如图 7-19 所示。

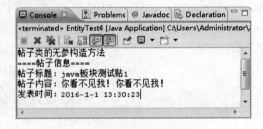

图 7-19　EntityTest4 运行效果

本章总结

➢ 类是对某一类事物的描述,是抽象的、概念上的定义;对象是实际存在的该事物的个体,是具体的、现实的。

➢ 在同一个类中包含了两个或者两个以上方法,并且方法名相同,方法参数个数或参数类型不同,则称该方法被重载,这个过程称为方法重载。

➢ 构造方法用于创建类的对象,构造方法的作用主要是在创建对象时执行一些初始化操作,可以通过构造方法重载来实现多种初始化行为。

➢ 封装就是将类的成员属性声明为私有的,同时提供公有的方法实现对该成员属性的存取操作。

➢ 封装的好处主要有:隐藏类的实现细节,让使用者只能通过程序员规定的方法来访问数据,可以方便地加入存取控制语句;限制不合理的操作。

第 8 章
继　承

本章知识目标
- 掌握继承的优点和实现
- 掌握子类重写父类的方法
- 掌握继承下构造方法的执行过程
- 掌握抽象类和抽象方法的使用
- 使用 final 关键字修饰属性、方法和类

本章将在上一章的基础上对宠物领用功能进行优化。先引入继承功能抽象出 Monkey 类和 Mouse 类的父类宠物类(Pet),实现代码重用;然后讲解子类重写父类的方法,继承构造方法的执行过程。这些都是继承中非常重要的技能。再结合业务讲解 abstract 和 final 的使用,这是两个功能正好相反的关键字。

8.1 继承的基础

在上一章中根据需求抽象出了 Monkey 类和 Mouse 类,在这两个类中有许多相同的属性和方法,例如 name、health 和 love 属性以及相应的 getter 方法,还有 print()方法。这样设计的不足之处非常明显,主要表现在:一是代码的重复,二是如果要修改的话,两个类都要修改。如果涉及的类非常多,那么修改的工作量就很大,那么如何有效地解决这个问题呢?

首先,要把 Monkey 类和 Mouse 类中相同的属性和方法提取出来放在一个单独的类 Pet 中,然后使 Monkey 类和 Mouse 类去继承 Pet 类,这样就继承了 Monkey 类和 Mouse 类共同的属性和方法,同时 Monkey 类和 Mouse 类保留自己特有的属性和方法,这样就实现了代码重用,这些需要通过 Java 的继承功能来实现。把 Pet 类抽象出来,代码如例 8.1 所示。

【例 8.1】 Monkey 和 Mouse 的父类 Pet 类。

```
/**
 * 宠物类,小猴子和米老鼠的父类。
 */
public class Pet {
    private String name = "无名氏";            //昵称
    private int health = 100;                  //健康值
    private int love = 0;                      //亲密度
    /**
     * 无参构造方法。
     */
    public Pet() {
        this.health = 95;
        System.out.println("执行宠物的无参构造方法。");
    }
    /**
     * 有参构造方法。
     * @param name 昵称
     */
    public Pet(String name) {
        this.name = name;
    }
    public String getName() {
        return name;
```

```java
    }
    public int getHealth() {
        return health;
    }
    public int getLove() {
        return love;
    }
    /**
     * 输出宠物信息。
     */
    public void print() {
        System.out.println("宠物的自白:\n我的名字叫" + this.name + ",我的健康值是" +
            this.health + ",我和主人的亲密程度是" + this.love + "。");
    }
}
```

在 Pet 类中,首先设置 private 的 name、health 和 love 属性;然后写无参构造方法 Pet(),在无参构造方法内,设置 health 属性的值为 95,然后在控制台输出"执行宠物的无参构造方法。";无参构造方法后写有参构造方法 Pet(String name),在有参构造方法中,设置 Pet 类的 name 属性等于有参构造方法传入的 name 参数;有参构造方法后面是属性的 getter 方法;最后写各个子类都需要的 print()方法,在控制台显示宠物的自白。

Monkey 类继承 Pet 类,代码如例 8.2 所示。

【例 8.2】 Monkey 类继承 Pet 类。

```java
/**
 * 小猴子类,宠物的子类。
 */
public class Monkey extends Pet {
    private String strain;                              //品种
    /**
     * 有参构造方法。
     * @param name 昵称
     * @param strain 品种
     */
    public Monkey(String name, String strain) {
        super(name);                                    //此处不能使用 this.name = name;
        this.strain = strain;
    }
    public String getStrain() {
        return strain;
    }
}
```

定义的 Monkey 类继承 Pet 类,建立 Monkey 类的时候,在创建类的对话框中,

"Superclass"默认是"java.lang.Object",点击"Browse"按钮,选择 Monkey 类的父类,如图 8-1 所示。

图 8-1　创建类时选择父类

点击"Browse"按钮,出现如图 8-2 所示的界面。

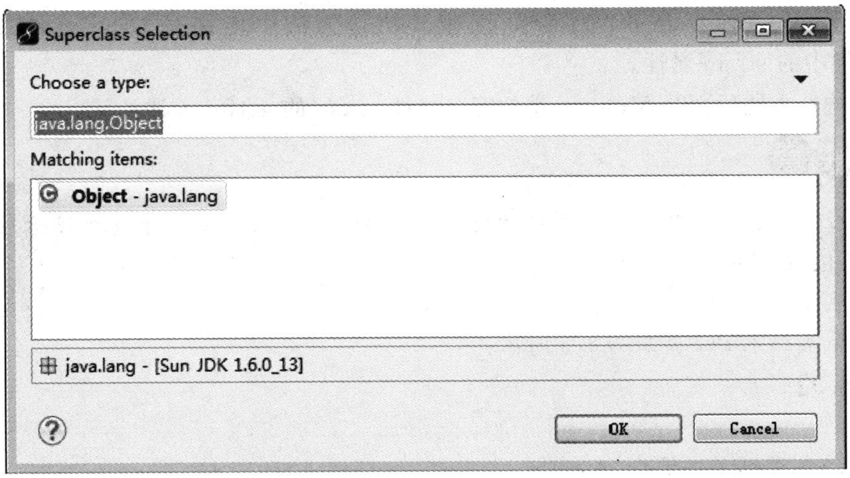

图 8-2　选择父类界面

在"Choose a type"对话框中,默认的是"java.lang.Object",在此输入 Pet,显示界面如图 8-3 所示。

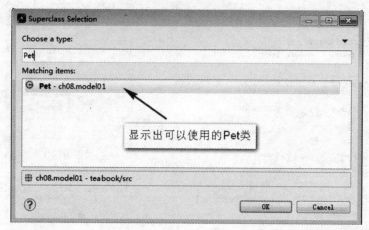

图 8-3　输入 Pet 类,选择匹配的项目

点击"OK",返回到图 8-1 的界面,点击"Finish"按钮,完成 Pet 类的子类 Monkey 类的创建。

通过例 8.2 可以看到,Monkey 类的第一行 public class Monkey 后面有个关键字 "extends",这是子类继承父类的关键字,关键字后面跟的是父类 Pet 类。一个子类只能继承一个父类,也就是说,"extends"关键字后面只能跟一个类名。这样,子类 Monkey 就完成了继承父类 Pet。

在 Monkey 类中,定义 private 修饰的 Monkey 类特有的属性 strain;然后写了带参的构造方法 public Monkey(String name, String strain),在带参构造方法中,通过 super(name) 方法,调用父类 Pet 类的 public Pet(String name) 构造方法,通过 super(name) 方法,把 Monkey 带参构造方法中传递来的 name 参数的值赋给父类 Pet 类中的 name 属性。然后通过 this.strain = strain 语句,把 Monkey 带参构造方法中传递来的 strain 参数赋值给 Monkey 类中的 strain 属性。

带参构造方法后面是 Monkey 类的特有属性 strain 的 getter 方法。

super()方法只能用在子类构造方法的第一句,如果不是用在子类构造方法的第一句,MyEclipse 会报错。

Mouse 类继承 Pet 类如例 8.3 所示。
【例 8.3】
```
/**
 * 米老鼠类,宠物的子类。
 */
public class Mouse extends Pet {
    private String sex;//性别
```

```
/**
 * 有参构造方法。
 * @param name 昵称
 * @param sex 性别
 */
public Mouse(String name, String sex) {
    super(name);
    this.sex = sex;
}
public String getSex() {
    return sex;
}
public void setSex(String sex) {
    this.sex = sex;
}
}
```

Mouse 类同样可以通过创建类的时候继承 Pet 类,也可以通过普通的创建类的方法创建,然后在类名 Mouse 后面加上关键字"extends",后面再加上父类的名字 Pet 来实现对父类的继承。在 Mouse 类中,设置了 Mouse 类的特有属性 sex;然后设置了 Mouse 类的带参构造方法 Mouse(String name, String sex),在构造方法中,同样使用 super(name)方法把参数 name 传递给父类 Pet 的带参构造方法,完成父类中 name 属性的赋值;然后把构造方法的参数 sex 赋值给 Mouse 类的特有属性 sex;后面是 sex 属性的 getter 和 setter 方法。

下面来编写测试类,创建三个类的对象并输出对象信息。

【例 8.4】 继承测试类。

```
/**
 * 测试类,测试类的继承。
 */
public class Test {
    public static void main(String[] args) {
        //1.创建宠物对象 pet 并输出信息
        Pet pet = new Pet("欢欢");
        pet.print();
        //2.创建小猴子对象 monkey 并输出信息
        Monkey monkey = new Monkey("闹闹", "猕猴");
        monkey.print();
        //3.创建米老鼠对象 mouse 并输出信息
        Mouse mouse = new Mouse("米米", "鼠小妹");
        mouse.print();
    }
}
```

在测试类中,先用父类 Pet 类定义一个实例 pet,并且用 Pet 类的带参构造方法初始化实例 pet 的名字为"欢欢",然后调用 Pet 类的 print()方法,在控制台输出宠物的自白。

然后用 Monkey 类定义一个 monkey 实例,调用 Monkey 类的带参构造方法,初始化 monkey 实例的 name 为"闹闹",strain 为"猕猴",调用 monkey 实例的 print()方法,在控制台输出宠物的自白。

最后使用 Mouse 类定义一个 mouse 实例,调用 Mouse 类的带参构造方法初始化 mouse 实例的 name 为"米米",sex 为"鼠小妹",调用 mouse 实例的 print()方法,在控制台输出宠物的自白。运行结果如图 8-4 所示。

图 8-4 测试继承类的运行效果

继承语法:
　　修饰符 SubClass extends SuperClass{
　　　　//类定义部分
　　}

在 Java 中,继承通过 extends 关键字来实现,其中 SubClass 称为子类,SuperClass 称为父类、基类或超类。修饰符如果是 public,该类在整个项目中可见;不写 public 修饰符则该类只在当前包可见;不可以使用 private 和 protected 修饰类。

继承是类的三大特性之一,是 Java 中实现代码重用的重要手段之一。Java 中只支持单继承,即每个类只能有一个直接父类。继承表达式的是 is a 的关系,或者说是一种特殊和一般的关系,例如 Monkey is a Pet。同样可以让学生继承人,让苹果继承水果,让三角形继承几何图形。

在 Java 中,所有的 Java 类都直接或间接地继承了 java.lang.Object 类。Object 类是所有 Java 类的祖先。在定义一个类时,没有使用 extends 关键字,那么这个类直接继承 Object 类。

在 Java 中,子类可以从父类中继承到哪些东西呢?
(1)继承 public 和 protected 修饰的属性和方法,不管子类和父类是否在同一个包里。
(2)继承默认权限修饰符修饰的属性和方法,但子类和父类必须在同一个包里。
(3)无法继承 private 修饰的属性和方法。

8.2　重写和继承关系中的构造方法

在例 8.4 中,看到 Monkey 对象和 Mouse 对象的输出内容是父类 Pet 的 print()方法的内容,所以不能显示 Monkey 的 strain 信息和 Mouse 的 sex 信息,这显然是不符合题目的需要的,那么该怎么解决这个问题呢?本节就来解决这个问题。

8.2.1 子类重写父类方法

上面的问题,如果从父类继承的方法不能满足子类的需求,在自己中可以对父类的同名方法进行重写(覆盖),以符合需求。

在 Monkey 类中重写父类的 print()方法,如例 8.5 所示。

【例 8.5】 Monkey 重写父类的 print()方法。

```
/**
 * 小猴子类,宠物的子类。
 */
public class Monkey extends Pet {
    private String strain;                    //品种
    /**
     * 有参构造方法。
     * @param name 昵称
     * @param strain 品种
     */
    public Monkey(String name, String strain) {
        super(name);                          //此处不能使用 this.name = name;
        this.strain = strain;
    }
    public String getStrain() {
        return strain;
    }
    /**
     * 重写父类的 print 方法。
     */
    public void print(){
        super.print();//调用父类的 print 方法
        System.out.println("我是一只" + this.strain + "。");
    }
}
```

在子类 Monkey 中,增加 print()方法,在 print()方法内,使用 super.print()调用父类 Pet 中的 print()方法,然后再返回 Monkey 类中的 print()方法,在控制台输出 strain 属性。

在 Mouse 类中重写父类的 print()方法,如例 8.6 所示。

【例 8.6】 Mouse 重写父类 print()方法。

```
/**
 * 米老鼠类,宠物的子类。
 */
public class Mouse extends Pet {
    private String sex;//性别
    /**
```

```
* 有参构造方法。
* @param name 昵称
* @param sex 性别
*/
public Mouse(String name, String sex) {
    super(name);
    this.sex = sex;
}
public String getSex() {
    return sex;
}
public void setSex(String sex) {
    this.sex = sex;
}
/**
* 重写父类的 print 方法
*/
public void print() {
    super.print();
    System.out.println("性别是 " + this.sex + "。");
}
}
```

在子类 Mouse 中,同样增加了 print()方法,第一句调用父类 Pet 的 print()方法,然后在控制台输出 sex 属性。

再次调用例 8.4 的 Test 类来运行程序,运行结果如 8-5 所示。

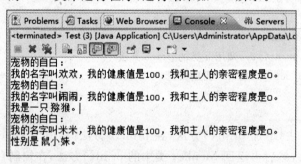

图 8-5 重写父类的 print( )方法后运行结果

在图 8-5 中,可以看到,在调用父类实例 pet 的 print()方法时,在控制台显示出来的信息和没有改写的时候没有区别;在调用子类实例 monkey 的 print()方法时,在控制台先显示出父类 Pet 中的 print()方法中要显示的内容,然后在控制台显示出 monkey 的 strain 属性;同样在调用子类实例 mouse 的 print()方法时,在控制台先显示出父类 Pet 中的 print()方法中要显示的内容,然后在控制台显示出 mouse 的 sex 属性。

大家可以使用之前说过的断点调试,查看子类 Monkey 中的 print()运行流程。

从运行结果可以看出,monkey.print()和 mouse.print()调用的相应子类的 print()方法而不是 Pet 类的 print()方法,符合要求。

在子类中可以根据需求对从父类继承的方法进行重新编写,称为方法的重写或方法的覆盖(overriding)。方法的重写必须满足如下要求:

- 重写方法和被重写方法必须具有相同的方法名。
- 重写方法和被重写方法必须具有相同的参数列表。
- 重写方法的返回值类型必须和被重写方法的返回值类型相同或者是其子类。
- 重写方法不能缩小被重写方法的访问权限。

思考:重载(overloading)和重写(overriding)有什么区别和联系?

重载涉及同一个类中的同名方法,要求方法名相同,参数列表不同,与返回值类型无关。

重写设计的是子类和父类之间的同名方法,要求方法名相同、参数列表相同、返回值类型相同(或是其子类)。

在子类中调用父类的原始方法,可以在子类中通过"super.方法名"来实现。

super 代表对当前对象的直接父类对象的默认引用。在子类中可以通过 super 关键字来访问父类的成员。

- super 必须是出现在子类的方法或者构造方法中,而不是在其他位置;
- 可以访问父类的成员,例如父类的属性、方法、构造方法等;
- 注意访问权限的限制,例如无法通过 super 访问 private 成员。

举例来说,在 Monkey 类中可以通过如下语句来访问父类成员:

- super.name; // 访问直接父类的 name 属性(如果 name 是 private 权限,则无法访问)
- super.print(); // 访问直接父类的 print()方法
- super(name); // 访问父类的对应构造方法,只能出现在构造方法中

8.2.2 继承关系中的构造方法

例 8.5 的 Monkey 类的构造方法是这样写的:

```
public Monkey(String name, String strain) {
    super(name); // 此处不能使用 this.name = name;
    this.strain = strain;
}
```

例 8.6 的 Mouse 类的构造方法是这样写的:

```
public Mouse(String name, String sex) {
    super(name);
    this.sex = sex;
}
```

如果把这两个子类的构造方法中的"super(name)"一行注释掉,会出现什么情况呢？通过下面的程序来检测注释"super(name)"后的运行效果。

【例 8.7】 宠物类,小猴子和米老鼠的父类 Pet。

```java
/**
 * 宠物类,小猴子和米老鼠的父类。
 */
public class Pet {
    private String name = "无名氏";//昵称
    private int health = 100;//健康值
    private int love = 0;//亲密度
    /**
     * 无参构造方法。
     */
    public Pet() {
        this.health = 95;
        System.out.println("执行宠物的无参构造方法。");
    }
    /**
     * 有参构造方法。
     * @param name   昵称
     */
    public Pet(String name) {
        this.name = name;
    }
    public String getName() {
        return name;
    }
    public int getHealth() {
        return health;
    }
    public int getLove() {
        return love;
    }
    /**
     * 输出宠物信息。
     */
    public void print() {
        System.out.println("宠物的自白:\n 我的名字叫" + this.name + ",我的健康值是" +
            this.health + ",我和主人的亲密程度是" + this.love + "。");
    }
}
```

【例8.8】 注释构造方法中的super(name)后的Monkey子类。
```
/**
 * 小猴子类,宠物的子类。
 * 注销构造方法中的super(name)
 */
public class Monkey extends Pet {
    private String strain;//品种
    /**
     * 有参构造方法。
     * @param name 昵称
     * @param strain 品种
     */
    public Monkey(String name, String strain) {
        //super(name);                          //此处被注释
        this.strain = strain;
    }
    public String getStrain() {
        return strain;
    }
    /**
     * 重写父类的print方法。
     */
    public void print(){
        super.print();//调用父类的print方法
        System.out.println("我是一只" + this.strain + "。");
    }
}
```

【例8.9】 注释构造方法中的super(name)后的Mouse子类。
```
/**
 * 米老鼠类,宠物的子类。
 * 注销构造方法中的super(name)
 */
public class Mouse extends Pet {
    private String sex;//性别
    /**
     * 有参构造方法。
     * @param name 昵称
     * @param sex 性别
     */
    public Mouse(String name, String sex) {
        //super(name);                          //此处被注释
```

```java
        this.sex = sex;
    }
    public String getSex() {
        return sex;
    }
    public void setSex(String sex) {
        this.sex = sex;
    }
    /**
     * 重写父类的 print 方法
     */
    public void print() {
        super.print();
        System.out.println("性别是 " + this.sex + "。");
    }
}
```

【例 8.10】 测试类,测试子类构造方法中没有 super(name)。

```java
/**
 * 测试类,测试类的继承。
 */
public class Test {
    public static void main(String[] args) {
        //1.创建小猴子对象 monkey 并输出信息
        Monkey monkey = new Monkey("闹闹","猕猴");
        monkey.print();
        //2.创建米老鼠对象 mouse 并输出信息
        Mouse mouse = new Mouse("米米","鼠小妹");
        mouse.print();
    }
}
```

运行后的结果如图 8-6 所示。

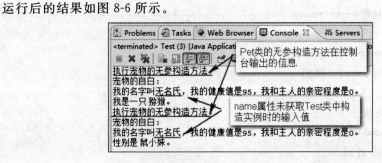

图 8-6 子类构造方法中没有 super(name)的运行结果

从运行结果可以看出,在 Monkey 子类和 Mouse 子类的构造方法中,注释掉 super

(name)语句后,并不是像想象的那样不调用父类 Pet 的构造方法,直接对 Monkey 子类的 strain 属性和 Mouse 子类的 sex 属性赋值。而是调用了父类 Pet 的无参构造方法。但是并没有在 Monkey 子类和 Mouse 子类的构造方法中写"super();"语句,为什么会调用父类的无参构造方法呢?这就涉及继承条件下构造方法的调用规则。

• 如果子类的构造方法中没有通过 super 显式调用父类的有参构造方法,也没有通过 this 显式调用自身的其他构造方法,则系统会默认先调用父类的无参构造方法。在这种情况下,无论是否写了"super();"语句,都是一样调用父类的无参构造方法。

• 如果子类的构造方法中通过 super 显式调用父类的有参构造方法,那将执行父类相应的构造方法,而不执行父类的无参构造方法。

• 如果子类的构造方法中通过 this 显式调用自身的其他构造方法,在相应构造方法中应用以上两条规则。

• 特别注意的是如果存在多级继承关系,在创建一个子类对象时,以上规则会多次向更高一级父类应用,一直到执行顶级父类 Object 类的无参构造方法为止。

• 在构造方法中如果有 this 语句或者 super 语句出现,只能在第一条语句;

• 在一个构造方法中不允许同时出现 this 和 super 语句,否则就会产生两条第一条语句的情况;

• 在类方法中不允许出现 this 或 super 关键字;

• 在实例方法中 this 和 super 语句不要求是第一条语句,可以共存。

提问:如果把 Monkey 子类和 Mouse 子类的构造方法中的 super(name)注释掉的同时,再把父类 Pet 类中写的无参构造方法注释掉,会出现什么情况?

【例 8.11】 注释掉无参构造方法后的父类 Pet。

```
/**
 * 宠物类,小猴子和米老鼠的父类。
 */
public class Pet {
    private String name = "无名氏";              //昵称
    private int health = 100;                    //健康值
    private int love = 0;                        //亲密度
    /**
     * 无参构造方法。
     */
    //public Pet() {
    //    this.health = 95;
    //    System.out.println("执行宠物的无参构造方法。");
    //}
    /**
     * 有参构造方法。
     * @param name    昵称
     */
    public Pet(String name) {
```

```
        this.name = name;
    }
    public String getName() {
        return name;
    }
    public int getHealth() {
        return health;
    }
    public int getLove() {
        return love;
    }
    /**
     * 输出宠物信息。
     */
    public void print() {
        System.out.println("宠物的自白:\n我的名字叫" + this.name + ",我的健康值是" +
        this.health + ",我和主人的亲密程度是" + this.love + "。");
    }
}
```

当把父类 Pet 中的无参构造方法注释掉的同时,MyEclipse 就提示 Monkey 子类和 Mouse 子类出错,出错信息如图 8-7 所示。

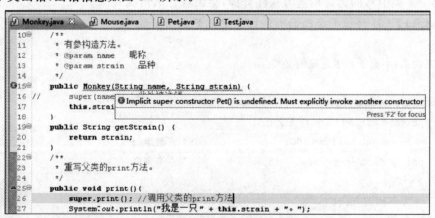

图 8-7 注释父类 Pet 的无参构造方法后的情况

MyEclipse 提示表明父类 Pet 没有无参构造方法,需要定义一个无参构造方法。使用例 8.10 的测试类 Test 来运行,控制台会显示出如图 8-8 的错误。

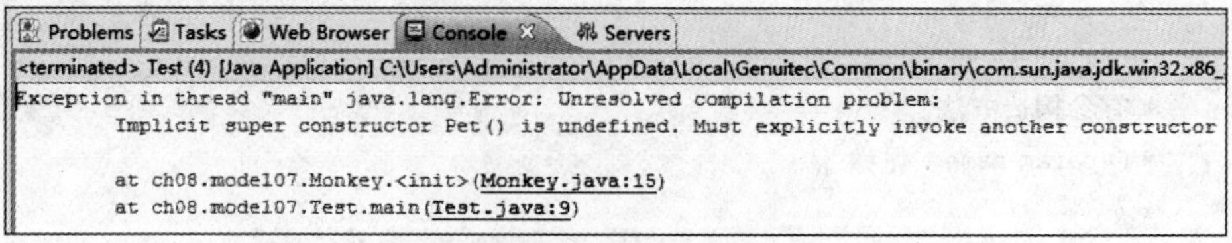

图 8-8 注释父类的无参构造方法后控制台运行结果

下面通过一个存在多级继承关系的示例来更深入地理解继承条件下构造方法的调用规则,即继承条件下创建子类对象时的执行过程,程序父类 Person 如例 8.12 所示。

【例 8.12】 父类 Person。
```
public class Person {
    String name;                                    //姓名
    public Person() {
        // super();                                 //写不写该语句,效果一样
        System.out.println("execute Person()");
    }
    public Person(String name) {
        this.name = name;
        System.out.println("execute Person(name)");
    }
}
```
Person 的子类 Student 如例 8.13 所示。

【例 8.13】 Person 类的子类 Student。
```
public class Student extends Person {
    String school;                                  //学校
    public Student() {
        // super();                                 //写不写该语句,效果一样
        System.out.println("execute Student()");
    }
    public Student(String name, String school) {
        super(name);                                //显示调用了父类有参构造方法,将不执行无参构造方法
        this.school = school;
        System.out.println("execute Student(name,school)");
    }
}
```
Student 的子类 PostGradute 如例 8.14 所示。

【例 8.14】 Student 类的子类 PostGradute。
```
public class PostGraduate extends Student {
    String guide;                                   //导师
    public PostGraduate() {
        // super();                                 //写不写该语句,效果一样
        System.out.println("execute PostGraduate()");
    }
    public PostGraduate(String name, String school, String guide) {
        super(name, school);
        this.guide = guide;
```

```
            System.out.println("execute PostGraduate(name, school, guide)");
        }
    }
```

测试继承的类 Test 如例 8.15 所示。

【例 8.15】 测试类 Test。

```
public class Test {
    public static void main(String[] args) {
        PostGraduate pgdt = null;
        pgdt = new PostGraduate();
        System.out.println();
        pgdt = new PostGraduate("张小明","安财","王老师");
    }
}
```

程序的运行结果如图 8-9 所示

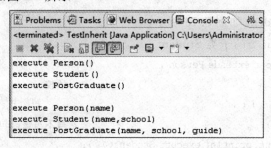

图 8-9　多重继承运行结果

执行"pgdt=new PostGraduate();"后,共计创建了四个对象。按照创建顺序,依次是 Object、Person、Student 和 PostGraduate 对象。

执行"pgdt=new PostGraduate("张小明","安财","王老师");"后,共计也创建了四个对象,只是此次调用的构造方法不同,依次是 Object()、public Person(String name)、public Student(String name, String school) 和 public PostGraduate(String name, String school, String guide)。

8.2.3　上机练习

练习 1

指导——创建宠物对象并输出信息

↳ 训练要点

- 继承语法、子类可以从父类继承的内容;
- 子类重写父类方法;
- 继承条件下构造方法的执行过程。

↳ 需求说明

从 Monkey 类和 Mouse 类中抽象出 Pet 父类,让 Monkey 类和 Mouse 类继承 Pet 类,属性及方法,然后创建小猴子和米老鼠对象并输出它们自己的信息。

▲ **实现思路**

(1) 创建 Pet 类,定义属性和方法,定义 print()方法,定义无参和有参构造方法;
(2) 创建 Monkey 类,继承 Pet 类,增加 strain 属性及相应的 getter 方法;
(3) 创建 Mouse 类,继承 Pet 类,增加 sex 属性及相应的 getter 方法;
(4) 创建测试类 Test,在测试类中创建 Monkey、Mouse 对象,打印出相应宠物信息;
(5) 在 Monkey 类和 Mouse 类中增加 print()方法,实现子类对父类方法的覆盖;
(6) 运行测试类 Test 打印宠物信息,观察不同之处;
(7) 在测试类中设置断点,观察创建子类对象时的执行过程;
(8) 注意编写注释。

8.3 抽象类和 final

8.3.1 抽象类和抽象方法

在前面的例 8.4 中,有这样的语句:

```
Pet pet = new Pet("欢欢");
pet.print();
```

从上面的语句可以发现,创建 Pet 对象是没有意义的,因为实际的宠物有小猴子和米老鼠等。但是没有一个叫宠物的动物,宠物只是抽象出来的概念,怎么样把 Pet 类限制为不能实例化呢?

可以使用 Java 中的抽象类来实现,用 abstract 来修饰 Pet 类,抽象类不能通过 new 实例化。

如果要将 Pet 类修改为抽象类,只要给 Pet 类添加 abstract 修饰符即可,代码如例 8.16 所示。

【例 8.16】 宠物抽象类,小猴子和米老鼠的父类。

```java
/**
 * 宠物抽象类,小猴子和米老鼠的父类。
 */
public abstract class Pet {
    private String name = "无名氏";              //昵称
    private int health = 100;                    //健康值
    private int love = 0;                        //亲密度
    /**
     * 无参构造方法。
     */
    public Pet() {
        this.health = 95;
        System.out.println("执行宠物的无参构造方法。");
    }
    /**
```

```java
 * 有参构造方法。
 * @param name 昵称
 */
public Pet(String name) {
    this.name = name;
}
public String getName() {
    return name;
}
public int getHealth() {
    return health;
}
public int getLove() {
    return love;
}
/**
 * 输出宠物信息。
 */
public void print() {
    System.out.println("宠物的自白:\n我的名字叫" + this.name + ",我的健康值是" +
    this.health + ",我和主人的亲密程度是" + this.love + "。");
}
```

测试类 Test 如例 8.17 所示。

【例 8.17】 测试抽象类实例化。

```java
/**
 * 测试抽象类是否能实例化。
 */
class Test {
    public static void main(String[] args) {
        Pet pet = new Pet("欢欢");                    //抽象类无法实例化
        pet.print();
    }
}
```

运行结果如图 8-10 所示。

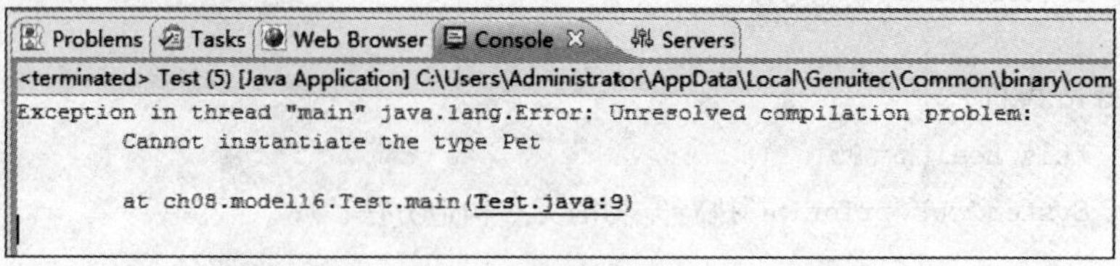

图 8-10 抽象类的实例化测试

控制台显示 Pet 类不能实例化,因为 Pet 是被 abstract 关键字修饰的。

> Pet 类提供了 print()方法,如果子类重写该方法,将正确打印子类信息。可是如果子类中没有重写该方法,子类将继承 Pet 类的该方法,从而无法正确打印子类信息。能不能强迫子类必须要重写这个方法,否则就提示出错呢?

可以使用 Java 中的抽象方法来实现,用 abstract 来修饰 print 方法,则子类必须重写该方法了。

修改 Pet 类的 print()方法为抽象方法,代码如例 8.18 所示。

【例 8.18】 修改 Pet 类的 print()方法为抽象方法。

```
/**
 * 宠物抽象类,小猴子和米老鼠的父类。
 */
public abstract class Pet {
    private String name = "无名氏";              // 昵称
    private int health = 100;                   // 健康值
    private int love = 0;                       // 亲密度
    /**
     * 无参构造方法。
     */
    public Pet() {
        this.health = 95;
        System.out.println("执行宠物的无参构造方法。");
    }
    /**
     * 有参构造方法。
     * @param name 昵称
     */
    public Pet(String name) {
        this.name = name;
    }
    public String getName() {
        return name;
    }
    public int getHealth() {
        return health;
    }
    public int getLove() {
        return love;
    }
```

```java
/**
 * 抽象方法,输出宠物信息。
 */
public abstract void print();
}
```

在 Monkey 类中去掉 print()方法的定义,即不重写 print()方法,然后编写测试类创建小猴子对象并输出信息,代码如例 8.19 所示。

【例 8.19】 测试类,测试抽象方法必须重写。

```java
/**
 * 测试类,测试抽象方法必须重写。
 */
public class Test {
    public static void main(String[] args) {
        Monkey monkey = new Monkey("闹闹","猕猴");
        monkey.print();
    }
}
```

抽象类和抽象方法都通过 abstract 关键字来修饰。

抽象类不能实例化。抽象类中可以没有,可以有一个或多个抽象方法,甚至可以全部方法都是抽象方法。

抽象方法只有方法声明,没有方法实现。有抽象方法的类必须声明为抽象类。子类必须重写所有的抽象方法才能实例化,否则子类还是一个抽象类。

abstract 可以用来修饰类和方法,但不能用来修饰属性和构造方法。

8.3.2 上机练习

修改 Pet 类为抽象类,强迫子类实现 print()方法。

↳ **训练要点**

抽象类的定义和继承;

抽象方法定义和重写。

↳ **需求说明**

在上机练习 1 的基础上,修改 Pet 类为抽象类,把该类中的 print()方法定义为抽象方法,创建 Monkey 对象并输出信息。

↳ **实现思路**

(1)修改 Pet 类为抽象类,修改 print()为抽象方法;

(2)修改 Monkey 类继承 Pet 类,重写 print()方法;

(3)修改测试类 Test,创建 Monkey 对象并输出对象信息;

(4)注释 Monkey 类中 print()方法,运行测试类查看错误信息;

(5)注意编写注释。

8.3.3 final 修饰符

> **问题**
> 1. 如果想让米老鼠类不被其他类继承,不允许再有子类,应该如何实现呢?
> 2. 如果米老鼠类可以有子类,但是它的 print()方法不能再被子类重写,应该如何实现呢?
> 3. 如果米老鼠类可以有子类,但是增加一个居住地属性 home,规定只能取值"迪士尼",应该如何实现呢?

对于问题 1 可以通过给 Mouse 类添加 final 修饰符实现;
对于问题 2 可以通过给 print()方法添加 final 修饰符实现;
对于问题 3 可以通过给 home 属性添加 final 修饰符实现。

- 使用 final 修饰符修饰的类,不能再被继承。
```
final class Mouse{
}
class SubMouse extends Mouse{            //错误,Mouse 类不能被继承
}
```
- 用 final 修饰的方法,不能被子类重写。
```
class Mouse{
    public final void print(){}
}
class SubMouseextends Mouse{
    public void print(){}                //错误,print()不能被子类重写
}
```
- 用 final 修饰的变量(包括成员变量和局部变量)将变成常量,只能赋值一次。
```
public class Mouse{
    final String home = "迪士尼";        //居住地
    public void setHome(String name){
        this.home = home;                //错误,home 不可以再次赋值
    }
}
```

> **注意**
> - final 和 abstract 是功能相反的两个关键字,可以对比记忆;
> - abstract 可以用来修饰类和方法,不能用来修饰属性和构造方法;
> final 可以用来修饰类、方法和属性,不能修饰构造方法。
> - Java 中有很多类就是 final 类,比如 String 类、Math 类,他们不能再有子类。
> Object 类中有一些方法,如 getClass()、notify()、wait()都是 final 方法,只能被子类继承而不能被重写,但是 hashCode()、toString()、equals(Object obj)不是 final 方法,可以被重写。

8.3.4 常见错误

1. final 修饰引用变量，变量所指对象的属性值是否能改变

请找出下面程序中存在错误的位置。

```
class Monkey{
    String name;
    public Monkey(String name){
        this.name = name;
    }
}
class Test{
    public static void main(String[] args){
        final Monkey monkey = new Monkey("闹闹");
        monkey.name = "欢欢";
        monkey = new Monkey("亚亚");
    }
}
```

可能的出错位置锁定在"monkey.name = "欢欢";"和"monkey = new Monkey("亚亚");"两条语句，很多人认为这两行都是错误的，因为 monkey 已经定义为 final 修饰的常量，其值不可改变，但是其实"monkey.name = "欢欢";"这行是正确的。

对于引用型变量，一定要区分对象的引用值和对象的属性值两个概念，使用 final 修饰引用型变量，变量不可以再指向另外的对象，所以"monkey = new Monkey("亚亚");"是错误的，但是所指对象的内容确实是可以改变的，所以"monkey.name = "欢欢";"是正确的。

使用 final 修饰引用型变量，变量的值是固定不变的，而变量所指向的对象的属性值是可变的。

2. abstract 是否可以和 private、static、final 共用

下面现象中关于 abstract 的使用正确的是（   ）

A. private abstract void sleep();

B. static abstract void sleep();

C. final abstract void sleep();

D. public abstract void sleep();

A 选项是错误的，抽象方法是让子类来重写的，而子类无法继承到 private 方法，自然就无法重写；

B 选项是错误的，抽象方法只有声明没有实现，而 static 方法可以通过类名直接访问，所以应该是实现的方法；

C 选项是错误的，抽象方法是让子类重写的，而 final 修饰的方法不能被重写，同理抽象方法只有让子类继承才能实例化，而 final 修饰的类不允许被子类继承；

D 选项是正确的，public 和 abstract 两个关键字不冲突。

abstract 不能和 private 同时修饰一个方法；
abstract 不能和 static 同时修饰一个方法；
abstract 不能和 final 同时修饰一个方法或类。

8.4 贯穿项目练习

阶段 1：创建主题类 Topic。

✍ **训练要点**
继承。

✍ **需求说明**
(1)创建主题类 Topic，继承帖子类 Tip。
(2)增加属性：主体 id、版块 id，添加对应的 setter/getter 方法。

✍ **实现思路及关键代码**
(1)创建主题类 Topic，继承帖子类 Tip。
(2)增加属性：主题 id、版块 id。
主题 id：int topicId。
版块 id：int boardId。
(3)添加 setter/getter 方法。
(4)在测试类中使用主题类从帖子类继承来的 getInfo()方法，输出主题信息。

✍ **参考解决方案**
【主题类】

```java
public class Topic extends Tip {
    private int topicId = 1;                //唯一标志主题的 id
    private int boardId = 1;                //引用板块的 id,用来表示该帖子是哪个板块的
    public int getTopicId() {
        return topicId;
    }
    public void setTopicId(int topicId) {
        this.topicId = topicId;
    }
    public int getBoardId() {
        return boardId;
    }
    public void setBoardId(int boardId) {
        this.boardId = boardId;
    }
}
```

【测试类】
```
public class EntityTest5 {
    public static void main(String[] args) {
        Topic topic = new Topic();
        topic.getInfo();    //Topic 类未定义 getInfo(),但是继承了来自 Tip 类的 getInfo()方法
        topic.setTitle("我会用继承了");
        topic.setContent("如题");
        topic.setPublishTime("2015 - 10 - 1 12:01:10");
        topic.getInfo();
    }
}
```
运行效果如图 8-11 所示。

图 8-11　EntityTest5 运行效果

阶段 2：创建回复类。

❧ 需求说明

(1)创建回复类 Reply,继承帖子类 Tip。
(2)增加属性:回复 id、主题 id。
回复 id:int replyId。
主题 id:int topicId。
(3)添加 setter/getter 方法。
(4)在测试类中使用回复类从帖子类继承来的 getInfo()方法,输出回复信息。
运行效果如图 8-12 所示。

图 8-12　测试类运行效果

本章总结

- 继承是 Java 中实现代码重用的重要手段之一，Java 中只支持单继承，即一个类只能有一个直接父类。java.lang.Object 类是所有 Java 类的祖先。
- 在子类中可以根据实际需求对从父类继承的方法进行重新编写，称为方法的重写或覆盖。
- 子类中重写的方法和父类中被重写的方法必须具有相同的方法名、参数列表，返回值类型必须和被重写的返回值类型相同或者是其子类。
- 如果子类的构造方法中没有通过 super 显式调用父类的有参构造方法，也没有通过 this 显式调用自身的其他构造方法，则系统会默认先调用父类的无参构造方法。
- 抽象类不能实例化，抽象类中可以没有，可以有一个或多个抽象方法。子类必须重写所有的抽象方法才能实例化，否则子类还是一个抽象类。
- 用 final 修饰的类，不能再被继承。用 final 修饰的方法，不能被子类重写。用 final 修饰的变量将变成常量，只能赋值一次。

第 9 章 多 态

本章知识目标
- 掌握多态的优势和应用场合
- 掌握父类和子类之间的类型转换
- 掌握 instanceof 运算符的使用
- 使用父类作为方法形参实现多态

第9章 多态

本章将学习 Java 中非常重要的一个内容——多态,多态不仅可以减少代码量,还可以提高代码的可扩展性和可维护性。使用多态实现主人给宠物喂食功能和主人与宠物玩耍功能,期间穿插多态理论讲解。在练习阶段使用多态完善和增加汽车租赁系统的功能,强化对该技能点的理解和运用。学习过程中要深刻体会多态的优势和应用场合。

9.1 为什么使用多态

要实现主人给宠物喂食功能,具体要求如下:
给 Monkey 喂食,其健康值增加 3,输出吃饱信息;
给 Mouse 喂食,其健康值增加 5,输出吃饱信息。

〔分析〕 首先采用如下步骤实现:
(1)给抽象类 Pet 增加抽象方法 eat()方法;
(2)让 Monkey 类重写 Pet 类的 eat()方法,实现小猴子吃饭功能;
(3)让 Mouse 类重写 Pet 类的 eat()方法,实现米老鼠吃饭功能;
(4)创建主人类 Master,添加 feed(Monkey monkey)方法,调用 Monkey 类的 eat()方法,实现小猴子的喂养。添加 feed(Mouse mouse)方法,调用 Mouse 类的 eat()方法,实现米老鼠的喂养。
(5)创建测试类,在类中创建主人、小猴子和米老鼠对象,调用相应方法实现主人喂养宠物功能。

下面就按照分析的步骤来逐步完成该任务,首先给抽象类 Pet 增加抽象方法 eat()方法,代码如例 9.1 所示。

【例 9.1】 宠物类,小猴子和米老鼠的父类。

```
/**
 * 宠物类,小猴子和米老鼠的父类。
 */
public abstract class Pet {
    protected String name = "无名氏";           //昵称
    protected int health = 100;                //健康值
    protected int love = 0;                    //亲密度
    /**
     * 有参构造方法。
     * @param name 昵称
     */
    public Pet(String name) {
        this.name = name;
    }
    public String getName() {
```

```java
        return name;
    }
    public int getHealth() {
        return health;
    }
    public int getLove() {
        return love;
    }
    /**
     * 输出宠物信息。
     */
    public void print() {
        System.out.println("宠物的自白:\n 我的名字叫" + this.name + ",健康值是" +
            this.health + ",和主人的亲密度是" + this.love + "。");
    }
    /**
     * 抽象方法 eat(),负责宠物吃饭功能。
     */
    public abstract void eat();
}
```

　　Pet 类为抽象类,另外增加了抽象方法 eat()。让 Monkey 类重写 Pet 类的 eat()方法,实现小猴子的吃饭功能,代码如例 9.2 所示。

　　【例 9.2】 小猴子类,宠物的子类。

```java
/**
 * 小猴子类,宠物的子类。
 */
public class Monkey extends Pet {
    private String strain;              //品种
    /**
     * 有参构造方法。
     * @param name 昵称
     * @param strain 品种
     */
    public Monkey (String name, String strain) {
        super(name);
        this.strain = strain;
    }
    public String getStrain() {
        return strain;
    }
    /**
```

```java
 * 重写父类的 print 方法。
 */
public void print(){
    super.print();                    //调用父类的 print 方法
    System.out.println("我是一只 " + this.strain + "。");
}
/**
 * 实现吃饭方法。
 */
public void eat() {
    super.health = super.health + 3;
    System.out.println("小猴子" + super.name + "吃饱啦！健康值增加3。");
}
}
```

让 Mouse 类重写 Pet 类的 eat()方法，实现米老鼠吃饭功能，代码如例 9.3 所示。

【例 9.3】 米老鼠类，宠物的子类。

```java
/**
 * 米老鼠类，宠物的子类。
 */
public class Mouse extends Pet {
    private String sex;              //性别
    /**
     * 有参构造方法。
     * @param name 昵称
     * @param sex 性别
     */
    public Mouse(String name, String sex) {
        super(name);
        this.sex = sex;
    }
    public String getSex() {
        return sex;
    }
    /**
     * 重写父类的 print 方法。
     */
    public void print() {
        super.print();
        System.out.println("性别是 " + this.sex + "。");
    }
    /**
```

* 实现吃饭方法。
 */
public void eat() {
    super.health = super.health + 5;
    System.out.println("米老鼠" + super.name + "吃饱啦！健康值增加 5。");
}
}
```

创建主人类 Master,在类中添加 feed(Monkey monkey)方法,调用 Monkey 类的 eat()方法,实现小猴子的喂养,添加 feed(Mouse mouse)方法,调用 Mouse 类的 eat()方法,实现米老鼠的喂养,主人类代码如例 9.4 所示。

【例 9.4】 主人类。

```java
/**
 * 主人类。
 */
public class Master {
    private String name = "";        //主人名字
    private int money = 0;           //元宝数
    /**
     * 有参构造方法。
     * @param name 主人名字
     * @param money 元宝数
     */
    public Master(String name, int money) {
        this.name = name;
        this.money = money;
    }
    public int getMoney() {
        return money;
    }
    public String getName() {
        return name;
    }
    /**
     * 主人给 Monkey 喂食。
     */
    public void feed(Monkey monkey) {
        monkey.eat();
    }
    /**
     * 主人给 Mouse 喂食。
     */
```
```

```
public void feed(Mouse mouse) {
    mouse.eat();
}
```

创建测试类,创建主人、小猴子和米老鼠对象,调用相应的方法实现主人喂养宠物功能,代码如例 9.5 所示。

【例 9.5】 测试类。

```
/**
 * 测试类,领养宠物并喂食。
 */
public class Test {
    public static void main(String[] args) {
        Monkey monkey = new Monkey("闹闹","猕猴");
        Mouse mouse = new Mouse("米米","鼠小妹");
        Master master = new Master("王先生",100);
        master.feed(monkey);            //主人给小猴子喂食
        master.feed(mouse);             //主人给米老鼠喂食
    }
}
```

运行的结果如图 9-1 所示。

图 9-1　领养宠物并喂食

从例 9.5 的运行结果看,已经顺利实现了主人给宠物的喂食功能,但是如果主人又领养了一只猫或者其他更多的动物,该如何实现给宠物喂食呢?

可以在 Master 类中重载 feed()方法,添加一个 feed(Cat cat)方法,主人领养一个宠物,就增加一个方法。但是这样做存在一个缺点:每次领养宠物都需要修改 Master 类源代码,增加 feed()的重载方法,如果领养宠物过多,Master 类中就会有很多重载的 feed()方法。

如果能实现 Master 类中只有一个 feed()方法,可以实现对所有宠物的喂食,不管领养多少宠物,均无需修改 Master 类源代码,这样的话就无需每次领养一个宠物,添加一个方法。那么如何实现这样的效果呢?可以通过多态来实现。

9.2　什么是多态

简单来讲,多态是具有表现多种形态能力的特征。更专业化的说法是:同一个实现接口,使用不同的实例而执行不同的操作。

举个打印机的例子来说明一下：

打印机可以看做是父类，黑白打印机、彩色打印机是它的两个子类。父类打印机中的方法"打印"在每个子类中有各自不同的实现方式。比如：对黑白打印机执行打印操作后，打印效果是黑白的；而对彩色打印机执行打印操作后，打印效果是彩色的。很明显，子类分别对父类的"打印"方法进行了重写。从这里也可以看出，多态性与继承、方法重写密切相关。

9.2.1 子类到父类的转换（向上转型）

在前面学习了基本数据类型之间的类型转换，例如：

```
// 把 int 型常量或变量的值赋给 double 型变量，可以自动进行类型转换
int i = 5;
double db = i;
// 把 double 型常量或变量的值赋给 int 型变量，须进行强制类型转换
double d2 = 3.14;
int a = (int)d2;
```

实际上在引用数据类型的子类和父类之间也存在着类型转换问题，如下代码：

```
Monkey monkey = new Monkey("闹闹","猕猴");     // 不涉及类型转换
monkey.eat();
Pet pet = new Monkey("闹闹","猕猴");           // 子类到父类的转换
pet.eat();                                    // 会调用 Monkey 类的 eat()方法，而不是 Pet 类的 eat()方法
pet.catchingFlyDisc();                        // 无法调用子类特有的方法
```

可以通过进一步说明来加深对上面代码的理解。

- Pet pet = new Monkey("闹闹","猕猴");

主人需要一个宠物，一只小猴子肯定符合要求，不用特别声明，所以可以直接将子类对象赋给父类引用变量；

- pet.eat()

主人给宠物喂食时看到的肯定是小猴子在吃饭而不是米老鼠在吃饭，也不是那个抽象的 Pet 在吃饭；

- pet.catchingFlyDisc()

假定主人可以同时给小猴子和米老鼠喂食，但只能和小猴子玩接飞盘游戏，只能和米老鼠玩游泳。在没有断定宠物的确是小猴子时，主人不能与宠物玩接飞盘游戏，因为他需要的是一个宠物，但是没有明确要求是一只小猴子，所以很有可能过来的是一只米老鼠。因此就不能确定是玩接飞盘还是游泳。

从上面语句中可以总结出子类转换成父类时的规则：

- 将一个父类的引用指向一个子类对象，称为向上转型，自动进行类型转换；
- 此时通过父类引用变量调用的方法时子类覆盖或继承父类的方法，不是父类的方法；
- 此时通过父类引用变量无法调用子类特有的方法。

9.2.2 使用父类作为方法形参实现多态

使用父类作为方法的形参，是 Java 中实现和使用多态的主要形式。下面通过例 9.6 进

行演示,该示例演示了不同国家人吃饭的不同形态。

【例 9.6】
```java
class Person {
    String name;
    int age;

    public void eat() {
        System.out.println("person eating with mouth");
    }

    public void sleep() {
        System.out.println("sleeping in night");
    }
}

class Chinese extends Person {
    public void eat() {
        System.out.println("Chinese eating rice with mouth by chopsticks");
    }

    public void shadowBoxing() {              //练习太极拳
        System.out.println("practice dashadowBoxing every morning");
    }
}

class English extends Person {
    public void eat() {
        System.out.println("English eating meat with mouth by knife");
    }
}

class TestEat{
    public static void main(String[] args) {
        showEat(new Person());
        showEat(new Chinese());
        showEat(new English());
    }

    public static void showEat(Person person) {
        person.eat();
    }
```

```
//    public static void showEat(Chinese chinese) {
//        chinese.eat();
//    }
//    public static void showEat(English english) {
//        english.eat();
//    }
}
```

运行结果如图9-2所示。

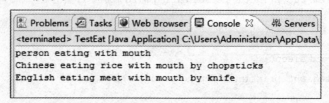

图9-2 使用父类作为方法形参实现动态

从该例的运行结果可以看到本示例中只使用了一个showEat()方法,使用父类作为方法形参,就可以正确显示多个国家的吃饭形态。无需再编写例中注释掉的多个showEat方法代码,从而大大减少了代码量。

把实参赋给形参的过程中涉及了父类和子类之间的类型转换。例如调用showEat(new Chinese())会执行Person person=new Chinese()。

在showEat()方法中执行person.eat()会调用person对象真实引用的对象的eat()方法,例如执行showEat(new English())时,person.eat()会调用English类的eat()方法。

当再增加法国人、美国人时,也无需添加或者修改showEat()方法。

从上例中可以看出,使用父类作为方法形参优势明显,或者说使用多态的时候明显,可以减少代码量,可以提高代码的可扩展性和可维护性。

通过本节对多态功能的详解,总结出实现多态的三个条件:

- 继承的存在(继承是多态的基础,没有继承就没有多态);
- 子类重写父类的方法(多态下调用子类重写后的方法);
- 父类引用变量指向子类对象(子类到父类的类型转换)。

学习了多态的部分功能后,下面就使用多态对主人给宠物喂食的代码进行重构,看看会有什么不同之处,按照以下步骤依次进行重构。

修改Master类,删除feed(Monkey monkey)和feed(Mouse mouse)方法,增加唯一的feed(Pet pet)方法,以父类Pet作为形参,代码如例9.7所示。

【例9.7】 主人类,用父类Pet做形参。

```
/**
 * 主人类。
 */
public class Master {
    private String name = "";                    //主人名字
    private int money = 0;                       //元宝数
```

```java
/**
 * 有参构造方法。
 * @param name 主人名字
 * @param money 元宝数
 */
public Master(String name, int money) {
    this.name = name;
    this.money = money;
}
public int getMoney() {
    return money;
}
public String getName() {
    return name;
}
/**
 * 主人给宠物喂食。
 */
public void feed(Pet pet) {
    pet.eat();
}
}
```

修改 Master 类后，Monkey 类、Mouse 类、Pet 类和 Test 类都不用修改，再次运行 Test 类，会得到和运行例 9.5 相同的运行结果。

如果不明白程序的运行流程，可以使用前面学习的断点调试，设置断点，看看 Test 类中运行 master.feed(monkey) 和 master.feed(mouse) 语句的时候，程序的运行流程是如何，这样便于理解多态。

下面继续增加宠物 Cat 类，继承 Pet 类并重写 eat() 方法，代码如例 9.8 所示。

【例 9.8】 猫类，宠物 Pet 的子类。

```java
/**
 * 猫类，宠物的子类。
 */
public class Cat extends Pet {
    private String color;            //颜色
    public Cat(String name, String color) {
        super(name);
        this.color = color;
    }
```

```java
    public String getColor() {
        return color;
    }
    /**
     * 实现吃饭方法
     */
    public void eat() {
        super.health = super.health + 4;
        System.out.println("猫咪" + super.name + "吃饱啦！体力增加 4。");
    }
}
```

在 Test 类中添加领养猫和给猫喂食的语句，代码如例 9.9 所示。

【例 9.9】

```java
/**
 * 测试类,领养宠物并喂食。
 */
public class Test {
    public static void main(String[] args) {
        Monkey monkey = new Monkey("闹闹", "猕猴");
        Mouse mouse = new Mouse("米米", "鼠小妹");
        Master master = new Master("王先生", 100);
        master.feed(monkey);                          //主人给小猴子喂食
        master.feed(mouse);                           //主人给米老鼠喂食
        master.feed(new Cat("Tomcat", "黄色"));       //主人给猫喂食
    }
}
```

运行结果如图 9-3 所示。

```
小猴子闹闹吃饱啦！健康值增加3。
米老鼠米米吃饱啦！健康值增加5。
猫咪Tomcat吃饱啦！体力增加4。
```

图 9-3 增加领养宠物猫并喂食

通过运行例 9.9 可以了解到，多态可以提高代码的可扩展性和可维护性，也可以使代码编写更加灵活。

多态的内容并不止以上这些，下面来看看多态的其他内容。

下面实现主人与宠物玩耍功能，具体需求如下：

(1) 和小猴子玩接飞盘游戏，小猴子健康值减少 10，与主人的亲密度增加 5；

(2) 和米老鼠玩游泳游戏，米老鼠的健康值减少 10，与主人的亲密度增加 5。

〔分析〕 采用如下的思路来实现：
(1) 给 Monkey 添加 catchingFlyDisc() 方法,实现接飞盘功能；
(2) 给 Mouse 添加 swimming() 方法,实现游泳功能；
(3) 给主人添加 play(Pet pet) 方法,如果 pet 代表 Monkey 就玩接飞盘游戏,如果 pet 代表 mouse 就玩游泳游戏；
(4) 创建测试类,其中创建主人、小猴子和米老鼠对象,调用相应的方法实现主人和宠物玩耍功能。

下面就按照分析的步骤逐步来完成该任务。首先给 Monkey 添加 catchingFlyDisc() 方法,实现接飞盘功能,代码如例 9.10 所示。

【例 9.10】 小猴子类,实现接飞盘。

```
/**
 * 小猴子类,宠物的子类。
 */
public class Monkey extends Pet {
    private String strain;           //品种
    /**
     * 有参构造方法。
     * @param name 昵称
     * @param strain 品种
     */
    public Monkey(String name, String strain) {
        super(name);
        this.strain = strain;
    }
    public String getStrain() {
        return strain;
    }
    /**
     * 重写父类的 print 方法。
     */
    public void print(){
        super.print();              //调用父类的 print 方法
        System.out.println("我是一只" + this.strain + "。");
    }
    /**
     * 实现吃饭方法。
     */
    public void eat() {
        super.health = super.health + 3;
        System.out.println("小猴子" + super.name + "吃饱啦！健康值增加 3。");
    }
```

```java
/**
 * 实现接飞盘方法
 */
public void catchingFlyDisc() {
    System.out.println("小猴子" + super.name + "正在接飞盘。");
    super.health = super.health - 10;
    super.love = super.love + 5;
}
```

给 Mouse 类添加 swimming()方法,实现游泳功能,代码如例 9.11 所示。

【例 9.11】 米老鼠类,实现游泳。

```java
/**
 * 米老鼠类,宠物的子类。
 */
public class Mouse extends Pet {
    private String sex;            //性别
    /**
     * 有参构造方法。
     * @param name 昵称
     * @param sex 性别
     */
    public Mouse(String name, String sex) {
        super(name);
        this.sex = sex;
    }
    public String getSex() {
        return sex;
    }
    /**
     * 重写父类的 print 方法。
     */
    public void print() {
        super.print();
        System.out.println("性别是 " + this.sex + "。");
    }
    /**
     * 实现吃饭方法。
     */
    public void eat() {
        super.health = super.health + 5;
        System.out.println("米老鼠" + super.name + "吃饱啦! 健康值增加 5。");
```

        }
        /**
         * 实现游泳方法
         */
        public void swimming() {
            System.*out*.println("米老鼠" + super.name + "正在游泳。");
            super.health = super.health - 10;
            super.love = super.love + 5;
        }
}
```

然后给主人类添加 play(Pet pet)方法,如果 pet 代表 Monkey,就玩接飞盘的游戏;如果 pet 代表 Mouse,就玩游泳游戏。

但是此时就出现问题了,在给宠物喂食案例中,Pet 类提供 eat()方法,Monkey 和 Mouse 类分别重写 eat()方法,即三个类都包含同名方法 eat()。但是在与宠物玩耍功能中,Monkey 类提供方法 catchingFlyDisc(),而 Mouse 类提供的方法却是 swimming(),父类 Pet 没有相应的抽象方法定义。

如果要解决这个问题,需要使用多态的另外一个技能:父类到子类的转换,同时会使用 instanceof 运算符来判断对象的类型。

## 9.2.3　父类到子类的转换(向下转型)

前面已经提到,当向上转型发生后,将无法调用子类特有的方法。但是如果需要调用子类特有的方法时,可以通过父类再转换为子类来实现。

将一个指向子类对象的父类引用赋给一个子类的引用,称为向下转型,此时必须进行强制类型转换。

如果把 Monkey 对象赋给 Pet 类型引用变量后,又希望和 Monkey 玩接飞盘游戏,应该怎么办呢?

【例 9.12】 测试父类到子类的转换。

```
/**
 * 测试类,测试父类到子类的转换。
 */
public class TestPoly {
    public static void main(String[] args) {
        Pet pet = new Monkey("闹闹", "猕猴");
        pet.eat();
        Monkey monkey = (Monkey) pet;   //必须进行强制类型转换
        monkey.catchingFlyDisc();   //OK! NO PROBLEM
        Mouse mouse = (Mouse) pet;   //出现 ClassCastException 异常
        mouse.swimming();   //上一句已经异常了,执行不到此句
    }
}
```
```

例 9.12 的运行结果如图 9-4 所示。

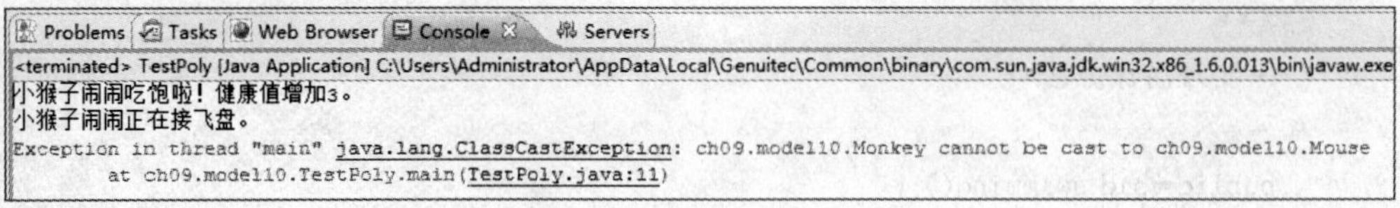

图 9-4 测试父类到子类的转换

从例 9.12 及其运行结果可以看出，把 pet 强制转换为 monkey 后，可以访问 Monkey 类特有的玩飞盘方法。但是必须转换为父类指向的真实子类类型 Monkey，不是任意强制转换都可以的。比如转换为 Mouse 类时就出现类型转换异常 ClassCastException。

对比

基本数据类型之间进行强制类型转换是在对被强制类型"做手术"，例如：
double d1 = 5；   //对 5 做手术，变成 5.0
int a = (int)3.14；   //对 3.14 做手术，变成 3
引用数据类型之间强制转换时是还原子类的真实面目，而不是给子类"做手术"，例如：
Pet pet = new Monkey("闹闹", "猕猴")；
Monkey monkey = (Monkey) pet；   //正确！还原子类的真实面目
Mouse mouse = (Mouse) pet；   //出现异常！给子类"做手术"了

9.2.4 instanceof 运算符

在例 9.12 中进行向下转型时，如果没有转换为真实的子类类型，就会出现类型转换异常。如何有效避免出现这种异常呢？Java 提供了 instanceof 运算符来进行类型的判断。

instanceof 语法如下：

对象 instanceof 类或接口

该运算符用来判断一个对象是否属于一个类或者实现了一个接口，结果为 true 或 false，在强制类型转换之前通过 instanceof 运算符检查对象的真实类型，然后再进行相应的强制类型转换。这样就可以避免类型转换异常，从而提高代码健壮性。

【例 9.13】 测试 instanceof 运算符的使用（Mouse 类）。

```java
/**
 *测试 instanceof 运算符的使用
 */
public class TestPoly2 {
    public static void main(String[] args) {
        Pet pet = new Mouse("米米", "鼠小妹");
        //Pet pet = new Monkey("闹闹", "猕猴");
        pet.eat();
        if (pet instanceof Monkey) {
            Monkey monkey = (Monkey) pet;
            monkey.catchingFlyDisc();
```

```
        } else if (pet instanceof Mouse) {
            Mouse mouse = (Mouse) pet;
            mouse.swimming();
        }
    }
}
```

运行结果如图 9-5 所示。

图 9-5　测试 instanceof 运算符的使用(米老鼠)

注释掉例 9.13 中创建 Mouse 对象的语句,取消创建 Monkey 对象语句的注释,如例 9.14 所示。

【例 9.14】　测试 instanceof 运算符的使用(Monkey 类)。

```
/**
 * 测试 instanceof 运算符的使用。
 */
public class TestPoly2 {
    public static void main(String[] args) {
//        Pet pet = new Mouse("米米","鼠小妹");
        Pet pet = new Monkey("闹闹","猕猴");
        pet.eat();
        if (pet instanceof Monkey) {
            Monkey monkey = (Monkey) pet;
            monkey.catchingFlyDisc();
        } else if (pet instanceof Mouse) {
            Mouse mouse = (Mouse) pet;
            mouse.swimming();
        }
    }
}
```

程序运行的结果如图 9-6 所示。

图 9-6　测试 instanceof 运算符的使用(小猴子)

通过这两个示例,可以发现,在进行引用类型转换时,首先通过 instanceof 运算符进行类型判断,然后进行相应的强制类型转换,这样可以有效地避免出现类型转换异常,增加程序的健壮性。

使用 instanceof 时,对象的类型必须和 instanceof 的第二个参数所指定的类或接口在继承树上有上下级关系,否则会出现编译错误。例如:pet instanceof String,会出现编译错误。

instanceof 通常和强制类型转换结合使用。

下面就采用多态的相关技能实现主人与宠物玩耍的功能。给主人类添加 play(Pet pet)方法,如果 pet 代表 Monkey,就玩接飞盘的游戏;如果 pet 代表 Mouse,就玩游泳游戏。代码如例 9.15 所示:

【例 9.15】 添加 play(Pet pet)方法的主人类。

```java
/**
 * 主人类。
 */
public class Master {
    private String name = "";                    //主人名字
    private int money = 0;                       //元宝数
    /**
     * 有参构造方法。
     * @param name 主人名字
     * @param money 元宝数
     */
    public Master(String name, int money) {
        this.name = name;
        this.money = money;
    }
    public int getMoney() {
        return money;
    }
    public String getName() {
        return name;
    }
    /**
     * 主人给宠物喂食。
     */
    public void feed(Pet pet) {
        pet.eat();
    }
    /**
```

* 主人与宠物玩耍
 * /
```
    public void play(Pet pet) {
        if (pet instanceof Monkey) {                  //如果传入的是小猴子
            Monkey monkey = (Monkey) pet;
            monkey.catchingFlyDisc();
        }
        else if (pet instanceof Mouse) {              //如果传入的是米老鼠
            Mouse mouse = (Mouse) pet;
            mouse.swimming();
        }
    }
}
```
创建测试类,实现主人和宠物玩耍功能,代码如例9.16所示。

【例9.16】 测试类,领养宠物并玩耍。
```
/**
 * 测试类,领养宠物并玩耍。
 */
public class Test {
    public static void main(String[] args) {
        Monkey monkey = new Monkey("闹闹", "猕猴");
        Mouse mouse = new Mouse("米米", "鼠小妹");
        Master master = new Master("王先生", 100);
        master.play(monkey);                          //小猴子接飞盘
        master.play(mouse);                           //米老鼠游泳
    }
}
```
运行结果如图9-7所示。

图 9-7 领养宠物并玩耍

9.3 上机练习

上机练习1:使用多态实现主人给宠物喂食功能。

↻ **训练要点**

- 子类到父类的自动类型转换;

- 使用父类作为方法形参实现多态；
- 多态可以减少代码量，可以提高代码的可扩展性和可维护性；

✧ 需求说明

给小猴子喂食，其健康值增加 3，输出吃饱信息；给米老鼠喂食，其健康值增加 5，输出吃饱信息。增加宠物猫并喂食，其健康值增加 4，输出吃饱信息。实现以上功能。

✧ 实现思路及关键代码

(1) 给抽象类 Pet 增加抽象方法 eat() 方法；
(2) 让 Monkey 类重写 Pet 类的 eat() 方法，实现小猴子吃饭功能；
(3) 让 Mouse 类重写 Pet 类的 eat() 方法，实现米老鼠吃饭功能；
(4) 创建主人类 Master，添加 feed(Pet pet) 方法，在该方法中调用相应宠物 eat() 方法实现宠物的喂养；
(5) 创建测试类 Test，在类中创建主人、小猴子和米老鼠对象，调用 feed(Pet pet) 实现主人喂养宠物的功能；
(6) 增加宠物 Cat 类，继承 Pet 类，重写 eat() 方法；
(7) 在测试类 Test 类中添加领养猫和给猫喂食语句，执行 Test 类，观察运行结果。

上机练习 2：使用多态实现主人和宠物玩耍功能。

✧ 训练要点

- 父类到子类的强制类型转换；
- instanceof 运算符的使用。

✧ 需求说明

主人和小猴子玩接飞盘游戏，小猴子健康值减少 10，与主人亲密度增加 5；主人和米老鼠玩游泳游戏，米老鼠健康值减少 10，与主人亲密度增加 5。实现主人和小猴子、米老鼠玩耍功能。

✧ 实现思路及关键代码

(1) 给 Monkey 类添加 catchingFlyDisc() 方法，实现接飞盘功能；
(2) 给 Mouse 类添加 swimming() 方法，实现游泳功能；
(3) 给主人添加 play(Pet pet) 方法，如果 pet 代表 Monkey 就玩接飞盘游戏，如果 pet 代表 Mouse 就玩游泳游戏；
(4) 创建测试类 Test，在类中创建主人、小猴子和米老鼠对象，调用相应方法实现玩耍功能。

注意编写注释。

9.4 综合练习：使用多态完善汽车租赁系统计价功能

上机练习 3：计算依次租赁多辆汽车的总租金。

✧ 训练要点

- 使用父类作为方法形参实现多态；
- 使用多态减少代码量。

第9章 多态

▲ 需求说明

现在增加业务需求:客户可以一次租赁多辆不同品牌的不同型号的汽车若干天(一个客户一次租赁的各汽车的租赁天数均相同),要求计算出总租赁价。程序运行结果如图 9-8 所示。

图 9-8 计算汽车租赁的总租金

▲ 实现思路及关键代码

(1)创建顾客类 Customer,提供 calcTotalRent(MotoVehicle motos[], int days)方法,传入的参数是客户租赁的汽车列表信息和租赁天数,在方法中调用相应汽车 calRent(int days)方法得到相应租赁价,求和计算出多辆汽车总租赁价格;

(2)编写测试类 TestRent,指定要租赁的多辆汽车信息,并存储在一个 MotoVehicle 类型的数组 motos 中,指定租赁天数 days,调用 Customer 类的 calcTotalRent(MotoVehicle moto[], int days)方法计算出总租赁价格并输出。

▲ 参考解决方案

```
//计算多辆汽车总租赁价格
    /**
     *计算多辆汽车总租赁价格
     */
    public int calcTotalRent(MotoVehicle motos[],int days){
        int sum = 0;
        for(int i = 0;i<motos.length;i++ )
            sum + = motos[i].calRent(days);
        return sum;
    }
}
```

TestRent 类的关键代码如下:

```
    int days;                        //租赁天数
    int totalRent;                   //总租赁费用
    //1.客户租赁的多辆汽车信息及租赁天数
    MotoVehicle motos[] = new MotoVehicle[4];
    motos[0] = new Car("京 NY28588","宝马","550i");
    motos[1] = new Car("京 NNN3284","宝马","550i");
    motos[2] = new Car("京 NT43765","别克","林荫大道");
    motos[3] = new Bus("京 5643765","金龙",34);
    days = 5;
```

上机练习 4：增加租赁卡车业务，计算汽车租赁的总租金。

✎ **训练要点**
- 使用父类作为方法形参实现多态；
- 使用多态增强系统的扩展性和可维护性。

✎ **需求说明**

汽车租赁公司业务扩展，增加租赁卡车业务，租赁费用以吨位计算，每吨每天计价 50 元，要求对系统进行扩展，计算汽车租赁的总租金。程序运行效果如图 9-9 所示。

图 9-9　增加租赁卡车业务后计算汽车租赁的总租金

✎ **实现思路及关键代码**

（1）在上机练习 3 的基础上进行完善，重用其代码；

（2）增加卡车类 Truck，继承类 MotoVehicle，重写其 calRent(int days) 方法；

（3）修改测试类 TestRent，增加租赁卡车的信息，指定租赁天数，调用 Customer 类的 calcTotalRent(MotoVehicle moto[], int days) 方法计算出总租赁价格并输出。

✎ **参考解决方案**

Trick 类的关键代码如下：

```
/**
 *计算卡车租赁价
 */
public int calRent(int days) {
    return tonnage * 50 * days;
}
```

9.5　贯穿项目练习

阶段 1：在帖子类中使用多态。

✎ **训练要点**

多态。

✎ **需求说明**

主题类、回复类重写帖子类的输出信息方法。

❧ 实现思路及关键代码

(1) 主题类重写 getInfo() 方法,输出主题信息。

(2) 回复类重写 getInfo() 方法,输出回复信息。

(3) 在测试类中使用多态的方式调用 getInfo() 方法。

❧ 参考解决方案

【主题类】

```java
public class Topic extends Tip {
    private int topicId = 1;              //唯一标志主题的 id
    private int boardId = 1;              //引用板块的 id,用来表示该帖子是哪个板块的

    /**
     * 输出当前主题的信息
     */
    public void getInfo(){
        System.out.println("====主题信息====");
        System.out.println("主题标题:" + this.getTitle());
        System.out.println("主题内容:" + this.getContent());
        System.out.println("发表时间:" + this.getPublishTime() + "\n");
    }

    public int getTopicId() {
        return topicId;
    }

    public void setTopicId(int topicId) {
        this.topicId = topicId;
    }

    public int getBoardId() {
        return boardId;
    }

    public void setBoardId(int boardId) {
        this.boardId = boardId;
    }
}
```

【回复类】

```java
public class Reply extends Tip {
    private int replyId  =  1;            //唯一标志回复的 id
    private int topicId  =  1;            //引用主题的 id,用来表示该回复是哪个主题的
```

```java
/**
 * 输出当前回复的信息
 */
public void getInfo(){
    System.out.println("====回复信息====");
    System.out.println("回复标题:" + this.getTitle());
    System.out.println("回复内容:" + this.getContent());
    System.out.println("发表时间:" + this.getPublishTime() + "\n");
}

public int getReplyId() {
    return replyId;
}

public void setReplyId(int replyId) {
    this.replyId = replyId;
}

public int getTopicId() {
    return topicId;
}

public void setTopicId(int topicId) {
    this.topicId = topicId;
}
}
```

【测试类】

```java
public class EntityTest7 {
    public static void main(String[] args) {
        /*创建主题对象并设值*/
        Tip topic = new Topic();
        topic.setTitle("我会用继承了");
        topic.setContent("如题");
        topic.setPublishTime("2015-10-1 12:01:10");
        /*创建回复对象并设值*/
        Tip reply = new Reply();
        reply.setTitle("Re:我会用继承了");
        reply.setContent("俺也会");
        reply.setPublishTime("2015-10-1 12:03:12");
        /*输出信息*/
```

```
        topic.getInfo();//参数使用主题对象
        reply.getInfo();//参数使用回复对象
    }
}
```
运行效果如图 9-10 所示。

图 9-10　EntityTest7 运行效果

阶段 2：使用 super 关键字为主题类添加构造方法。

◆ 需求说明

（1）为主题类添加无参构造方法，在该方法中使用 super()，并添加输出语句，输出"主题类的无参构造方法"。

（2）为主题类添加有参构造方法，参数同 Tip 类有参构造方法，在该方法中使用 super(pTitle,pContent,pTime)，并添加输出语句，输出"主题类的有参构造方法"。

（3）使用测试类测试主题类构造方法。

运行效果如图 9-11 所示。

图 9-11　测试类运行效果

本章总结

➢ 通过多态可以减少类中代码量,可以提高代码的可扩展性和可维护性,继承是多态的基础,没有继承就没有多态。

➢ 把子类转换为父类,称为向上转型,自动进行类型转换,把父类转换为子类,称为向下转型,必须进行强制类型转换。

➢ 向上转型后通过父类引用变量调用的方法是子类覆盖或继承父类的方法,通过父类引用变量无法调用子类特有的方法。

➢ 向下转型后可以访问子类特有的方法,必须转换为父类指向的真实子类类型,否则将出现类型转换异常 ClassCastException。

➢ instanceof 运算符用于判断一个对象是否属于一个类或实现了一个接口。

➢ instanceof 运算符通常和强制类型转换结合使用,首先通过 instanceof 进行类型判断,然后进行相应的强制类型转换。

➢ 使用父类作为方法形参是使用多态的常用方式。

第 10 章 接　口

本章知识目标
- 掌握接口的基础知识
- 掌握接口表示"一种约定"的含义
- 掌握接口表示"一种能力"的含义

本章讲解 Java 中非常重要的内容——接口,接口和多态及抽象类有着非常密切的关系,首先讲解接口的基础知识,然后对接口进行深入讲解,并结合案例从"接口表示一种约定"和"接口表示一种能力"的角度理解接口的应用场合。

10.1 接口基础知识

在前面学习了抽象类的知识,如果抽象类中所有的方法都是抽象方法,就可以使用 Java 提供的接口来表示。从这个角度来讲,接口可以看做是一种特殊的"抽象类",但是采用与抽象类完全不同的语法来表示,两者的设计理念也是不同的。

下面通过生活中的 USB 接口及其实现的例子开始 Java 接口的学习。

USB 接口实际上是某些企业和组织定制的一种约定或标准,规定了接口的大小、形状,各种脚信号点评的范围和含义、通信速度、通信流程等。按照该约定设计的各种设备,例如 U 盘、USB 风扇、USB 键盘都是可以插到 USB 口上正常工作。

在现实生活中,相关工作是按照如下步骤进行的。

(1) 约定 USB 接口标准;
(2) 制作符合 USB 接口约定的各种具体设备;
(3) 把 USB 设备插到 USB 口上进行工作。

下面通过编写 Java 代码来模拟以上过程。首先定义 USB 接口,通过 service()方法提供服务,这时会用到 Java 中接口的定义语法,代码如例 10.1 所示。

【例 10.1】 USB 接口。

```
/**
 * USB 接口。
 */
public interface UsbInterface {
    /**
     * USB 接口提供服务。
     */
    void service();
}
```

定义 U 盘类,实现 USB 接口,进行数据传输,代码如例 10.2 所示。

【例 10.2】 U 盘。

```
/**
 * U 盘。
 */
public class UDisk implements UsbInterface {
    public void service() {
        System.out.println("连接 USB 口,开始传输数据。");
    }
}
```

定义 USB 风扇类,实现 USB 接口,获得电流让风扇转动,代码如例 10.3 所示。

【例 10.3】 USB 风扇。

```java
/**
 * USB 风扇。
 */
public class UsbFan implements UsbInterface {
    public void service() {
        System.out.println("连接 USB 口,获得电流,风扇开始转动。");
    }
}
```

编写测试类,实现 U 盘传输数据,实现 USB 风扇转动,代码如例 10.4 所示。

【例 10.4】 测试类。

```java
/**
 * 测试类。
 * @param args
 */
public class Test {
    public static void main(String[] args) {

        // 1.U 盘
        UsbInterface uDisk = new UDisk();
        uDisk.service();

        // 2.USB 风扇
        UsbInterface usbFan = new UsbFan();
        usbFan.service();
    }
}
```

```
Problems  Tasks  Web Browser  Console
<terminated> Test (11) [Java Application] C:\Users\Administrat
连接USB口,开始传输数据。
连接USB口,获得电流,风扇开始转动。
```

图 10-1　USB 接口的运行结果

通过该案例学习了 Java 中接口的定义语法和类实现接口的语法。
语法：

[修饰符]interface 接口名 extends 父接口 1, 父接口 2……{
　　常量定义
　　方法定义
}

语法:
　　class 类名 extends 父类名 implements 接口1,接口2……{
　　　　类的内容
　　}

说明如下:
- 接口和类:抽象类是一个层次的概念,命名规则相同。如果修饰符是 public,则该接口在整个项目中可见,如果省略修饰符,则该接口只在当前包可见;
- 接口中可以定义常量,不能定义变量。接口中属性都会自动用 public static final 修饰,即接口中属性都是全局静态变量。接口中的常量必须在定义时指定初始值;

public static final int PI=3.14;
int PI=3.14;// 在接口中,这两个定义语句效果完全相同
int PI;// 错误! 在接口中必须指定初始值,在类中会有默认值

- 接口中所有方法都是抽象方法,接口中方法都会自动用 public abstract 修饰,即接口中只有全局抽象方法;
- 和抽象类一样,接口同样不能实例化,接口中不能有构造方法;
- 接口之间可以通过 extends 实现继承关系,一个接口可以继承多个接口,但接口不能继承类;
- 一个类只能有一个直接父类,但可以通过 implements 实现多个接口。类必须实现接口的全部方法,否则必须定义为抽象类。类在继承父类的同时又实现了多个接口时,extends 必须位于 implements 之前。

10.2　接口表示一种约定

　　要实现打印机打印功能。打印机的墨盒可能是彩色的,也可能是黑白的,所用的纸张可以是多种类型,例如 A4、B5 等,并且墨盒和纸张都不是打印机厂商提供的,打印机厂商如何避免自己的打印机与市场上的墨盒、纸张不符呢?

〔分析〕　有效解决问题的途径是定制墨盒、纸张的约定和标准,然后打印机厂商按照约定对墨盒、纸张提供支持,不管最后使用的哪个厂商的墨盒和纸张,只要符合统一的约定,打印机都可以使用。Java 中的接口就表示这样一种约定。

通过 Java 实现打印机打印的具体步骤如下:
(1)定义墨盒接口 InkBox,约定墨盒的标准;
(2)定义纸张接口 Paper,约定纸张的标准;
(3)定义打印机类,引用墨盒接口、纸张接口实现打印功能;
(4)墨盒厂商按照 InkBox 接口实现 ColorInkBox 类和 GrayInkBox 类;
(5)纸张厂商按照 Paper 接口实现 A4Paper 类和 B5Paper 类;

(6)"组装"打印机,让打印机通过不同墨盒和纸张实现打印。

定义墨盒接口 InkBox,约定墨盒的标准,代码如例 10.5 所示。

【例 10.5】 墨盒接口。

```java
/**
 * 墨盒接口。
 */
public interface InkBox {

    /**
     * 得到墨盒颜色
     * @return 墨盒颜色
     */
    public String getColor();
}
```

定义纸张接口 Paper,约定纸张的标准,代码如例 10.6 所示。

【例 10.6】 纸张接口。

```java
/**
 * 纸张接口。
 */
public interface Paper {

    /**
     * 得到纸张大小
     * @return 纸张大小
     */
    public String getSize();
}
```

定义打印机类,引用墨盒接口、纸张接口实现打印功能,代码如例 10.7 所示。

【例 10.7】 打印机类。

```java
/**
 * 打印机类。
 */
public class Printer {

    /**
     * 使用墨盒在纸张上打印
     * @param inkBox 打印使用的墨盒
     * @param paper 打印使用的纸张
     */
    public void print(InkBox inkBox,Paper paper){
```

```
            System.out.println("使用" + inkBox.getColor() + "墨盒在" + paper.getSize() + "纸
            张上打印。");
    }
}
```

墨盒厂商按照 InkBox 接口实现 ColorInkBox 类和 GrayInkBox 类，代码如例 10.8 所示。

【例 10.8】 彩色墨盒。

```
/**
 * 彩色墨盒。
 */
public class ColorInkBox implements InkBox {
    public String getColor() {
        return "彩色";
    }
}


/**
 * 黑白墨盒。
 */
public class GrayInkBox implements InkBox {

    /*(non-Javadoc)
     * @see cn.jbit.printer.printerfactory.InkBox#getColor()
     */
    public String getColor() {
        return "黑白";
    }
}
```

纸张厂商按照 Paper 接口实现 A4Paper 类和 B5Paper 类，代码如例 10.9 所示。

【例 10.9】 A4 纸张类。

```
/**
 * A4 纸类。
 */
public class A4Paper implements Paper {

    public String getSize() {
        return "A4";
    }

}
```

```
/**
 * B5 纸类。
 */
public class B5Paper implements Paper {

    public String getSize() {
        return "B5";
    }

}
```

"组装"打印机,让打印机通过不同墨盒和纸张实现打印,代码如例 10.10 所示。

【例 10.10】 测试打印机类。

```
/**
 * 测试类
 */
public class Test {

    public static void main(String[] args) {
        //1.定义打印机
        InkBox inkBox = null;
        Paper paper = null;
        Printer printer = new Printer();

        //2.1.使用黑白墨盒在 A4 纸上打印
        inkBox = new GrayInkBox();
        paper = new A4Paper();
        printer.print(inkBox, paper);

        //2.2.使用彩色墨盒在 B5 纸上打印
        inkBox = new ColorInkBox();
        paper = new B5Paper();
        printer.print(inkBox, paper);
    }

}
```

运行结果如图 10-2 所示。

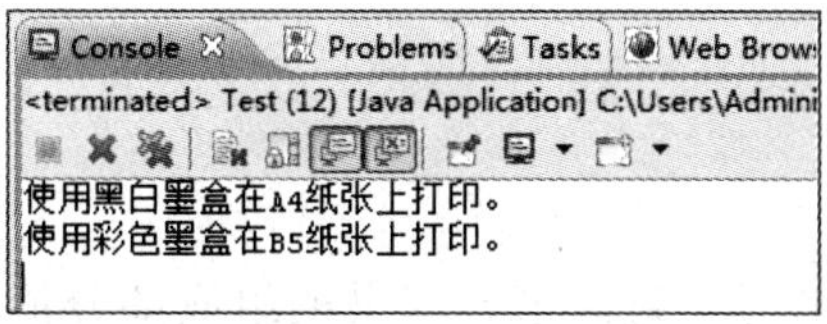

图 10-2 打印机运行结果

通过以上案例深刻理解到接口表示一种约定,其实生活中这样的例子还有很多,例如两相电源插座中接头的形状,两个接头间的举例和两个接头的电压都遵循统一的约定。主板上的 PCI 插槽也遵循了 PCI 接口约定,遵守同样约定制作的显卡、声卡、网卡也可以插到任何一个 PCI 插槽上。

在面向对象编程中提倡面向接口编程,而不是面向实现编程。

如果打印机厂商只是面向某一家或几家厂商的墨盒产品规格生产打印机,而没有一个统一的约定,就无法使用更多厂商的墨盒,如果这些墨盒厂商倒闭了,那些打印机就无用武之地了。为什么会出现这种情况?就是因为彼此依赖性太强了,或者说耦合性太强了,而如果按照统一的约定生产打印机和墨盒,就不存在这个问题。

针对本案例,在示例 10.7 中就体现了面向接口编程的思想。Printer 类的 print()方法的两个参数使用了接口 InkBox 和 Paper 接口,就可以接受所有实现这两个接口的类的对象,即使是新推出的墨盒类型,只要遵守该接口,就能够接受。如果采用面向实现编程,两个参数类型使用 GrayInkBox 和 B5Paper,限制了打印机的适用范围,无法对新推出的 ColorInkBox 提供支持。

接口体现了约定和实现相分离的原则。通过面向接口编程,可以降低代码间的耦合性,提高代码的可扩展性和可维护性。面向接口编程就意味着:开发系统时,主体构架使用接口,接口构成系统的骨架,这样就可以通过更换实现接口的类来实现更换系统。

面向接口变成可以实现接口和实现的分离,这样做的最大好处就是能够在客户端未知的情况下修改实现代码。那么什么时候应该抽象出接口呢?一种是用在层和层直接的调用。层和层之间最忌讳耦合度过高或者是修改过于频繁。设计优秀的接口能够解决这个问题。另一种是用在那些不稳定的部分上。如果某些需求的变化性很大,那么定义接口也是一种解决之道。设计良好的接口就像是日常使用的万用插座一样,不论插头如何变化,都可以使用。

最后强调一点,良好的接口定义一定是来自于需求的,它绝对不是程序员绞尽脑汁想出来的。

上机练习1:采用面向接口编程思想写一封家书。

↳训练要点

- 接口的基础知识;
- 接口表示一种约定。

↳需求说明

采用面向接口编程思想书写一封家书。家书的组成部分依次是称谓、问候、内容、祝福和落款。这是固定不变的。但每部分的具体内容却不尽相同。要求采用接口定义家书的组成。采用实现类书写出具体的家书,运行结果如图 10-3 所示。

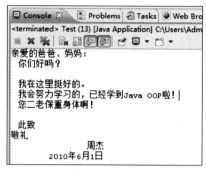

图 10-3 一封家书运行结果

↳ 实现思路及关键代码

(1)定义家书接口 HomeLetter;

(2)编写家书类 HomeLetterImpl,实现家书接口;

(3)编写测试类 Test,写出家书。

注意编写注释。

↳ 参考解决方案

家书接口 HomeLetter.java 的代码如下:

```
/**
 * 家书接口。
 */
public interface HomeLetter {

    /**
     * 书写称谓。
     */
    public void writeTitle();
    /**
     * 书写问候。
     */
    public void writeHello();
    /**
     * 书写内容。
     */
    public void writeBody();
    /**
     * 书写祝福。
     */
    public void writeGreeting();
    /**
     * 书写落款。
     */
```

```java
    public void writeSelf();
}
```

家书写手类 HomeLetterWriter.java 的代码如下:

```java
/**
 * 家书写手。
 */
public class HomeLetterWriter {
    /**
     * 按照约定格式书写家书。
     */
    public static void write(HomeLetter letter){
        letter.writeTitle();
        letter.writeHello();
        letter.writeBody();
        letter.writeGreeting();
        letter.writeSelf();
    }
}
```

测试类 Test.java 的代码如下:

```java
/**
 * 测试类。
 */
public class Test {

    public static void main(String[] args) {
        //1.创建家书对象
        HomeLetter letter = new HomeLetterImpl();
        //2.书写家书
        HomeLetterWriter.write(letter);
    }
}
```

10.3 接口表示一种能力

问题

作为一名合格的软件工程师,不仅要具备熟练的编码能力,还要懂得业务,具备和客户、同事良好的交流业务的能力。在单位招聘中,招聘软件工程师,就是要招聘具备这些能力的人。只要符合招聘要求,胜任工作,就有机会被录用,而不是具体针对某些人而招聘。在 Java 编程中,如何描述和实现这样一个问题呢?

〔分析〕 项目经理和部门经理同样要经精通业务，初级程序员、高级程序员等也具备编写代码的能力，两种能力并非软件工程师独有，为了降低代码间的耦合性，提高代码的可扩展性和可维护性，可以考虑把这两种能力提取出来作为接口存在，让具备这些能力的类来实现这些接口，具体步骤如下：

(1) 定义 Programmer 接口，具备编码能力；
(2) 定义 BizAgent 接口，具备讲解业务能力；
(3) 定义 SoftEngineer 类，同时实现 Programmer 和 BizAgent 接口；
(4) 编写测试类，让软件工程师写代码，讲业务。

还可以进行优化，把 Programmer 接口和 BizAgent 接口中的重复方法定义提取出来，放到 Person 接口中，成为这两个接口的父接口。

定义 Person 接口，可以返回自己的姓名，代码如例 10.11 所示。

【例 10.11】 人的接口。

```java
/**
 * 人的接口。
 */
public interface Person {
    /**
     * 返回人的姓名。
     * @return 姓名
     */
    public String getName();
}
```

定义 Programmer 接口，继承 Person 接口，具备编码的能力，代码如例 10.12 所示。

【例 10.12】 编码人员接口。

```java
/**
 * 编码人员接口。
 */
public interface Programmer extends Person {

    /**
     * 写程序代码。
     */
    public void writeProgram();
}
```

定义 BizAgent 接口，继承 Person 接口，具备讲解业务的能力，代码如例 10.13 所示。

【例 10.13】 业务人员接口。

```java
/**
 * 业务人员接口。
 */
public interface BizAgent extends Person {
```

```java
/**
 * 讲解业务。
 */
public void giveBizSpeech();
}
```

定义 SoftEngineer 类,同时实现 Programmer 和 BizAgent 接口,代码如例 10.14 所示。

【例 10.14】 软件工程师。

```java
/**
 * 软件工程师。
 */
public class SoftEngineer implements Programmer, BizAgent {

    private String name;                    //软件工程师姓名

    public SoftEngineer(String name) {
        this.name = name;
    }
    public String getName() {
        return name;
    }
    public void giveBizSpeech() {
        System.out.println("我会讲业务。");
    }
    public void writeProgram() {
        System.out.println("我会写代码。");
    }
}
```

编写测试类,让软件工程师编写代码,讲解业务,代码如例 10.15 所示。

【例 10.15】 测试类。

```java
/**
 * 测试类。
 */
public class Test {
    public static void main(String[] args) {

        //1.创建软件工程师对象
        SoftEngineer xiaoMing = new SoftEngineer("小明");
        System.out.println("我是一名软件工程师,我的名字叫" + xiaoMing.getName() + "。");

        //2.软件工程师进行代码编写
        xiaoMing.writeProgram();
```

```
//3.软件工程师进行业务讲解
        xiaoMing.giveBizSpeech();
    }
}
```
程序的运行结果如图 10-4 所示：

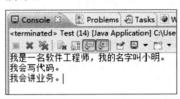

图 10-4　示例 10.15 的运行结果

通过以上案例深刻理解到接口表示一种能力，一个类实现了某个接口，就表示这个类具备了某种能力。其实生活中很多这样的例子，例如钳工、木匠并不是指某个人，而是代表一种能力，招聘钳工、木匠就是招聘具备该能力的人。类似生活中一个人可以具有多项能力，一个类可以实现多个接口。

在 Java API 中，可以发现很多接口名都是以 "able" 为后缀的，就是表示"可以做……"，例如 Serializable、Comparable、Iterable 等。

下面对示例 10.15 进行修改，其中设计多态技能。代码如例 10.16 所示，运行结果与示例 10.15 相同，结合多态仔细体会和理解。

【例 10.16】
```
/**
 * 测试类。
 */
public class Test {
    public static void main(String[] args) {

        Programmer programmer = new SoftEngineer("小明");
        System.out.println("我是一名软件工程师,我的名字叫" + programmer.getName() + "。");
        programmer.writeProgram();
        //coder.giveBizSpeech();
        BizAgent bizAgent = (BizAgent)programmer;
        bizAgent.giveBizSpeech();


    }
}
```

上机练习 2：软件工程师编写代码、讲解业务。

✦ 训练要点
- 接口的基础知识；
- 接口表示一种能力。

✎ 需求说明

软件工程师不仅要具备编码能力,还要能讲解业务,采用接口技术正确表示该业务关系,实现代码之间的松耦合,提高代码的可扩展性和可维护性。

实现思路及关键代码:

(1)定义 Person 接口,可以返回自己的姓名;
(2)定义 Programmer 接口,继承 Person 接口,具备编码能力;
(3)定义 BizAgent 接口,继承 Person 接口,具备讲解业务能力;
(4)定义 SoftEngineer 类,同时实现 Programmer 和 BizAgent 接口;
(5)编写测试类,让软件工程师编写代码,讲解业务。

注意编写注释。

10.4 贯穿项目练习

阶段 1:定义接口 UserDao、TopicDao。

✎ 训练要点

定义接口。

✎ 需求说明

(1)定义接口:UserDao、TopicDao。
(2)声明接口的方法。
UserDao:查找用户、增加用户、修改用户。
TopicDao:查找主体、增加主体、修改主体、删除主体。

✎ 实现思路及关键代码

(1)定义接口:TopicDao。
(2)声明 UserDao 接口的方法。

查找主题:public Topic findTopic(int topicId);
增加主题:public void addTopic(Topic topic);
删除主题:public void deleteTopic(int topicId);
修改主题:public void updateTopic(Topic topic);

✎ 参考解决方案

UserDao 接口

```
public interface UserDao {
    public User findUser(String uName);      //根据用户名查找论坛用户
    public int addUser(User user);           //增加论坛用户,返回增加个数
    public int updateUser(User user);        //修改论坛用户的信息,返回修改个数
}
```

阶段 2:定义接口 BoardDao。

✎ 需求说明

(1)定义接口 BoardDao。

(2)声明 BoardDao 接口的方法:增加论坛板块。
    public int addBoard(Board board);　　　　//增加一个论坛板块

(3)定义接口 ReplyDao。

(4)声明 ReplyDao 接口的方法:增加回复信息、删除回复信息、修改回复信息。
    public int addReply(Reply reply);　　　　//增加回复信息,返回增加个数
    public int deleteReply(int replyId);　　　　//根据回复 id 删除回复,返回删除个数
    public int updateReply(Reply reply);　　　　//修改回复信息,返回修改个数

阶段 3:实现 UserDao 接口。

✿ 训练要点

实现接口、多态。

✿ 需求说明

实现 UserDao 接口,使用接口和实现类。

✿ 实现思路及关键代码

(1)定义 UserDao 接口的实现类 UserDaoImpl。

(2)实现 UserDao 接口所有的方法。

(3)在测试类中使用 UserDao 接口和其实现类。

✿ 参考解决方案

【UserDaoImpl 类】

```java
public class UserDaoImpl implements UserDao {
    private User[] users = new User[10];
    /**
     *增加用户
     */
    public int addUser(User user) {
        for(int i = 0;i<10;i++){
            if(users[i] ==null){
                users[i] = user;
                users[i].setUId(i);
                return 1;
            }
        }
        return 0;
    }

    /**
     *查找用户
     */
    public User findUser(String uName) {
        for(int i = 0;i<10;i++){
            if(users[i] != null && users[i].getUName().equals(uName)){
```

```java
                return users[i];
            }
        }
        return null;
    }

    /**
     * 更新用户,用户 id 不可以更改
     */
    public int updateUser(User user) {
        for(int i = 0;i<10;i++){
            if(users[i] != null && users[i].getUName().equals(user.getUName())){
                users[i] = user;
                return 1;
            }
        }
        return 0;
    }
}
```

【测试类】

```java
public class UserDaoTest {
    public static void main(String[] args) {
        UserDao userDao = new UserDaoImpl();          //用接口引用实现类的对象

        User user1 = new User();                      //产生了一个用户
        user1.setUName("spiderman");                  //设置用户名
        user1.setUPass("spiderman");                  //设置用户密码
        userDao.addUser(user1);                       //保存用户 1 信息

        User user2 = new User();                      //又产生了一个用户
        user2.setUName("superman");                   //设置用户名
        user2.setUPass("1");                          //设置用户密码
        userDao.addUser(user2);                       //保存用户 2 信息
        //查找并输出用户 spiderman 的信息
        userDao.findUser("spiderman").getUserInfo();
        //查找并输出用户 superman 的信息
        userDao.findUser("superman").getUserInfo();
    }
}
```

运行结果如图 10-5 所示。

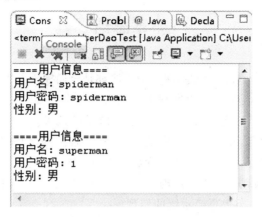

图 10-5　UserDaoTest 运行效果

阶段 4：使用接口常量。

✎需求说明

（1）为 User 类添加表示性别的属性：int gender，用 1 表示女，用 2 表示男。
（2）添加对应的 setter/getter 方法，修改 getUserInfo()方法，增加性别的输出。
（3）为 UserDao 接口添加性别常量。
（4）在测试类中使用该常量。

> **提 示**
>
> （1）常量的前缀是：public static final。
> （2）常量可以使用接口名直接调用：接口名.常量名。

运行结果如图 10-6 所示。

图 10-6　测试运行效果

本章总结

➢ 接口中属性都是全局静态变量,接口中方法都是全局抽象方法,接口中没有构造方法。
➢ 类只能继承一个父类,但可以实现多个接口。一个类要实现接口的全部方法,否则必须定义为抽象类。Java通过实现接口达到了多重继承的效果。
➢ 接口表示一种约定,接口表示一种能力,接口体现了约定和实现相分离的原则。
➢ 通过面向接口编程,可以降低代码间的耦合性,提高代码的可扩展性和可维护性。
➢ 面向接口编程意味着:开发系统时,主要构架使用接口,接口构成系统的骨架,这样就可以通过更换实现接口的类来更换系统的实现。

第 11 章 异　常

本章知识目标
- 使用 try-catch-finally 处理异常
- 使用 throw、throws 抛出异常
- 掌握异常及其分类
- 使用 log4j 记录日志

本章讲解 Java 中的异常及异常处理机制。通过该机制使程序中的业务代码与异常处理代码分离，从而使代码更加优雅，使程序员更专心于业务代码的编写。本章首先学习什么是异常，然后学习使用 try-catch-finally 捕获异常，使用 throw、throws 抛出和声明异常。以及异常的分类。最后介绍目前流行的用于记录日志的开源框架——log4j，并使用 log4j 记录异常日志。

11.1 异常概述

11.1.1 生活中的异常

在生活中，异常（exception）情况随时都可能发生。

拿上下班来说：在正常情况下，小王每日开车去上班，耗时大约 30 分钟。但是由于车多、人多、路窄，异常情况很可能发生。有时候会遇上比较严重的堵车，偶尔还会很倒霉地与其他汽车发生碰撞。这种情况下，小王往往很晚才能到达单位。这种异常虽然偶尔才会发生，但是真若发生了也是件极其麻烦的事情。这就是生活中的异常。

接下来，看看程序运行过程中会不会发生异常。

11.1.2 程序中的异常

下例中给出一段代码，这段代码要完成的任务是：根据提示输入被除数和除数，计算并输出商，最后输出"感谢使用本程序！"的信息。

【例 11.1】

```java
import java.util.Scanner;

/**
 * 演示程序中的异常。
 */
public class Test1 {
    public static void main(String[] args) {
        Scanner in = new Scanner(System.in);
        System.out.print("请输入被除数:");
        int num1 = in.nextInt();
        System.out.print("请输入除数:");
        int num2 = in.nextInt();
        System.out.println(String.format("%d/%d = %d", num1, num2, num1/num2));
        System.out.println("感谢使用本程序！");
    }
}
```

在正常情况下,用户会按照系统的提示输入整数,除数不输入 0,运行效果如图 11-1 所示。

图 11-1　正常情况下得运行效果图

但是,如果用户没有按要求输入,例如被除数输入了字母,则程序运行时将会发生异常,运行效果如图 11-2 所示。

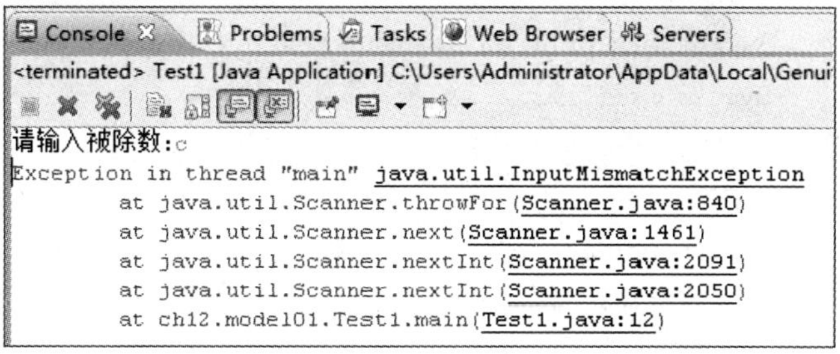

图 11-2　被除数非整数情况下运行效果图

或者除数输入"0",则程序运行时也将发生异常,运行效果如图 11-3 所示。

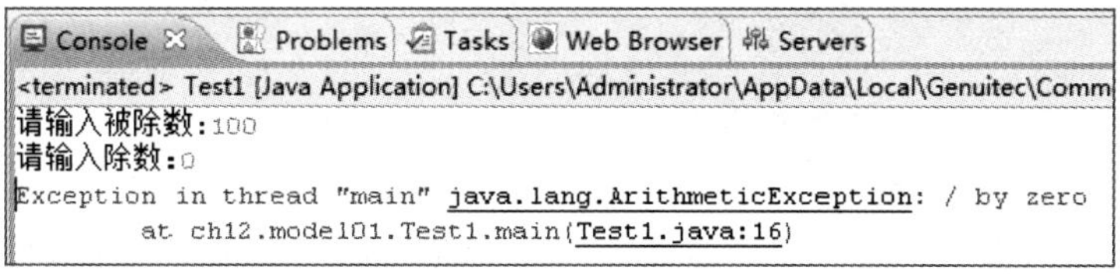

图 11-3　除数为 0 情况下的运行效果图

从结果中可以看出,一旦出现异常,程序将会立刻结束。不仅计算和输出商的语句不被执行,而且输出"感谢使用本程序!"的语句也不执行。应该如何解决这些异常呢?可以尝试通过增加 if-else 语句来对各种异常情况进行判断处理。这是之前学习过的知识。代码如例 11.2 所示。

【例 11.2】　通过 if-else 来解决异常问题。

```
import java.util.Scanner;
/**
* 尝试通过if-else来解决异常问题。
*/
public class Test2 {
    public static void main(String[] args) {
        Scanner in = new Scanner(System.in);
        System.out.print("请输入被除数:");
        int num1 = 0;
```

```java
        if (in.hasNextInt()) {              //如果输入的被除数是整数
            num1 = in.nextInt();
        } else {//如果输入的被除数不是整数
            System.err.println("输入的被除数不是整数,程序退出。");
            System.exit(1);                  //结束程序执行
        }
        System.out.print("请输入除数:");
        int num2 = 0;
        if (in.hasNextInt()) {              //如果输入的除数是整数
            num2 = in.nextInt();
            if (0 ==num2) {                 //如果输入的除数是0
                System.err.println("输入的除数是0,程序退出。");
                System.exit(1);
            }
        } else {                            //如果输入的除数不是整数
            System.err.println("输入的除数不是整数,程序退出。");
            System.exit(1);
        }
        System.out.println(String.format("%d/%d = %d", num1, num2, num1/num2));
        System.out.println("感谢使用本程序!");
    }
}
```

通过if-else语句进行异常处理的机制,主要有以下缺点:
- 代码臃肿,加入了大量的异常情况判断和处理代码;
- 程序员把相当多精力放在了异常处理代码上,放在了"堵漏洞"上,减少了编写业务代码的时间,必然影响开发效率;
- 很难穷举所有的异常情况,程序仍旧不健壮;
- 异常处理代码和业务代码交织在一起,影响代码的可读性,加大日后程序的维护难度。

如果"堵漏洞"的工作能由 Java 系统来提供,用户只关注于业务代码的编写,对于异常只需调用 Java 提供的相应异常处理程序就好了,Java 可以实现这样的效果。

11.1.3 什么是异常

前面的案例展示了程序的异常,那么究竟什么是异常?面对异常时,该如何有效处理呢?异常就是在程序的运行过程中所发生的不正常的事件。比如所需文件找不到,网络连接不同或者中断,算术运算出错(如被零除),数组下标越界,装载了一个不存在的类,对 null 对象操作,类型转换异常等。异常会中断正在运行的程序。

在生活中,小王会这样处理上下班过程中遇到的异常:如果发生堵车,小王会根据情况绕行或者等待;如果发生撞车事故,小王会及时打电话通知交警,请求交警协助解决。然后继续赶路。也就是说,小王会根据不同的异常进行相应的处理,而不会因为发生了异常,就手足无措,中断了正常的上下班。

在生活中,发生异常后,知道如何去处理异常。那么在 Java 程序中,又是如何进行异常处理的呢? 在排除了通过 if-else 语句进行异常处理的机制后,下面就来学习 Java 中的异常处理。

11.2 异常处理

11.2.1 什么是异常处理

异常处理机制就像对平时可能会遇到的意外情况,预先想好了一些处理的办法。也就是说,在程序执行代码的时候,万一发生了异常,程序会按照预定的处理办法对异常进行处理,异常处理完毕之后,程序继续运行。

Java 的异常处理是通过五个关键字来实现的:try、catch、finally、throw 和 throws,下面将依次学习。

11.2.2 try-catch 块

对于例 11.1 采用 Java 的异常处理机制进行处理,把可能出现异常的代码放入 try 语句块中,并使用 catch 语句块捕获异常,代码如例 11.3 所示。

【例 11.3】 使用 try-catch 进行异常处理。

```java
import java.util.Scanner;

/**
 * 使用 try-catch 进行异常处理。
 */
public class Test3 {

    public static void main(String[] args) {
        try {
            Scanner in = new Scanner(System.in);
            System.out.print("请输入被除数:");
            int num1 = in.nextInt();
            System.out.print("请输入除数:");
            int num2 = in.nextInt();
            System.out.println(String.format("%d/%d = %d",num1, num2, num1/num2));
            System.out.println("感谢使用本程序!");
        } catch (Exception e) {
            System.err.println("出现错误:被除数和除数必须是整数,"+"除数不能为零。");
            e.printStackTrace();
        }
    }
}
```

try-catch 程序块的执行流程比较简单,首先执行的是 try 语句块中的语句,这时可能会有以下三种情况:

• 如果 try 块中所有语句正常执行完毕,不会发生异常,那么 catch 块中的所有语句都将会被忽略。当在控制台输入两个整数时,例 11.3 中的 try 语句块中的代码将正常执行,不会执行 catch 语句块中的代码,运行效果如图 11-4 所示。

图 11-4　正常情况下的运行效果图

• 如果 try 语句块在执行过程中碰到异常,并且这个异常与 catch 中声明的异常类型相匹配,那么在 try 块中其余剩下的代码都将被忽略。而相应的 catch 块将会被执行。匹配是指 catch 所处理的异常类型与所生成的异常类型完全一致或是它的父类。当在控制台提示输入被除数时输入了字母,例 11.3 中 try 语句块中的代码"int num1＝in.nextInt();"将抛出 InputMismatchException 异常。由于 InputMismatchException 是 Exception 的子类,程序将忽略 try 块中其余剩下的代码而去执行 catch 语句块。运行效果如图 11-5 所示。

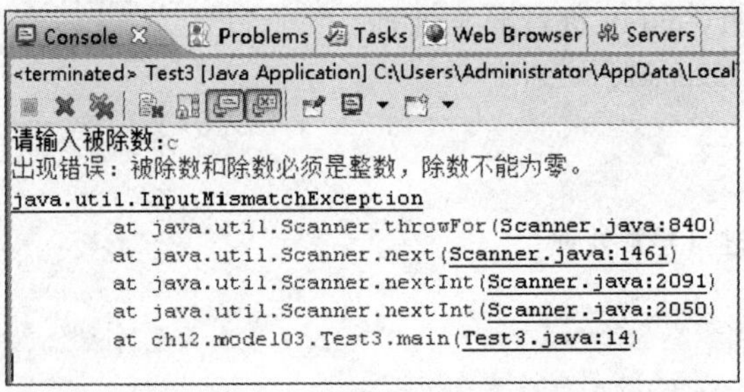

图 11-5　抛出异常情况下的输出结果(一)

如果输入的除数是 0,运行效果如图 11-6 所示。

图 11-6　抛出异常情况下得输出结果(二)

• 如果 try 语句块在执行过程中碰到异常,而抛出的异常在 catch 块里面没有被声明,那么程序立刻退出。

如例 11.3 所示,在 catch 块中可以加入用户自定义处理信息,也可以调用异常对象的方法输出异常信息,常用的方法主要有以下两种:

• void printStack Trace():输出异常的堆栈信息。堆栈信息包括程序运行到当前类的执行流程,它将打印从方法调用处到异常抛出处的方法调用序列。如图 11-5 所示,该例中 java.util.Scanner 类中的 throwFor()方法是异常抛出处,而 Test3 类中的 main 方法在最外层的方法调用处。

* String.getMessage():返回异常信息描述字符串,该字符串描述异常产生的原因,是 printStackTrace()输出信息的一部分。

如果 try 语句块在执行过程中碰到异常,那么在 try 块中其余剩下的代码都将被忽略,系统会自动生成相应的异常对象,包括异常的类型、异常出现时程序的运行状态以及对该异常的详细描述。如果这个异常对象与 catch 中声明的异常类型相匹配,会把该异常对象赋给 catch 后面的异常参数,相应的 catch 块将会被执行。

表 11-1 列出了一些常见的异常及它们的用途。现在只需初步了解这些异常即可。在以后的编程中,要多注意系统报告的异常信息。根据异常类型来判断程序到底出了什么问题。

表 11-1 常见的异常类型

异常	说明
Exception	异常层次结构的根类
ArithmeticException	算术错误,如以零作除数
ArrayIndexOutOfBoundsException	数组下标越界
NullPointerException	尝试访问 null 对象成员
ClassNotFoundException	不能加载所需的类
InputMismatchException	欲得到的数据类型与实际输入的类型不匹配
IllegalArgumentException	方法接收到非法参数
ClassCastException	对象强制类型转换出错
NumberFormatException	数字格式转换异常,如把"abc"转换为数字

11.2.3 try-catch-finally 块

如果希望例 11.3 中不管是否发生异常,都执行输出"感谢使用本程序!"的语句,该如何实现呢?

在 try-catch 语句块后面加入 finally 块,把该语句放入 finally 块。无论是否发生异常,finally 块中的代码总是能被运行,如例 11.4 所示。

【例 11.4】 使用 try-catch-finally 进行异常处理。

```
import java.util.Scanner;

/**
 * 使用 try-catch-finally 进行异常处理。
 */
```

```java
public class Test4 {
    public static void main(String[] args) {
        try {
            Scanner in = new Scanner(System.in);
            System.out.print("请输入被除数:");
            int num1 = in.nextInt();
            System.out.print("请输入除数:");
            int num2 = in.nextInt();
            System.out.println(String.format("%d/%d = %d",
                    num1, num2, num1/num2));
        } catch (Exception e) {
            System.err.println("出现错误:被除数和除数必须是整数,"+"除数不能为零。");
            System.out.println(e.getMessage());
        } finally {
            System.out.println("感谢使用本程序!");
        }
    }
}
```

try-catch-finally 程序块的执行流程大致分两种情况：

• 如果 try 块中所有语句正常执行完毕,那么 finally 块就会被执行。比如当在控制台输入两个数字时,例 11.4 中的 try 语句块中的代码将正常执行,不会执行 catch 语句块中的代码,但是 finally 块中的代码将被执行,运行效果如图 11-7 所示。

图 11-7 正常情况下的运行效果图

• 如果 try 语句块在执行过程中碰到异常,无论这种异常能否被 catch 捕获到,都将执行 finally 块中的代码。比如:当在控制台输入除数为 0 时,例 11.4 中的 try 语句块中将抛出异常,进入 catch 语句块,最后 finally 块中的代码也将被执行。运行效果如图 11-8 所示。

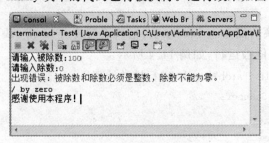

图 11-8 异常情况下的运行效果图

try-catch-finally 结构中 try 块是必需的，catch 和 finally 块为可选，但两者至少出现其中之一。

需要特别注意的是：即使在 try 块和 catch 块中存在 return 语句，finally 块中的语句也会执行。发生异常时的执行顺序是：执行 try 块或 catch 中 return 之前的语句，执行 finally 中语句，执行 try 块或 catch 中的 return 语句退出。

finally 块中语句不执行的唯一情况是：在异常处理代码中执行 System.exit(1)，将退出 Java 虚拟机。代码如例 11.5 所示。

【例 11.5】 测试 finally 的执行。

```java
import java.util.Scanner;
/**
 * 测试 finally 的执行。
 */
public class Test5 {
    public static void main(String[] args) {
        try {
            Scanner in = new Scanner(System.in);
            System.out.print("请输入被除数:");
            int num1 = in.nextInt();
            System.out.print("请输入除数:");
            int num2 = in.nextInt();
            System.out.println(String.format("%d/%d = %d", num1, num2, num1/num2));
            //return;//finally 语句块仍旧会执行
        } catch (Exception e) {
            System.err.println("出现错误:被除数和除数必须是整数," + "除数不能为零");
            System.exit(1);//finally 语句块不执行的唯一情况
            //return;//finally 语句块仍旧会执行
        } finally {
            System.out.println("感谢使用本程序!");
        }
    }
}
```

运行效果如图 11-9 所示。

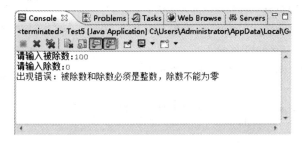

图 11-9 finally 中语句不执行的唯一情况

11.2.4 多重 catch 块

在上面计算并输出商的示例中,其实至少存在两种异常情况,输入非整数内容和除数为 0,在示例 11.3 中统一按照 Exception 类型捕获。其实完全可以分别捕获,就是使用多重 catch 块。

一段代码可能会引发多种类型的异常,这时,可以在一个 try 语句块后面跟多个 catch 语句块,分别处理不同的异常。但排列顺序必须是从子类到父类。最后一个一般都是 Exception 类。因为按照匹配原则,如果把父类异常放到前面,后面的 catch 块将得不到执行的机会。

运行时,系统从上到下分别对每个 catch 语句块处理的异常类型进行检测,并执行第一个与异常类型匹配的 catch 语句。执行其中的一条 catch 语句之后,其后的 catch 语句都将被忽略。

对示例 11.3 进行修改,代码如示例 11.6 所示。

【例 11.6】 多重 catch 块。

```java
package ch11.model06;

import java.util.Scanner;
import java.util.InputMismatchException;

/**
 * 多重 catch 块。
 */
public class Test6 {
    public static void main(String[] args) {
        try {
            Scanner in = new Scanner(System.in);
            System.out.print("请输入被除数:");
            int num1 = in.nextInt();
            System.out.print("请输入除数:");
            int num2 = in.nextInt();
            System.out.println(String.format("%d/%d = %d", num1, num2, num1/num2));
        } catch (InputMismatchException e) {
            System.err.println("被除数和除数必须是整数。");
        } catch (ArithmeticException e) {
            System.err.println("除数不能为零。");
        } catch (Exception e) {
            System.err.println("其他未知异常。");
        } finally {
            System.out.println("感谢使用本程序!");
        }
    }
}
```

程序运行后,如果输入的不是整数,系统会抛出 InputMismatchException 异常对象,因此进入第一个 catch 语句块,并执行其中的代码,而其他的 catch 块将被忽略。运行效果如图 11-10 所示。

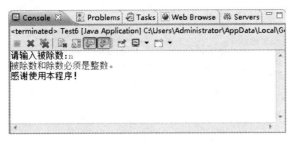

图 11-10　进入第一个 catch 语句块

如果系统提示输入被除数时,输入 200 系统会接着提示输入除数:输入 0,系统会抛出 ArithmeticException 异常对象,因此进入第二个 catch 语句块,并执行其中的代码,其他的 catch 块将被忽略。运行效果如图 11-11 所示。

图 11-11　进入第二个 catch 语句块

在使用多重 catch 块时,catch 块的排列顺序必须是从子类到父类,最后一个一般都是 Exception 类。下面的代码片断是错误的。

```
try{
    Scanner in = new Scanner(System.in);
    int totalTime = in.nextInt();
}catch(Exception e1){
    System.out.println("发生错误!");
}catch(InputMismatchException e2){
    System.out.println("必须输入数字!");
}
```

11.2.5　上机练习

练习1:根据输入的课程编号输出相应的课程名称。

❀ 训练要点
- 理解异常及异常处理机制。
- 使用 try-catch-finally 捕获和处理异常。

✤ 需求说明

按照控制台提示信息输入 1～3 之间的任一个数字,程序将根据输入的数字输出相应的课程名称,如图 11-12 所示。课程代码和课程名称的对应关系如下所示。

1:C♯编程;2:Java 编程;3:SQL 基础。

图 11-12 根据输入的数字输出课程名称

✤ 实现思路及关键代码

(1)控制台输出提示内容:"请输入课程代码(1～3 之间的一个数字)";

(2)接收键盘输入。

(3)根据键盘输入进行判断。如果输入正确,输出对应课程名称;如果输入错误,给出错误提示。

(4)不管输入是否正确。均输出"谢谢查询"语句。

注意编写注释。

11.2.6 声明异常——throws

如果在一个方法体中抛出了异常,那么就希望调用者能够及时地捕获异常。那么如何通知调用者呢? Java 语言中通过关键字 throws 声明某个方法可能抛出的各种异常。throws 可以同时声明多个异常,之间由逗号隔开。

在示例 11.7 中,把计算并输出商的任务封装在 divide()方法中,并在方法的参数列表后通过 throws 声明了异常,然后在 main 方法中调用该方法,此时 main 方法就知道 divide()方法中抛出了异常,可以采用两种方式进行处理。

• 通过 try-catch 捕获并处理异常。

• 通过 throws 继续声明异常。如果调用者不知道如何处理该异常,可以继续通过 throws 声明异常,让上一级调用者处理异常。main 方法声明的异常将由 Java 虚拟机来处理。

【例 11.7】

```
import java.util.Scanner;
/**
 * 使用 throws 抛出异常。
 */
public class Test7 {
    /**
     * 通过 try-catch 捕获并处理异常。
     * @param args
     */
```

```
public static void main(String[] args) {
    try {
        divide();
    } catch (Exception e) {
        System.err.println("出现错误:被除数和除数必须是整数," + "除数不能为零");
        e.printStackTrace();
    }
}

/**
 * 输入被除数和除数,计算商并输出。
 * @throws Exception
 */
public static void divide() throws Exception {
    Scanner in = new Scanner(System.in);
    System.out.print("请输入被除数:");
    int num1 = in.nextInt();
    System.out.print("请输入除数:");
    int num2 = in.nextInt();
    System.out.println(String.format("%d/%d = %d", num1, num2, num1/num2));
}
```

11.3 抛出异常

11.3.1 抛出异常——throw

前面介绍了很多关于捕获异常的知识,大家一定会问:既然可以捕获到各种类型的异常,那么这些异常是在什么地方抛出的呢?

〔分析〕 除了系统自动抛出异常外,在编程过程中,往往遇到这样的情形:有些问题是系统无法自动发现并解决的,比如年龄不在正常范围内、性别输入不是"男"或"女"等,此时需要程序员而不是系统来自行抛出异常,把问题提交给调用者去解决。

在Java语言中,可以使用throw关键字来自行抛出异常。在示例11.8的代码中抛出一个异常,抛出异常的原因在于:在当前环境无法解决参数问题,因此在方法内容通过throw抛出异常,把问题交给调用者去解决。在调用该方法的示例11.8中捕获并处理异常。

【例11.8】 使用throw在方法内抛出异常。

```
package ch11.model08;
```

```java
/**
 * 使用 throw 在方法内抛出异常。
 */
public class Person {
    private String name = "";//姓名
    private int age = 0;//年龄
    private String sex = "男";//性别
    /**
     * 设置性别。
     * @param sex 性别
     * @throws Exception
     */
    public void setSex(String sex) throws Exception {
        if ("男".equals(sex) || "女".equals(sex))
            this.sex = sex;
        else {
            throw new Exception("性别必须是"男"或者"女"!");
        }
    }
    /**
     * 打印基本信息。
     */
    public void print() {
        System.out.println(this.name + "(" + this.sex + "," + this.age + "岁)");
    }
}
```

【例 11.9】 捕获 throw 抛出的异常。

```java
package ch11.model09;

import ch11.model08.Person;
/**
 * 捕获 throw 抛出的异常。
 */
public class Test8 {
    public static void main(String[] args) {
        Person person = new Person();
        try {
            person.setSex("Male");
            person.print();
        } catch (Exception e) {
```

```
            e.printStackTrace();
        }
    }
}
```

运行效果如图 11-13 所示。

图 11-13 测试 throw 抛出异常

> **对 比**
>
> throw 和 throws 的区别表现在以下三个方面。
> - 作用不同：throw 用于程序员自行产生并抛出异常，throws 用于声明在该方法内抛出异常。
> - 使用的位置不同：throw 位于方法体内部，可以作为单独语句使用。throws 必须跟在方法参数列表的后面，不能单独使用。
> - 内容不同：throw 抛出一个异常对象，而且只能是一个。throws 后面跟异常类，而且可以跟多个异常类。

11.3.2 异常的分类

Java 的异常体系包括许多的异常类，他们之间存在继承关系。Java 的异常体系结构图如图 11-14 所示。

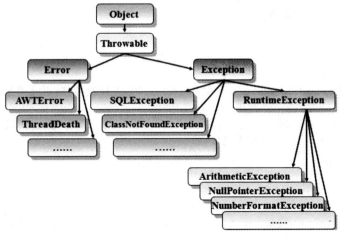

图 11-14 Java 的异常体系结构图

- Throwable 类：所有异常类型都是 Throwable 类的子类，它派生两个子类：Error 和 Exception。
- Error 类：表示仅靠程序本身无法恢复的严重错误。比如说内存溢出动态链接失败，虚拟机错误。应用程序不应该抛出这种类型的对象(一般是由虚拟机抛出)。假如出现这种错误，除了尽力使程序安全退出外，在其他方面是无能为力的。所以在进行程序设计时，应该更关注 Exception 类。
- Exception 类：由 Java 应用程序抛出和处理的非严重错误，比如所需文件找不到、网络连接不通或中断、算术运算出错、数组下表越界、装载了一个不存在的类、对 null 对象操作、类型转换异常等。它的各种不同的子类分别对应不同类型的异常。
- 运行时异常：包括 RuntimeException 及其所有子类。不要求程序必须对它们做出处理。例如在示例 11.6 中 ArithmeticException、InputMismatchException 异常，在程序中并没有使用 try-catch 或 throw 进行处理，仍旧可以进行编译和运行，如果运行时发生异常，会输出异常的堆栈信息并中止程序运行。
- Checked 异常(非运行时异常)：除了运行时异常外的其他由 Exception 继承来的异常类，程序必须捕获或者声明抛出这种异常，否则会出现编译错误，无法通过编译。处理方式包括两种：通过 try-catch 在当前位置捕获并处理异常；通过 throws 声明抛出异常交给上一级调用方法处理。

【例 11.10】 不处理 Checked 异常。

```
package ch11.model10;
import java.io.*;
/**
* 不处理 Checked 异常。
*/
public class Test9 {
    public static void main(String[] args) {
        FileInputStream fis = null;
        // 创建指定文件的流。
        fis = new FileInputStream(new File("java.txt"));
        // 创建指定文件的流。
        fis.close();
    }
}
```

运行效果如图 11-15 所示，由于没有对 Checked 异常进行处理，所以结果显示无法通过编译。

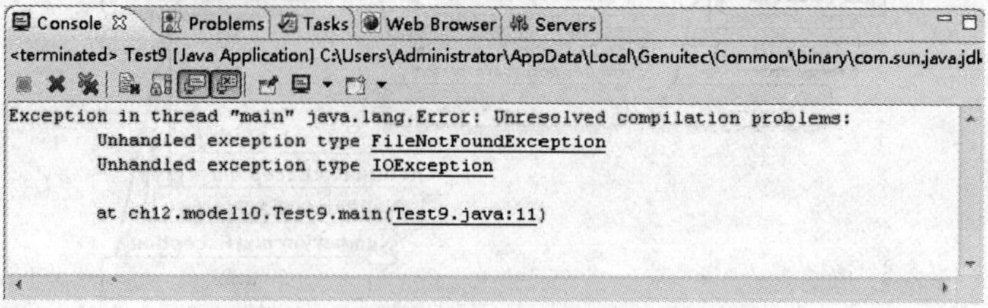

图 11-15　没有处理 Checked 异常的运行效果图

对例 11.10 中的 Checked 异常进行处理,可以正常通过编译,代码如例 11.11 所示。示例中的 FileNotFoundException、IOException 都是 Checked 异常。

【例 11.11】 处理 Checked 异常。

```
package ch11.model11;
import java.io.*;
/**
 * 处理 Checked 异常。
 */
public class Test10 {
    public static void main(String[] args) {
        FileInputStream fis = null;
        try {
            //创建指定文件的流。
            fis = new FileInputStream(new File("java.txt"));
        } catch (FileNotFoundException e) {
            System.err.println("无法找到指定文件!");
            e.printStackTrace();
        }
        try {
            //创建指定文件的流。
            fis.close();
        } catch (IOException e) {
            System.err.println("关闭指定文件输入流时出现异常!");
            e.printStackTrace();
        }
    }
}
```

11.3.3 上机练习

上机练习 2:使用 throw 抛出异常。

↪ 训练要点
- 使用 throw 抛出异常。
- 使用 throws 声明抛出异常。

↪ 需求说明

在例 11.8 的基础上,在 Person 类的 setAge(int age)方法中对年龄进行判断。如果年龄介于 1~100 之间直接赋值,否则抛出异常。然后在 TestException2 类中创建 Person 对象并调用 setAge(int age)方法,使用 try-catch 捕获并处理异常。如图 11-16 所示。

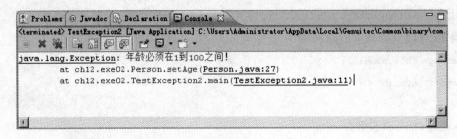

图 11-16　上机练习 2 的结果图

◆ 实现思路及管件代码

参考例 11.8 和例 11.9。

11.4　开源日志记录工具 log4j

　　在例 11.6 中,根据控制台提示输入被除数和除数,然后计算并输出商,不同的异常被正确地捕获,并在控制台上输出相应信息。有时,还希望以文件的形式记录这些异常信息,甚至记录程序正常运行的关键步骤信息,以便日后查看,这种情况该如何处理呢?

〔分析〕　显然,可以自行编程实现这一效果,但是从更注重效率和性能方面考虑,还有一个更好的选择,那就是使用流行的开源项目:log4j。

在 MyEclipse 中使用 log4j 的步骤比较简单,主要分为四个步骤。

(1)在项目中加入 log4j 所使用的 JAR 文件。

(2)创建 log4j.properties 文件。

(3)编写 log4j.properties 文件,配置日志信息。

(4)在程序中使用 log4j 记录日志信息。

在学习 log4j 的具体用法之前,先来了解一下什么是日志及其日志的分类、了解一下 log4j。

11.4.1　日志及分类

软件的运行过程离不开日志。日志主要用来记录系统运行过程中的一些重要的操作信息。便于监视系统运行情况,帮助用户提前发现和避免可能出现的问题,或者出现问题后根据日志找到发生的原因。

日志根据记录内容的不同,主要分为以下三类。

- SQL 日志:记录系统执行的 SQL 语句。
- 异常日志:记录系统运行中发生的异常事件。
- 业务日志:用于记录系统运行过程,例如用户登录、操作记录。

log4j 是一个非常优秀的日志(log)记录工具。通过使用 log4j,可以控制日志的输出级别,可以控制日志信息输出的目的地是控制台、文件等。还可以控制每一条日志的输出格式。

要使用 log4j,首先需要下载 log4j 的 JAR 包,log4j 是 Apache 的一个开源项目,官方网站是:http://logging.apache.org/log4j,这里使用 log4j 1.2.15 版本,下载地址是 http://logging.apache.org/log4j/1.2/download.html,下载其中的 zip 文件并压缩,里面包含的主要内容及在 zip 包内的路径如下。

- log4j 的 JAR 包:apache－log4j－1.2.15\log4j－1.2.14.jar。
- 使用手册(manual):apache－log4j－1.2.15\site\manual.html。
- JavaDoc(APIDocs):apache－log4j－1.2.15\site\apidocs\index.html。

11.4.2 如何使用 log4j 记录日志

下面就开始具体学习 log4j,使用 log4j 来记录日志。

(1)在项目中加入 log4j 所使用的 JAR 文件。

在 MyEclipse 中选中要使用 log4j 的项目,然后选择"项目"—"属性"—"Java 构建路径"—"库"—"添加外部 JAR"选项,弹出选择 JAR 的窗口,找到自己电脑上存放的文件:log4j－1.2.14.jar,如图 11-17 所示。确认后返回项目的属性窗口,单机"确定"按钮即可。

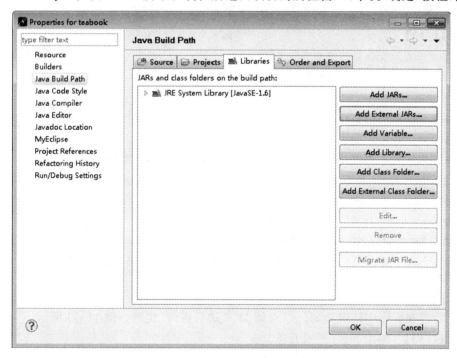

图 11-17　添加外部 JAR

(2)创建 log4j.properties 文件。

使用 log4j 需要创建 log4j.properties 文件,该文件专门用来配置日志信息,例如输出级别、输出目的地,输出格式等。

选择要使用 log4j 的项目,右键 src,选择"新建"—"文件"命令,弹出"新建文件"对话框,输入文件名 log4j.properties，点击"完成"按钮，结束创建。创建后结果如图 11-18 所示。

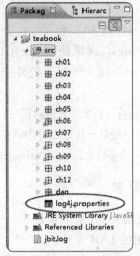

图 11-18 创建 log4j.properties 文件

(3) 编写 log4j.properties 文件，配置日志文件。

现在来编写这个文件，内容如例 11.12 所示。各配置项的具体含义会在后面详细讲解。根据配置，将在控制台和文件中同时记录日志信息，日志文件的名字是 jbit.log。

【例 11.12】

```
###设置Logger输出级别和输出目的地###
log4j.rootLogger = debug,stdout,logfile

###把日志信息输出到控制台###
log4j.appender.stdout = org.apache.log4j.ConsoleAppender
log4j.appender.stdout.Target = System.err
log4j.appender.stdout.layout = org.apache.log4j.SimpleLayout

###把日志信息输出到文件:jbit.log###
log4j.appender.logfile = org.apache.log4j.FileAppender
log4j.appender.logfile.File = jbit.log
log4j.appender.logfile.layout = org.apache.log4j.PatternLayout
log4j.appender.logfile.layout.ConversionPattern = %d{yyyy-MM-dd HH:mm:ss}
%l%F%p%m%n
```

(4) 在程序中使用 log4j 记录日志信息。

现在可以在程序中使用 log4j 了，对例 11.6 进行修改，代码如例 11.13 所示。

【例 11.13】 使用 log4j 记录日志。

```
import java.util.InputMismatchException;
import java.util.Scanner;
import org.apache.log4j.Logger;
/**
 * 使用log4j记录日志。
 */
public class Test11 {
```

```java
private static Logger logger = Logger.getLogger(Test11.class.getName());
public static void main(String[] args) {
    try {
        Scanner in = new Scanner(System.in);
        System.out.print("请输入被除数:");
        int num1 = in.nextInt();
        logger.debug("输入被除数:" + num1);
        System.out.print("请输入除数:");
        int num2 = in.nextInt();
        logger.debug("输入除数:" + num2);
        System.out.println(String.format("%d/%d = %d", num1, num2, num1/num2));
        logger.debug("输出运算结果:" + String.format("%d/%d = %d", num1, num2,
            num1/num2));
    } catch (InputMismatchException e) {
        logger.error("被除数和除数必须是整数", e);
    } catch (ArithmeticException e) {
        logger.error(e.getMessage());
    } catch (Exception e) {
        logger.error(e.getMessage());
    } finally {
        System.out.println("欢迎使用本程序!");
    }
}
```

首先创建一个私有静态的 Logger 对象，然后就可以通过它的 debug 或者 error 等方法输出日志信息了。控制台运行效果如图 11-19 和 11-20 所示。

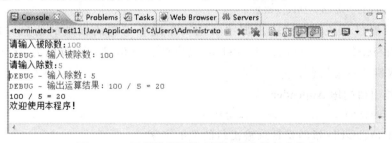

图 11-19　正常情况下输出到控制台的日志信息

图 11-20　异常情况下输出到控制台的日志信息

Logger 是用来代替 System.out 或者 System.err 的日志记录器,用来供程序员输出日志信息,它提供了一系列方法来输出不同级别的日志信息。

- public void debug(Object msg)
- public void debug(Object msg, Throwable t)
- public void info(Object msg)
- public void info(Object msg, Throwable t)
- public void warn(Object msg)
- public void warn(Object msg, Throwable t)
- public void error(Object msg)
- public void error(Object msg, Throwable t)
- public void fatal(Object msg)
- public void fatal(Object msg, Throwable t)

11.4.3 log4j 配置文件

例 11.12 是 log4j 的配置文件 log4j.properties。下面对其中的配置信息进行详细解释。

1. 输出级别

　　log4j.rootLogger = debug,stdout,logfile

其中 debug 指的是日志记录器(Logger)的输出级别,主要输出级别及含义如下:

- fatal:指出每个严重的错误事件将会导致应用程序的退出。
- error:指出虽然发生错误事件,但仍然不影响系统的继续运行。
- warn:表明会出现潜在错误的情形。
- info:在粗粒度级别上指明消息,强调应用程序的运行过程。
- debug:指出细粒度信息事件,对调试应用程序是非常有帮助的。

各个输出级别优先级为:

　　fatal>error>warn>info>debug

日志记录器(Logger)将只输出那些级别高于或等于它的级别的信息。例如级别为 debug,将输出 fatal、error、warn、info、debug 级别的日志信息。而级别为 error,将只输出 fatal、error 级别的日志信息。

2. 日志输出目的地 Appender

　　log4j.rootLogger = debug,stdout,logfile

其中 stdout、logfile 指的是日志输出目的地的名字。

log4j 允许记录日志到多个输出目的地,一个输出目的地被称作一个 Appender。log4j 中最常用的 Appender 有以下两种。

- ConsoleAppender:输出日志事件到控制台。通过 Target 属性配置输出到 System.out 或者 System.err,默认的目标是 System.out。
- FileAppender:输出日志事件到一个文件,通过 File 属性配置文件的路径及名称。

例 11.12 中共有两个 Appender,第一个命名为 stdout,使用了 ConsoleAppender,通过配置 Target 属性,把日志信息写到控制台 System.err;第二个 Appender 命名为 logfile,使用了 FileAppender,通过配置 File 属性,把日志信息写到指定的文件 jbit.log 中。

3. 日志布局类型 Layout

Appender 必须使用一个与之相关联的布局类型 Layout,用来指定它的输出样式。log4j 中最常用的 Layout 有以下三种:

- HTMLLayout:格式化日志输出为 HTML 表格。
- SimpleLayout:以一种非常简单的方式格式化日志输出,它打印级别 level,然后跟着一个破折号"——",最后是日志消息。
- PatterLayout:根据指定的转换模式格式化日志输出,从而支持丰富多样的输出格式。需要配置 layout.ConversionPattern 属性,如果没有配置该属性,则使用默认的转换模式。

例 11.12 中的第一个 Appender 是 stdout,使用了 SimpleLayout,第二个 Appender 是 logfile,使用了 Patterlayout,需要配置 layout.ConversionPattern 属性来自定义输出格式。

4. 转换模式 ConversionPattern

对于 PatternLayout,需要配置 layout.ConversionPattern 属性,常用的配置参数及含义如下:

- %d:用来设置输出日志的日期和事件,默认格式为 ISO8601。也可以在其后指定格式,比如%d{yyyy－MM－dd HH:mm:ss},输出格式类似于 2010－05－28 18:50:10。
- %m:用米输出一个回车换行符。
- %l:用来输出日志事件的发生位置,包括类名,发生的线程,以及在代码中的行数。例如:如果输出为 cn.jbit.log.Test1.main(Test11.java:21)说明日志事件发生在 cn.jbit. log 包下的 Test11 类的 main 线程中,在代码中的行数为第 21 行。
- %p:用来输出优先级,即 debug、info、warn、error、fatal 等。
- %F:用来输出文件名。
- %M:用来输出方法名。

11.4.4 上机练习

> **上机练习 3:使用 log4j 输出异常日志到控制台。**

↳ 训练要点

- 在程序中使用 log4j 记录日志。
- 编写 log4j.properties 文件。

↳ 需求说明

按照控制台提示输入被除数和除数。如果除数为 0,在控制台输出日志信息。包括完整的异常堆栈信息。

↳ 实现思路及管件代码

(1)编写 TestLog1 类,主要步骤如下:

按照控制台提示输入被除数,必须是整数;按照控制台提示输入除数,输入 0;在控制台输出异常日志信息,要求包括完整的异常堆栈信息;不管是否出现异常,均输出"感谢使用本程序!"语句。

(2)编写 log4j.properties 文件,实现如下配置。

日志级别为 debug;输出目的地名字为 stdout;布局类型为 PatternLayout,使用

ConversionPattern 配置输出格式,至少输出异常日期,完整的异常堆栈信息。

注意编写注释。

❧ **参考解决方案**

log4j.rootLogger = debug, stdout

log4j.appender.stdout = org.apache.log4j.ConsoleAppender

log4j.appender.stdout.Target = System.err

log4j.appender.stdout.layout = org.apache.log4j.PatternLayout

log4j.appender.stdout.layout.ConversionPattern = %d%l%m%n

❧ **上机练习 4:使用 log4j 记录日志到文件。**

❧ **训练要点**

- 在程序中使用 log4j 记录日志。
- 编写 log4j.properties 文件。

❧ **需求说明**

按照控制台提示输入被除数和除数。如果输入不为整数,记录 error 日志;如果除数为 0,记录 warn 日志;如果正常输入,记录 info 日志。

❧ **实现思路及关键代码**

(1)编写 TestLog2 类,主要步骤如下:

按照控制台提示输入被除数和除数;如果输入不为整数,记录 error 日志;如果除数为 0,记录 warn 日志;如果正常输入记录 info 日志。不管是否出现异常,均输出"感谢使用本程序!"语句。

(2)编写 log4j.properties 文件,实现如下配置:

日志级别为 info;输出目的地名字为 logfile,日志文件名为 jbit.log;布局类型为 PatterLayout,使用 ConversionPattern 配置输出格式。要求输出日志的日期和时间,日志优先级、原文件名和方法名。

注意编写注释。

11.5 贯穿项目练习

❧ **阶段 1:使用 try-catch 进行异常处理。**

❧ **训练要点**

异常、异常处理。

❧ **需求说明**

(1)使用 UserDaoImpl 类的方法查找用户,并用 User 类的 getUserInfo()方法输出用户信息。

(2)使用一个不存在的用户名查找用户,使用 try-catch 对抛出的异常进行处理。

❧ **实现思路及关键代码**

(1)在测试类中调用 UserDaoImpl 类的 addUser(User user)方法,添加用户,然后用 findUser(String uName)方法查找并输出用户信息。

(2)在测试类中调用 UserDaoImpl 类的 findUser(String uName)方法,使用不存在的用户名查找用户,并试图输出用户信息。

(3)对抛出的异常使用 try-catch 进行异常处理。

❧参考解决方案

```java
public class ExceptionTest1 {

    public static void main(String[] args) {
        UserDao userDao = new UserDaoImpl();            //用接口引用实现类的对象

        User user1 = new User();                        //产生了一个用户
        user1.setUName("spiderman");                    //设置用户名
        user1.setUPass("spiderman");                    //设置用户密码
        user1.setGender(UserDao.MALE);                  //设置性别
        userDao.addUser(user1);                         //保存用户1信息

        User user2 = new User();                        //又产生了一个用户
        user2.setUName("superman");                     //设置用户名
        user2.setUPass("superman");                     //设置用户密码
        user2.setGender(UserDao.MALE);                  //设置性别
        userDao.addUser(user2);                         //保存用户2信息

        try{
            //查找并输出用户 xman 的信息
            userDao.findUser("xman").getUserInfo();
        }catch(NullPointerException ex){
            System.out.println("出错了:" + ex.getMessage());
            ex.printStackTrace();
        }
        //查找并输出用户 spiderman 的信息
        userDao.findUser("spiderman").getUserInfo();
    }
}
```

运行结果如图 11-21 所示。

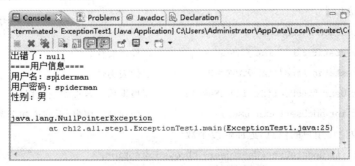

图 11-21　ExceptionTest1 运行效果

阶段 2：使用 try-catch-finally 进行异常处理。

✦ 需求说明

（1）对阶段 1 的异常使用 try-catch-finally 进行异常处理。

（2）在 finally 块输出是否抛出了异常。

运行结果如图 11-22 所示。

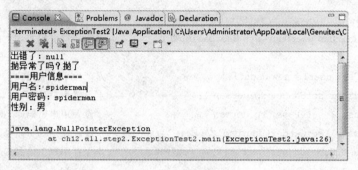

图 11-22 运行效果

阶段 3：使用 throw 和 throws。

✦ 训练要点

throw、throws。

✦ 需求说明

修改 UserDaoImpl 类的 updateUser(User user)方法，要求如果用户 id 被修改，则：

（1）不执行更新。

（2）抛出一个 Exception 异常。

（3）异常消息是"用户 id 不能修改"。

✦ 实现思路及关键代码

（1）修改 UserDao 类的 updateUser(User user)方法，声明抛出异常。

（2）修改 UserDaoImpl 类的 updateUser(User user)方法，加入判断语句，并抛出异常。

（3）在测试类中调用，并进行异常处理。

✦ 参考解决方案

【UserDao 接口】

```java
public interface UserDao {
    public static final int FEMALE = 1;      //代表女性
    public static final int MALE = 2;        //代表男性
    public User findUser(String uName);      //根据用户名查找论坛用户
    public int addUser(User user);           //增加论坛用户，返回增加个数
    //修改论坛用户的信息，返回修改个数
    public int updateUser(User user) throws Exception;
}
```

【UserDaoImpl 类】

```java
public class UserDaoImpl implements UserDao {
    private User[] users = new User[10];

    /**
     *增加用户
     */
    public int addUser(User user) {
        for(int i = 0;i<10;i ++ ){
            if(users[i] ==null){
                users[i] = user;
                users[i].setUId(i);
                return 1;
            }
        }
        return 0;
    }

    /**
     *查找用户
     */
    public User findUser(String uName) {
        for(int i = 0;i<10;i ++ ){
            if(users[i] != null && users[i].getUName().equals(uName)){
                return users[i];
            }
        }
        return null;
    }

    /**
     *更新用户,用户 id 不可以更改
     */
    public int updateUser(User user) throws Exception{
        for(int i = 0;i<10;i ++ ){
            if(users[i] != null && users[i].getUName().equals(user.getUName())){
                if( user.getUId() != i ){
                    throw new Exception("用户 id 不能修改");
                    //System.out.pringln("无法更新~~~");         //不可以的代码
                }
                users[i] = user;
```

```java
                return 1;
            }
        }
        return 0;
    }
}
```

【异常测试类】

```java
public class ExceptionTest3 {
    public static void main(String[] args) {
        UserDao userDao = new UserDaoImpl();         //用接口引用实现类的对象
        User user1 = new User();                      //产生了一个用户
        user1.setUName("spiderman");                  //设置用户名
        user1.setUPass("spiderman");                  //设置用户密码
        user1.setGender(UserDao.MALE);                //设置性别
        userDao.addUser(user1);                       //保存用户1信息
        User user2 = new User();                      //又产生了一个用户
        user2.setUName("superman");                   //设置用户名
        user2.setUPass("superman");                   //设置用户密码
        user2.setGender(UserDao.MALE);                //设置性别
        userDao.addUser(user2);                       //保存用户2信息
        user1.setUId(2);                              //重新设置用户 id
        try {
            userDao.updateUser(user1);                //更新用户1,id 修改将抛异常
        }catch (Exception e) {
            System.out.println("异常消息信息:" + e.getMessage());
            //输出异常消息信息
            e.printStackTrace();                      //输出异常堆栈信息
        }
        boolean throwed = false;
        try{
            //查找并输出用户 xman 的信息
            userDao.findUser("xman").getUserInfo();
        }catch(NullPointerException ex){
            System.out.println("出错了:" + ex.getMessage());
            ex.printStackTrace();
            throwed = true;
        }finally{
            String sTemp = throwed ?"抛了":"没抛";
            System.out.println("抛异常了吗?" + sTemp);
        }
    }
}
```

运行结果如图 11-23 所示。

图 11-23　ExceptionTest3 运行效果

阶段 4：使用 log4j。

◆ 需求说明

(1)使用 log4j 输出日志信息。
(2)查看输出的日志信息。

运行效果如图 11-24 所示。

图 11-24　日志输出效果

本章总结

➢ 异常是由 Java 应用程序抛出和处理的非严重错误，它可以分为 Checked 异常和运行异常两大类。

➢ Checked 异常必须捕获或者声明抛出，否则无法通过编译。运行时异常不要求必须捕获或者声明抛出。

➢ Java 的异常处理通过五个关键字来实现：try、catch、finally、throw 和 throws。

➢ 即使在 try 块、catch 块中存在 return 语句，finally 块中语句也会执行。finally 块中语句不执行的唯一情况是：在异常处理代码中执行 System.exit(1)。

➢ 可以在一个 try 语句块后面跟多个 catch 语句块，分别处理不同的异常，但排列顺序必须从特殊到一般，最后一个一般都是 Exception 类。

➢ log4j 是一个优秀的日志记录工具，通常使用方式是配置 log4j.properties 文件，从而控制日志的输出级别，控制日志的目的地和控制日志输出格式。

第 12 章 集合框架

本章知识目标
- 掌握集合框架包含的内容
- 掌握 ArrayList 和 LinkedList 的使用
- 掌握 HashMap 的使用
- 掌握 Iterator 的使用
- 掌握泛型集合的使用

本章讲解 Java 中使用非常频繁的内容——集合框架。首先由实际问题引出集合框架并介绍它所包含的内容,然后详细讲解 ArrayList、LinkedList 和 HashMap 三种具体的集合类,详细讲解集合的统一遍历工具——迭代器 Iterator。最后讲解使用泛型集合改进集合的适用。在学习中应首先从整体上把握集合框架所包含的内容,而在具体学习时集合类注意区分彼此的不同之处,通过对比加深理解和记忆。

12.1 集合框架概述

12.1.1 引入集合框架

在电子宠物系统中,如果想存储多个宠物信息,可以使用数组来实现。比如,可以定义一个长度为 50 的 Monkey 类型的数组,存储多个 Monkey 对象的信息。但是采用数组存在以下一些明显缺陷。

- 数组长度固定不变,不能很好适应元素数量动态变化的情况。如果要存储大于 50 个小猴子的信息,则数组长度不足;如果只存储 20 个小猴子的信息,则造成内存空间浪费。
- 可通过数组名.length 获取数组的长度,却无法直接获取数组中真实存储的小猴子的个数。
- 数组采用在内存中分配连续空间的存储方式,根据下标可以快速获取对应小猴子信息,但是根据小猴子信息查找时效率低下,需要多次比较,在进入频繁插入、删除操作时同样效率低下。

另外举个例子,在存储小猴子信息时,希望分别存储小猴子昵称和小猴子信息,两者具有一一对应的关系。小猴子昵称作为小猴子信息的键存在,可以根据昵称获得小猴子信息,这显然也无法通过数组来解决。

从以上分析可以看出数组在处理一些问题时存在这明显的缺陷,而集合完全能弥补数组的缺陷,它比数组更灵活更实用。可以大大提高软件的开发效率,并且不同的集合可以适用于不同场合。如果写程序时并不知道程序运行时会需要多少对象,或者需要更复杂的方式存储对象,可以考虑使用 Java 集合来解决。

12.1.2 Java 集合框架包含的内容

Java 集合框架,提供了一套性能优良、使用方便的接口和类。它们都位于 java.util 包中。Java 集合框架包含的主要内容及彼此之间的关系如图 12-1 所示。

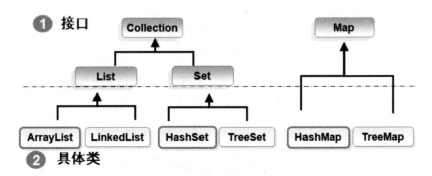

图 12-1 Java 集合框架简图

集合框架是为表示和操作集合而规定的一种统一的标准体系结构。集合框架都包含三大块内容:对外的接口、接口的实现和对集合运算的算法。

• 接口:即表示集合的抽象数据类型。在图 12-1 中在虚线以上的部分是接口,例如 Collection、List、Set、Map 等。

• 实现:即集合框架中接口的具体实现,在图 12-1 中在虚线以下的部分,有些最常用的实现,例如 ArrayList、LinkedList、HashMap、HashSet 等。

• 算法:在一个实现了某个集合框架中的接口的对象身上完成某种有用的计算的方法,例如查找、排序等。Java 提供了进行集合操作的工具类 Collections(注意不是 Collection,类似于 Arrays 类),它提供了对集合进行排序等多种算法实现。大家在使用 Collections 的时候可以查阅 JDK 帮助文档。

从图 12-1 中可以清楚地看出 Java 集合框架共有两大类接口,Collection 和 Map,其中 Collection 又有两个子接口——List 和 Set。所以通常说 Java 集合框架共有三大类接口,List、Set 和 Map。它们的共同点在于都是集合接口,都可以用来存储很多对象。他们的区别如下:

• Collection 接口存储一组不唯一(允许重复)、无序的对象。

• Set 接口继承 Collection 接口,存储一组唯一(不允许重复)、无序的对象。

• List 接口继承 Collection 接口,存储一组不唯一(允许重复),有序(以元素插入的次序来放置元素,不会重新排列)的对象。

• Map 接口存储一组成对的键—值对象,提供 key(键)到 value(值)的映射。Map 中的 key 不要求有序,不允许重复。value 同样不要求有序,但允许重复。

在集合框架中,List 可以理解为前面讲过的数组,元素的内容可以重复并且有序。如图 12-2 所示。Set 可以理解为数学中的集合,或者理解为一个大麻袋,里面数据不重复并且无序,如图 12-3 所示。Map 也可以理解为数学中的集合,或者理解成一个大麻袋,只是其中每个元素都由 key 和 value 两个对象组成,如图 12-4 所示。

0	1	2	3	4	5
aaaa	dddd	cccc	aaaa	eeee	dddd

图 12-2　List 集合示意图

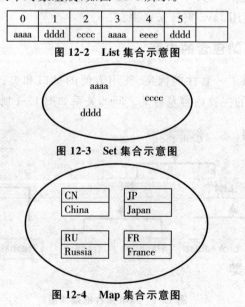

图 12-3　Set 集合示意图

图 12-4　Map 集合示意图

12.2　List 接口

实现 List 接口的常用类有 ArrayList 和 LinkedList。它们都可以容纳所有类型的对象，包括 null，允许重复，并且都保证元素的存储顺序。

ArrayList 对数组进行了封装，实现了长度可变的数组，和数组采用相同存储方式，在内存中分配连续的空间，如图 12-5 所示。它的优点在于遍历元素和随机访问元素的效率比较高。

0	1	2	3	4	5
aaaa	dddd	cccc	aaaa	eeee	dddd

图 12-5　ArrayList 存储方式示意图

LinkedList 采用链表存储方式，如图 12-6 所示，优点在于插入、删除元素时效率比较高，它提供了额外的 addFirst()、addLast()、removeLast() 等方法，可以在 LinkedList 的首部或尾部进行插入或者删除操作。这些方法使得 LinkedList 可被用作堆栈（stack）或者队列（queue）。

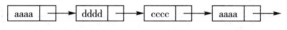

图 12-6　LinkedList 存储方式示意图

12.2.1　ArrayList 集合类

使用集合存储多个小猴子的信息，获取存储的小猴子的总数，如何按照存储顺序获取各个小猴子信息并逐条打印出相关内容？

〔分析〕　元素个数不确定，要求获得存储的元素实际个数，按照存储顺序获取并打印元素信息。可以通过 List 接口的实现类 ArrayList 实现该需求。

通过 ArrayList 实现该需求的具体步骤如下：
(1) 创建多个小猴子对象。
(2) 创建 ArrayList 集合对象并把多个小猴子对象放入其中。
(3) 输出集合中小猴子的数量。
(4) 通过遍历集合显示每只小猴子的信息。

实现代码如例 12.1 所示。

【例 12.1】　测试 ArrayList 的方法。

```
import java.util.ArrayList;
import java.util.List;
/**
 * 测试 ArryList 的 add()、size()、get()方法。
```

```java
*/
public class Test1 {
    @SuppressWarnings("unchecked")
    public static void main(String[] args) {

        //1.创建多个小猴子对象
        Monkey naonaoMonkey = new Monkey("闹闹","猕猴");
        Monkey yayaMonkey = new Monkey("亚亚","金丝猴");
        Monkey meimeiMonkey = new Monkey("美美","猕猴");
        Monkey feifeiMonkey = new Monkey("菲菲","金丝猴");

        //2.创建 ArrayList 集合对象并把多个小猴子对象放入其中
        List monkeys = new ArrayList();
        monkeys.add(naonaoMonkey);
        monkeys.add(yayaMonkey);
        monkeys.add(meimeiMonkey);
        monkeys.add(2, feifeiMonkey);        //添加 feifeiMonkey 到指定位置

        //3.输出集合中小猴子的数量
        System.out.println("共计有" + monkeys.size() + "只小猴子。");

        //4.通过遍历集合显示每只小猴子信息
        System.out.println("分别是:");
        for (int i = 0; i<monkeys.size(); i++) {
            Monkey monkey = (Monkey) monkeys.get(i);
            System.out.println(monkey.getName() + "\t" + monkey.getStrain());
        }
    }
}
```

运行的效果如图 12-7 所示。

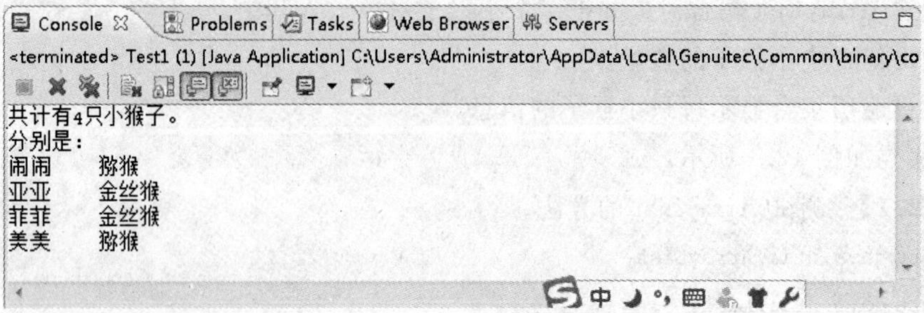

图 12-7　使用 ArrayList 存储和输出小猴子信息

List 接口的 add(Object o)方法的参数类型是 Object,即使在调用时实参是 Monkey 类型,但系统认为里面只是 Object,所在通过 get(int i)方法获取元素时必须进行强制类型转换,如 Monkey monkey=(Monkey)monkeys.get(i),否则会出现编译错误。

示例 12.1 中只使用到了 ArrayList 的部分方法,接下来,在这个示例的基础上,扩充以下几部分功能。
- 删除指定位置的小猴子,如第一个小猴子。
- 删除指定的小猴子,如删除 feifeiMonkey 对象。
- 判断集合中是否包含指定小猴子。

List 接口提供了相应方法,直接使用即可,实现代码如例 12.2 所示。

【例 12.2】 测试 ArrayList 的 remove()、contains()方法。

```
import java.util.ArrayList;
import java.util.List;

/**
 * 测试 ArryList 的 remove()方法。
 */
public class Test2 {
    @SuppressWarnings("unchecked")
    public static void main(String[] args) {

        //1.创建多个小猴子对象
        Monkey naonaoMonkey = new Monkey("闹闹", "猕猴");
        Monkey yayaMonkey = new Monkey("亚亚", "金丝猴");
        Monkey meimeiMonkey = new Monkey("美美", "猕猴");
        Monkey feifeiMonkey = new Monkey("菲菲", "金丝猴");

        //2.创建 ArrayList 集合对象并把多个小猴子对象放入其中
        List monkeys = new ArrayList();
        monkeys.add(naonaoMonkey);
        monkeys.add(yayaMonkey);
        monkeys.add(meimeiMonkey);
        monkeys.add(2, feifeiMonkey);

        //3.输出删除前集合中小猴子的数量
        System.out.println("删除之前共计有" + monkeys.size() + "只小猴子。");

        //4.删除集合中第一个小猴子和 feifeiMonkey 小猴子
        monkeys.remove(0);
```

```
monkeys.remove(feifeiMonkey);

//5.显示删除后集合中各条小猴子信息
System.out.println("\n删除之后还有" + monkeys.size() + "只小猴子。");
System.out.println("分别是:");
for (int i = 0; i<monkeys.size(); i ++ ) {
    Monkey monkey = (Monkey) monkeys.get(i);
    System.out.println(monkey.getName() + "\t" + monkey.getStrain());
}

//6.判断集合中是否包含指定小猴子信息
if(monkeys.contains(meimeiMonkey))
    System.out.println("\n集合中包含美美的信息");
else
    System.out.println("\n集合中不包含美美的信息");
    }
}
```

运行的效果如图 12-8 所示。

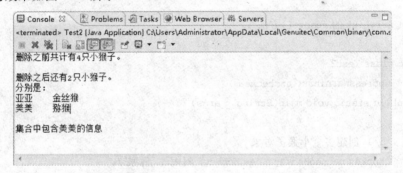

图 12-8　使用 ArrayList 删除小猴子信息

下面总结一下在例 12.1 和例 12.2 中使用到的 List 接口中定义的各种方法（也是 ArrayList 的各种常用方法），见表 12-1。

表 12-1　List 接口中定义的各种常用方法

返回类型	方法	说明
boolean	add(Object o)	在列表的末尾顺序添加元素，开始索引位置从 0 开始
void	add(index, Object o)	在指定的索引位置添加元素 注意:索引位置必须介于 0 和类表中元素个数之间
int	size()	返回列表中的元素个数
Object	get(int index)	返回指定索引位置处的元素 注意:去除的元素是 Object 类型，使用前需要进行强制类型转换
boolean	contains(Object o)	判断类表中是否存在指定元素
boolean	remove(Object o)	从列表中删除元素
Object	remove(int index)	从列表中删除指定位置元素，起始索引位置从 0 开始

Vector 和 ArrayList 的异同。

在 ArrayList 类出现之前,JDK 中存在一个和它同样分配连续存储空间,实现了长度可变数组的集合类 Vector。两者实现原理相同,功能相同,在很多情况下可以互用。

两者的主要区别如下:
- Vector 是线程安全的,ArrayList 重速度轻安全,是线程非安全的,所以当运行到多线程环境中时,需要程序员自己管理线程的同步问题。
- 当长度需要增长时,Vector 默认增长为原来的一倍,而 ArrayList 只增长 50%,有利于节约内存空间。

开发过程中,最好使用新版本的 ArrayList。

上机练习 1:添加多个米老鼠信息到 List 中。

↳ 训练要点
- List 接口的特点。
- List 接口的 add()、size()、get()、remove()和 contains()方法的使用。

↳ 需求说明

把多个米老鼠的信息添加到集合中,查看米老鼠的数量,遍历所有的米老鼠的信息,删除集合中部分米老鼠的元素,判断集合中是否包含指定米老鼠。

实现思路及关键代码:

(1)创建多个米老鼠对象。

(2)创建 ArrayList 集合对象并把多个米老鼠对象放入其中。

(3)输出集合中米老鼠的数量。

(4)遍历集合显示所有米老鼠信息。

(5)删除指定位置米老鼠(根据下标)和指定米老鼠(根据对象名)。

(6)显示删除后集合所有米老鼠信息。

(7)判断集合中是否包含指定米老鼠。

↳ 注意编写注释

12.2.2 LinkedList 集合类

如何在集合的头部或尾部添加、获取和删除小猴子对象呢?如何在集合的其他任何位置添加、获取和删除小猴子对象呢?

〔分析〕 在例 12.2 中讲解 ArrayList 时涉及了集合中元素的添加、删除操作,可以通过

add(Object o)、remove(Object o)在集合尾部添加和删除元素。还可以通过 add(int index, Object o)、remove(int index)实现任意位置元素的添加和删除,当然也包括头部和尾部。

但是由于 ArrayList 采用了和数组相同的存储方式,在内存中分配连续的空间,在添加和删除非尾部元素时会导致后面所有元素的移动,性能低下。所以在插入、删除操作较频繁时,可以考虑使用 LinkedList 来提高效率。

在使用 LinkedList 进行头部和尾部元素的添加和删除操作时,除了使用 List 的 add() 和 remove()方法外,还可以使用 LinkedList 额外提供的方法来实现操作。

在集合的头部和尾部添加、获取和删除小猴子对象的实现代码如例 12.3 所示。

【例 12.3】 测试 LinkedList 的多个特殊方式。

```java
package ch13;
import java.util.LinkedList;
import ch09.model13.Monkey;
/**
 * 测试 LinkedList 的多个额外方法。
 */
public class Test3 {

    @SuppressWarnings("unchecked")
    public static void main(String[] args) {

        //1.创建多个小猴子对象
        Monkey ououMonkey = new Monkey("欧欧","猕猴");
        Monkey yayaMonkey = new Monkey("亚亚","金丝猴");
        Monkey meimeiMonkey = new Monkey("美美","猕猴");
        Monkey feifeiMonkey = new Monkey("菲菲","金丝猴");

        //2.创建 LinkedList 集合对象并把多个小猴子对象放入其中
        LinkedList monkeys = new LinkedList();
        monkeys.add(ououMonkey);
        monkeys.add(yayaMonkey);
        monkeys.addLast(meimeiMonkey);
        monkeys.addFirst(feifeiMonkey);

        //3.查看集合中第一条小猴子的昵称
        Monkey monkeyFirst = (Monkey)monkeys.getFirst();
        System.out.println("第一只小猴子的昵称是" + monkeyFirst.getName() + "。");

        //4.查看集合中最后一条小猴子的昵称
        Monkey monkeyLast = (Monkey)monkeys.getLast();
```

```
        System.out.println("最后一只小猴子的昵称是" + monkeyLast.getName() + "。");

        //5.删除集合中第一只小猴子和最后一只小猴子
        monkeys.removeFirst();
        monkeys.removeLast();

        //6.显示删除部分小猴子后集合中每只小猴子信息
        System.out.println("\n删除部分小猴子后还有" + monkeys.size() + "只小猴子。");
        System.out.println("分别是:");
        for (int i = 0; i<monkeys.size(); i++) {
            Monkey monkey = (Monkey) monkeys.get(i);
            System.out.println(monkey.getName() + "\t" + monkey.getStrain());
        }
    }
}
```

运行的效果如图 12-9 所示。

图 12-9 使用 LinedList 存储和处理小猴子信息

下面总结一下 LinkedList 的各种常用方法。LinkedList 除了表 12-1 中列出的各种方法之外,还包括一些特殊的方法,见表 12-2。

表 12-2 LinkedList 的一些特殊方法

返回类型	方法	说明
void	addFirst(Object o)	在列表的首部添加元素
void	addLast(Object o)	在列表的末尾添加元素
Object	getFirst()	返回列表中的第一个元素
Object	getLast()	返回列表中的最后一个元素
Object	removeFirst()	删除并返回列表中的第一个元素
Object	removeLast()	删除并返回列表中的最后一个元素

12.3 Map 接口

建立国家英文简称和中文全名之间的键和值映射,例如 CN→中华人民共和国,根据"CN"可以查找到"中华人民共和国",通过删除键实现对应值的删除,应该如何实现数据的存储和删除呢?

〔分析〕 Java 集合框架中提供了 Map 接口,专门来处理键值映射数据的存储。Map 中可以存储多个元素,每个元素都由两个对象组成,一个键对象和一个值对象,可以根据键实现对应值的映射。

实现代码如例 12.4 所示。

【例 12.4】 测试 HashMap 的多个方法。

```
import java.util.HashMap;
import java.util.Map;

/**
 * 测试 HashMap 的多个方法。
 */
public class Test4 {
    @SuppressWarnings("unchecked")
    public static void main(String[] args) {

        //1.使用 HashMap 存放多组国家英文简称和中文全称的键值对
        Map countries = new HashMap();
        countries.put("CN", "中华人民共和国");
        countries.put("RU", "俄罗斯联邦");
        countries.put("FR", "法兰西共和国");
        countries.put("US", "美利坚合众国");

        //2.显示"CN"对应国家的中文全称
        String country = (String) countries.get("CN");
        System.out.println("CN 对应的国家是:" + country);
        //3.显示集合中元素个数
        System.out.println("Map 中共有" + countries.size() + "组数据");

        //4.两次判断 Map 中是否存在"FR"键
        System.out.println("Map 中包含 FR 的 key 吗?" + countries.containsKey("FR"));
        countries.remove("FR");
        System.out.println("Map 中包含 FR 的 key 吗?" + countries.containsKey("FR"));
```

```
        //5.分别显示键集、值集和键值对集合
        System.out.println(countries.keySet());
        System.out.println(countries.values());
        System.out.println(countries);
    }
}
```

运行效果如图 12-10 所示。

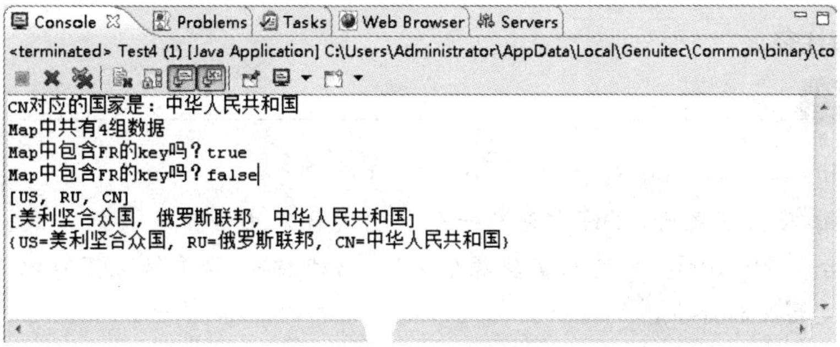
Console
Problems
Tasks
Web Browser
Servers
<terminated> Test4 (1) [Java Application] C:\Users\Administrator\AppData\Local\Genuitec\Common\binary\co
CN对应的国家是：中华人民共和国
Map中共有4组数据
Map中包含FR的key吗？true
Map中包含FR的key吗？false
[US, RU, CN]
[美利坚合众国, 俄罗斯联邦, 中华人民共和国]
{US=美利坚合众国, RU=俄罗斯联邦, CN=中华人民共和国}

图 12-10　使用 HashMap 存储和处理国家信息

Map 接口存储一组成对的键—值对象，提供 key（键）到 value（值）的映射。Map 中的 key 不要求有序，不允许重复。value 同样不要求有序，但允许重复。最常见的 Map 实现类是 HashMap，它的存储方式是哈希表，优点是查询指定元素效率高。

下面，总结一下在例 12.4 中使用到的 Map 接口中定义的各种常用方法（也是 HashMap 的各种常用方法），见表 12-3。

表 12-3　Map 的常用方法

返回类型	方法	说明
Object	put(Object key, Object value)	以“键—值对的方式进行存储” 注意：键必须是唯一的，值可以重复。如果试图添加重复的键，那么最后键入的键—值对将替换掉原先的键—值对
Object	get(Object key)	根据键返回相关联的值，如果不存在指定的键，返回 null
Object	remove(Object key)	删除由指定的键映射的“键—值对”
int	size()	返回元素个数
Set	keyset()	返回键的集合
Collection	values()	返回值的集合
Boolean	containsKey(Object key)	如果存在由指定的键映射的“键—值对”，返回 true

上机练习 2：根据宠物昵称查找宠物。

训练要点

- Map 接口的特点。
- Map 接口的 put()、get() 和 containsKey() 方法的使用。

◆需求说明

根据宠物昵称查找对应宠物,如果找到,显示宠物信息;否则给出错误提示。

◆实现思路及关键代码

(1)创建多个小猴子对象。

(2)创建 HashMap 集合对象并把多个小猴子对象放入其中,以小猴子昵称为键。

(3)输出集合中的小猴子数量。

(4)判断集合中是否包含指定昵称的小猴子,如果包含,显示宠物信息,否则给出错误提示。

注意编写注释。

Hashtable 和 HashMap 的异同:

HashMap 类出现之前,JDK 中存在一个和它同样采用哈希表存储方式、同样实现键值映射的集合类 Hashtable。两只实现原理相同,功能相同,很多情况下可以互用。

两者的主要区别如下:

• Hashtable 继承自 Dictionary 类,而 HashMap 实现了 Map 接口。

• Hashtable 是线程安全的,HashMap 重速度轻安全,是线程非安全的,所以当运行到多线程环境中时,需要程序员自己管理线程的同步问题。

• Hashtable 不允许 null 值(key 和 value 都不允许),HashMap 允许 null 值(key 和 value 都允许)。

开发过程中,最好使用新版本的 HashMap。

12.4 迭代器 Iterator

所有集合接口和类都没有提供相应的遍历方法,而是把遍历交给迭代器 Iterator 完成。Iterator 为集合而生,专门实现集合的遍历。它隐藏了各种集合实现类的内部细节,提供了遍历集合的统一编程接口。

Collection 接口的 Iterate()方法返回一个 Iterator。然后通过 Iterator 接口的两个方法即可方便地实现遍历。

boolean hasNext():判断是否存在另一个可访问的元素。

• Object next():返回要访问的下一个元素。

在例 12.1 中通过 for 循环和 get()方法配合实现 List 中元素的遍历,下面通过 Iterator 来实现遍历,代码如例 12.5 所示。

【例 12.5】 测试通过 Iterator 遍历 List。

```
package ch13;
mport java.util.ArrayList;
import java.util.Iterator;
import java.util.List;
```

```java
import ch09.model13.Monkey;

/**
 * 测试通过 Iterator 遍历 List。
 */
public class Test5 {
    @SuppressWarnings("unchecked")
    public static void main(String[] args) {

        //1.创建多个小猴子对象
        Monkey naonaoMonkey = new Monkey("闹闹","猕猴");
        Monkey yayaMonkey = new Monkey("亚亚","金丝猴");
        Monkey meimeiMonkey = new Monkey("美美","猕猴");
        Monkey feifeiMonkey = new Monkey("菲菲","金丝猴");

        //2.创建 ArrayList 集合对象并把多个小猴子对象放入其中
        List monkeys = new ArrayList();
        monkeys.add(naonaoMonkey);
        monkeys.add(yayaMonkey);
        monkeys.add(meimeiMonkey);
        monkeys.add(2, feifeiMonkey);

        //3.通过迭代器依次输出集合中所有小猴子的信息
        System.out.println("使用 Iterator 遍历,所有小猴子的昵称和品种分别是:");
        Iterator it = monkeys.iterator();
        while (it.hasNext()) {
            Monkey monkey = (Monkey) it.next();
            System.out.println(monkey.getName() + "\t" + monkey.getStrain());
        }
    }
}
```

运行的结果如图 12-11 所示。

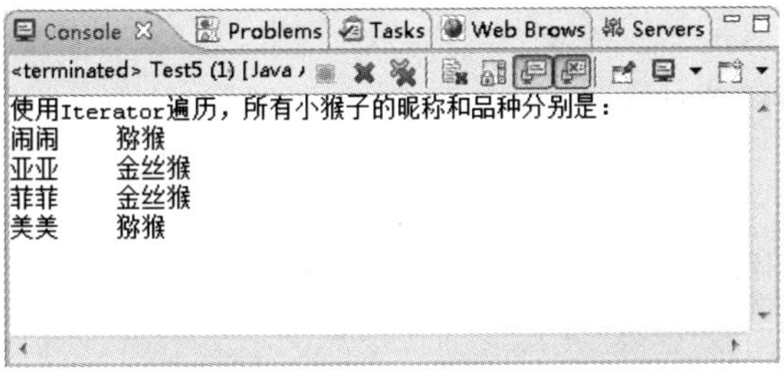

图 12-11 使用 Iterator 遍历集合信息

上机练习 3：使用 Iterator 迭代显示存储在 List 中的米老鼠信息。

◇ 训练要点
- Iterator 接口的优点。
- Iterator 接口的 hasNext()、next() 方法的适用。

◇ 需求说明
使用 ArrayList 和 LinkedList 存储多个米老鼠信息，然后统一使用 Iterator 进行遍历。

◇ 实现思路及关键代码
(1) 创建多个米老鼠对象。
(2) 创建 ArrayList 集合对象并把多个米老鼠对象放入其中。
(3) 使用 Iterator 遍历该集合对象。
(4) 创建 LinkedList 集合对象并把多个米老鼠对象放入其中。
(5) 使用 Iterator 遍历该集合对象。
注意编写注释。

12.5 泛型集合

前面已经提到 Collection 的 add(Object obj) 方法的参数是 Object 类型，不管把什么对象放入 Collection 及其子接口或实现类中，认为只是 Object 类型，在通过 get(int index) 方法取出集合中元素时必须进行强制类型转换，不仅繁琐而且容易出现 ClassCastException 异常。Map 中使用 put(Object key, Object value) 和 get(Object key) 存取对象时，使用 Iterator 的 next() 方法获取元素时存在同样的问题。

JDK1.5 中通过引入泛型（Generic）有效解决了这个问题，在 JDK1.5 中已经改写了集合框架中的所有接口和类，增加了泛型的支持。

使用泛型集合在创建集合对象时指定集合中元素的类型，从集合中取出元素时无需进行类型强制转换，并且如果把非指定类型对象放入集合，会出现编译错误。

对 List 和 ArrayList 应用泛型，代码如例 12.6 所示。

【例 12.6】 测试 List 应用泛型。

```
package ch13;
import java.util.ArrayList;
import java.util.Iterator;
import java.util.List;
import ch09.model13.Monkey;

/**
 * 测试对 List 应用泛型。
 *
 */
public class Test6 {
    public static void main(String[] args) {
```

```java
//1.创建多个小猴子对象
Monkey monkey1 = new Monkey("闹闹","猕猴");
Monkey monkey2 = new Monkey("亚亚","金丝猴");
Monkey monkey3 = new Monkey("美美","猕猴");
Monkey monkey4 = new Monkey("菲菲","金丝猴");

//2.创建 ArrayList 集合对象并把多个小猴子对象放入其中
List<Monkey> monkeys = new ArrayList<Monkey>();
monkeys.add(monkey1);
monkeys.add(monkey2);
monkeys.add(monkey3);
monkeys.add(2, monkey4);
//monkeys.add("hello");               //出现编译错误,元素类型不是 Monkey。

//3. 显示第三个元素的信息
Monkcy monkcy = monkeys.get(2);        //无需类型强制转换
System.out.println("第三个小猴子的信息如下:");
System.out.println(monkey.getName() + "\t" + monkey.getStrain());
//4.使用 Iterator 遍历 monkeys 对象
System.out.println("\n所有小猴子的信息如下:");
Iterator<Monkey> it = monkeys.iterator();
while (it.hasNext()) {
    monkey = it.next();
    System.out.println(monkey.getName() + "\t" + monkey.getStrain());
}
    }
}
```

运行效果如图 12-12 所示。

图 12-12 对 List 应用泛型

对 Map 和 HashMap 应用泛型,代码如例 12.7 所示。

【例 12.7】 测试 Map 应用泛型。

```java
package ch13;

import java.util.HashMap;
import java.util.Map;

/**
 * 测试对 Map 应用泛型。
 *
 */
public class Test7 {

    public static void main(String[] args) {

        //1.使用 HashMap 存放多组国家英文简称和中文全称的键值对
        Map<String,String> countries = new HashMap<String,String>();
        countries.put("CN","中华人民共和国");
        countries.put("RU","俄罗斯联邦");
        countries.put("FR","法兰西共和国");
        countries.put("US","美利坚合众国");

        //2.显示"CN"对应国家的中文全称
        String country = countries.get("CN");
        System.out.println("CN对应的国家是："+ country);
    }
}
```

运行的结果如图 12-13 所示。

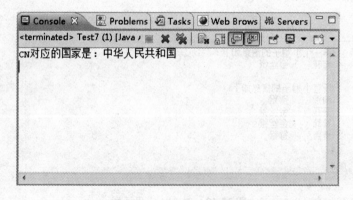

图 12-13　对 Map 应用泛型

数组和集合的主要区别包括以下几个方面：
- 数组可以存储基本数据类型和对象，而集合中只能存储对象（可以以包装类形式存储基本数据类型）。
- 数组长度固定，集合长度可以动态改变。
- 定义数组时必须指定数组元素类型，集合默认其中所有元素都是 Object。
- 无法直接获取数组实际存储的元素个数，length 用来获取数组的长度，但可以通过 size() 直接获取集合实际存储的元素个数。
- 集合有多种实现方式和不同的适用场合，而不像数组仅采用分配连续空间方式。
- 集合以接口和类的形式存在，具有封装、继承和多态等类的特点，通过简单的方法和属性调用即可实现各种复杂操作，大大提高了软件的开发效率。

JDK 中有一个 Arrays 类，专门用来操作数组，它提供一系列静态方法实现对数组搜索、排序、比较和填充等操作。JDK 中有一个 Collections 类，专门用来操作集合，它提供一系列静态方法实现对各种集合的搜索、复制、排序和线程安全化等操作。

12.6 贯穿项目练习

阶段 1：使用 List 和 ArrayList。

↳ 训练要点

List，ArrayList

↳ 需求说明

(1) 修改 TopicDao，见表 12-4 所示。

表 12-4 TopicDao 接口

接口	TopicDao
方法	查找主题
	增加主题
	修改主题
	删除主题
	查询主题列表：List（新增方法）

(2) 使用 ArrayList 实现"查询主题列表"方法。

↳ 实现思路及关键代码

(1) 修改 TopicDao，添加方法声明。
(2) 实现该方法，返回固定 List。
(3) 使用该查询方法，并输出全部主题信息。

↳ 参考解决方案

【TopicDao 接口】
```
public interface TopicDao {
```

```java
    public Topic findTopic(int topicId);        //根据主题id,查找主题的信息
    public int addTopic(Topic topic);           //增加主题,返回增加个数
    public int deleteTopic(int topicId);        //根据主题id删除主题,返回删除个数
    public int updateTopic(Topic topic);        //更新一个主题的信息,返回更新个数
    //查询帖子,返回某版第page页的帖子列表
    public List findListTopic(int page, int boardId);
}
```

【TopicDaoImpl 实现类】

```java
public class TopicDaoImpl implements TopicDao {

    /**
     * 添加主题
     * @param topic
     * @return 增加条数
     */
    public int addTopic(Topic topic) {
        return 0;
    }


    /**
     * 删除主题
     * @param topicId
     * @return 删除条数
     */
    public int deleteTopic(int topicId) {
        return 0;
    }


    /**
     * 更新主题
     * @param topic
     * @return 更新条数
     */
    public int updateTopic(Topic topic) {
        return 0;
    }


    /**
     * 查找一个主题的详细信息
     * @param topicId
```

```java
 * @return 主题信息
 */
public Topic findTopic(int topicId) {
    return null;
}

/**
 * 查找主题 List
 * @param page
 * @return 主题 List
 */
public List findListTopic(int page, int boardId) {
    List list = new ArrayList();                    //用来保存主题对象列表
    /*保存主题到 list 中*/
    for(int i = 0;i<10;i++) {
        Topic topic = new Topic();                  //主题对象
        topic.setTopicId(i+1);
        topic.setTitle("主题"+i+"的标题");
        topic.setContent("主题"+i+"的内容");
        topic.setPublishTime("2015-01-01");
        topic.setBoardId(boardId);
        topic.setUid(i+10);
        list.add(topic);                            //添加一个主题
    }
    return list;
}
```

【测试类 TopicDaoImplTest】
```java
public class TopicDaoImplTest {
    public static void main(String[] args) {
        //取得主题接口的实现对象
        TopicDao topicDao = new TopicDaoImpl();
        List listTopic = topicDao.findListTopic(1, 1);    //取得主题列表
        for(int i = 1;i<listTopic.size();i++) {
            Topic topic = (Topic)listTopic.get(i);
            System.out.println(topic.getTitle());
            System.out.println("\t" + topic.getContent());
            System.out.println("\t" + topic.getPublishTime());
        }
    }
}
```

运行结果如图 12-14 所示。

图 12-14　测试类的运行结果

阶段 2：使用 List 和 LinkedList。

☙ 需求说明

(1) 修改 ReplyDao，添加"查询回复列表"的方法。
(2) 使用 LinkedList 实现该方法。
(3) 测试并输出所有回复信息。

测试类 ReplyDaoImpl 运行效果如图 12-15 所示。

图 12-15　ReplyDaoImpl 运行效果图

阶段 3：使用 Map 和 HashMap。

☙ 训练要点

Map，HashMap

❖ 需求说明

(1) 修改 BoardDao,见表 12-5。
(2) 实现"查询板块 Map"方法。

表 12-5　BoardDao 接口

接口	**BoardDao**
方法	增加论坛版块(去掉)
	查询版块 Map(新增)

❖ 实现思路及关键代码

(1) 修改 BoardDao,添加方法声明。
(2) 实现 BoardDao 接口。
(3) 测试并输出所有版块的信息。

❖ 参考解决方案

【BoardDao 接口】

```
public interface BoardDao{
    /**
    * 查找版块 map,key 是父版块号,value 是子级版块对象集合
    * @return 封装了版块信息的 Map
    */
    public Map findBoard();
}
```

【实现类 BoardDaoImpl】

```
public class BoardDaoImpl implements BoardDao{
    /**
    * 查找版块
    * @return 封装了版块信息的 Map
    */
    public Map findBoard() {
        Map boardMap = new HashMap();              //保存版块 Map
        List listMainBoard = new ArrayList();      //保存主版块的 List
        List listSonBoard1 = new ArrayList();      //保存主版块 id 为 1 的子版块 List
        List listSonBoard2 = new ArrayList();      //保存主版块 id 为 2 的子版块 List

        /* 主版块 */
        for(int i = 1;i<= 2;i ++ ){
            Board board = new Board();
            board.setBoardId(i);
            board.setBoardName("主版块" + i);
            board.setParentId(0);
            listMainBoard.add(board);
        }
```

```java
        boardMap.put(new Integer(0),listMainBoard);

        /*主版块 id 为 1 的子版块*/
        for(int i=1;i<=5;i++){
            Board board = new Board();
            board.setBoardId(i+2);
            board.setBoardName("主版块 id 为 1 的子版块"+i);
            board.setParentId(1);
                listSonBoard1.add(board);
        }
        boardMap.put(new Integer(1),listSonBoard1);

        /*主版块 id 为 2 的子版块*/
        for(int i=1;i<=4;i++){
            Board board = new Board();
            board.setBoardId(i+7);
            board.setBoardName("主版块 id 为 2 的子版块"+i);
            board.setParentId(2);
                listSonBoard2.add(board);
        }
        boardMap.put(new Integer(2),listSonBoard2);

        return boardMap;
    }
}
```

【测试类 BoardDaoImplTest】

```java
public class BoardDaoImplTest {
    public static void main(String[] args) {
        //取得版块接口的实现对象
        BoardDao boardDao = new BoardDaoImpl();
        //取得 Map 形式的版块信息
        Map mapBoard = boardDao.findBoard();
        //主版块 List
        List listMainBoard = (List)mapBoard.get(new Integer(0));
        for( int i=0; i<listMainBoard.size(); i++ ) {
            //循环取得主版块
            Board mainBoard = ((Board)listMainBoard.get(i));
            //输出主版块名
            System.out.println(mainBoard.getBoardName());

            //取得子版块 List
            List listSonBoard = (List)mapBoard.get(new Integer(mainBoard.getBoardId()));
            for( int j=0; j<listSonBoard.size(); j++ ) {
```

```
            //循环取得子版块
            Board sonBoard = (Board)listSonBoard.get(j);
        //输出子版块名
            System.out.println("\t" + sonBoard.getBoardName());
        }
    }
}
```

测试类的测试运行效果如图 12-16 所示。

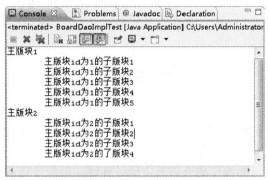

图 12-16　测试类运行结果

阶段 4：修改 Dao 接口和实体类。

✎ 需求说明

(1) 修改 Dao 接口，见表 12-6（括号内是方法的参数）。

表 12-6　Dao 接口

接口	方法
TopicDao	查询主题 增加主题 修改主题 删除主题 查询主题列表 查询主题数（boardId）
ReplyDao	查询回复（replyId） 增加回复 修改回复 删除回复 查询回复列表 查询回复数（topicId）
BoardDao	查询版块 Map 查询版块（boardId）
UserDao	查询用户（uName） 查找用户（uId） 增加用户 修改用户

(2) 修改 entity 类，增加属性，及对应 setter/getter 方法，见表 12-7 所示。

表 12-7　entity 类

类名	Tip	User
属性	title：String content：String publishTime：String modifyTime：String uid：int	uId：int uName：String uPass：String gender：int head：String regTime：String
方法	getInfo()：void	getUserInfo()：void

本章总结

➢ 集合弥补了数组的缺陷，它比数组更灵活更实用，可以大大提高软件的开发效率，而且不同的集合可适用于不同的场合。

➢ 集合框架是为表示和操作集合而规定的一种统一的标准体系结构。集合框架都包含三大块内容：对外的接口、接口的实现和对集合运算的算法。

➢ 通常说 Java 的集合框架共有三大类接口：List、Set 和 Map，区别如下：

• Collection 接口存储一组不唯一、无序的对象。

• Set 接口继承 Collection 接口，存储一组唯一、无序的对象。

• List 接口继承 Collection 接口，存储一组不唯一、有序的对象。

• Map 接口存储一组组成的键—值对象，提供 key 到 value 的映射，key 不要求有序，不允许重复；value 同样不要求有序，但允许重复。

➢ ArrayList 和数组采用相同的存储方式，它的优点在于遍历元素和随机访问元素的效率比较高；LinkedList 采用链表存储方式，优点在于插入、删除元素时效率比较高。

➢ HashMap 是最常见的 Map 实现类，它的存储方式是哈希表，优点是查询指定元素效率高。

➢ Iterator 为集合而生，专门实现集合的遍历。它隐藏了各种集合实现类的内部细节，提供了遍历集合的统一编程接口。

➢ 使用泛型集合在创建集合对象时指定集合中元素的类型，在从集合中取出元素时无序进行类型强制转换，避免了 ClassCastException 异常。

第 13 章
JDBC

本章知识目标
- 理解 JDBC 原理
- 掌握 Connection 接口的使用
- 掌握 Statement 接口的使用
- 掌握 ResultSet 接口的使用
- 掌握 PreparedStatement 接口的使用

本章讲解 Java 访问数据库的技术——JDBC,它由一组使用 Java 语言编写的类和接口组成,可以为多种关系数据库提供统一访问。本章首先引入 JDBC,讲解 JDBC 的工作原理和使用 JDBC 访问数据库的基本步骤,然后重点对 Connection、Statement、ResultSet、PreparedStatement 等各种 JDBC 接口进行详细讲解。学习中要明白使用 JDBC 的基本步骤,做到思路清晰,通过多加练习熟练掌握各种接口的使用。

13.1 JDBC 简介

13.1.1 为什么需要 JDBC

在前面章节中,通过控制台输入宠物的信息,并创建宠物对象,然后可以在控制台输出宠物信息。但是却无法保存数据,每次运行程序都要重新输入,在 Java 中如何实现把各种数据存入数据库,从而长久保存呢?

Java 是通过 JDBC 技术实现对各种数据库访问的,换句话说,JDBC 充当了 Java 应用程序与各种不用数据库之间进行对话的媒介。

JDBC 是 Java 数据库连接(Java DataBase Connectivity)技术的简称,由一组使用 Java 语言编写的类和接口组成,可以为多种关系数据库提供统一访问。Sun 公司提供了 JDBC 的接口规范——JDBC API。而数据库厂商或第三方中间件厂商根据该接口规范提供针对不同数据库的具体实现——JDBC 驱动。客户端通过 JDBC 访问数据库的工作如图 13-1 所示。

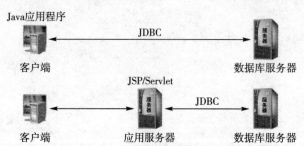

图 13-1 客户通过 JDBC 访问数据库

13.1.2 JDBC 的工作原理

JDBC 的工作原理如图 13-2 所示,从图 13-2 中可以看到 JDBC 的几个重要组成要素。最顶层是 Java 应用程序,Java 应用程序可以使用集成在 JDK 中的 java.sql 和 javax.sql 包中的 JDBC API 来连接和操作数据库。下面采用从上到下的顺序依次讲解 JDBC 的组成要素。

1. JDBC API

JDBC API 由 SUN 公司提供,提供了 Java 应用程序与各种不同数据库交互的标准接口,如:Connection(连接)接口、Statement 接口、ResultSet(结果集)接口、PreparedStatement 接口等,开发者使用这些 JDBC 接口进行各类数据库操作。

2. JDBC Driver Manager

JDBC Driver Manager 由 SUN 公司提供,它负责管理各种不同的 JDBC 驱动,位于 JDK 的 java.sql 包中。

3. JDBC 驱动

JDBC 驱动由各个数据库厂商或第三方中间件厂商提供,负责连接各种不同的数据库,比如图 13-2 中,访问 SQL Server 和 Oracle 时需要不同的 JDBC 驱动,这些 JDBC 驱动都实现了 JDBC API 中定义的各种接口。

在开发 Java 应用程序时,只需正确加载 JDBC 驱动,正确调用 JDBC API,就可以进行数据库访问。

图 13-2 JDBC 工作原理

13.1.3 JDBC API 介绍

JDBC API 主要做三件事,与数据库建立连接、发送 SQL 语句、处理结果,如图 13-3 所示。图 13-3 在展示 JDBC 的工作过程时,也展示了 JDBC 的主要 API 及作用。

- DriverManager 类:依据数据库的不同,管理相应的 JDBC 驱动。
- Connection 接口:负责连接数据库并担任传送数据的任务。
- Statement 接口:由 Connection 产生,负责执行 SQL 语句。
- ResultSet 接口:负责保存和处理 Statement 执行后所产生的查询结果。
- PreparedStatement 接口:Statement 的子接口,也由 Connection 产生,同样负责执行 SQL 语句,与 Statement 接口相比,具有高安全性、高性能、高可读性和高可维护性的优点。

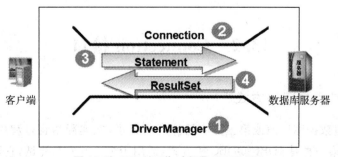

图 13-3 JDBC 工作过程及 JDBC API

13.1.4 JDBC 访问数据库的步骤

开发一个 JDBC 应用程序，基本需要以下步骤：

(1) 加载 JDBC 驱动。

使用 Class.forName()方法将给定的 JDBC 驱动类加载到 Java 虚拟机中。如果系统中不存在给定的类，则会引发异常，异常类型为 ClassNotFoundException。代码示例：

Class.forName("JDBC 驱动类的名称")；

(2) 与数据库建立连接。

DriverManager 类是 JDBC 的管理层，作用于用户和驱动程序之间。DriverManager 类跟踪可用的驱动程序，并在数据库和相应的驱动程序之间建立连接。当调用 getConnection()方法时，DriverManager 类首先从已加载的驱动程序列表中找到一个可以接受该数据库 URL 的驱动程序，然后请求该驱动程序使用相关的 URL。用户和密码连接到数据库中，于是就建立了与数据库的连接，创建连接对象并返回引用。代码示例：

Connection conn = DriverManager.getConnection(数据连接字符串,数据库用户名,密码)；

(3) 发送 SQL 语句，并得到返回结果。

一旦建立连接，就使用该连接创建 Statement 接口的对象，并将 SQL 语句传递给它所连接的数据库。如果是查询操作，将返回类型为 ResultSet 的结果集，它包含执行 SQL 查询的结果。如果是其他操作，将根据调用方法的不同返回布尔值或者操作影响的记录数目。代码示例：

Statement stmt = conn.createStatement()；
ResultSet rs = stmt.executeQuery("SELECT id, name FROM master")；

(4) 处理返回结果。

主要是针对查询操作的结果集，通过循环取出结果集中每条记录并做相应处理，处理结果的代码示例：

```
while(rs.next()){
    int id = rs.getInt("id");
    String name = rs.getString("name");
    System.out.println(id + " " + name);
}
```

一定要明确使用 JDBC 的四个基本步骤，后面使用这四个步骤实现对数据库的各种访问。

13.2 Connection 接口

13.2.1 两种常用的驱动方式

JDBC 驱动由数据库厂商或第三方中间件厂商提供，在实际编程过程中，有两种较为常用的驱动方式。第一种是 JDBC-ODBC 桥方式，适用于个人开发与测试，它通过 ODBC 与数据库进行连接。另一种是纯 Java 驱动方式，它直接同数据库进行连接，在生产型开发中，推荐使用该方法,这两种连接方式的示意图如图 13-4 所示。

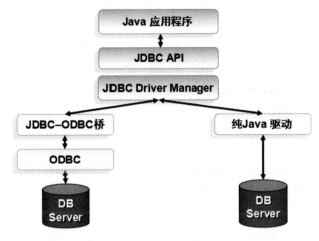

图 13-4　两种常用的驱动方式

13.2.2　使用 JDBC-ODBC 桥方式连接数据库

JDBC-ODBC 桥连就是将对 JDBC API 的调用转换为对另一组数据库连接(即 ODBC) API 的调用。如图 13-5 所示,描述了 JDBC-ODBC 桥连的工作原理。

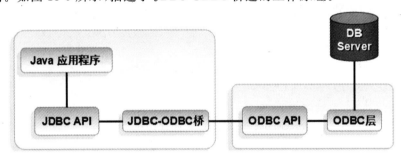

图 13-5　JDBC-ODBC 桥连工作原理

JDK 中已经包括了 JDBC-ODBC 桥连的驱动接口,所以进行 JDBC-ODBC 桥连时,不需要额外下载 JDBC 驱动程序,只需配置 ODBC 数据源即可。

使用 JDBC-ODBC 桥连方式连接数据库,JDBC 驱动类是"sun.jdbc.odbc.JdbcOdbcDriver", 数据库连接字符串将以"jdbc:odbc"开始,后面跟随数据源名称。因此,假设已经配置了一个叫"conn_epet"的 ODBC 数据源,数据库连接字符串就是"jdbc:odbc:conn_epet",假定登录数据库系统的用户名为"jbit",口令为"jbit",具体实现代码如例 13.1 所示。

【例 13.1】　使用 JDBC-ODBC 桥方式建立数据库连接并关闭。

```
package ch14;
import java.sql.Connection;
import java.sql.DriverManager;
import java.sql.SQLException;
import org.apache.log4j.Logger;
/**
```

* 使用 JDBC-ODBC 桥方式建立数据库连接并关闭。
 */
public class Test1 {
    private static Logger logger = Logger.getLogger(Test1.class.getName());
    public static void main(String[] args) {
        Connection conn = null;
        //1、加载驱动
        try {
            Class.forName("sun.jdbc.odbc.JdbcOdbcDriver");
        } catch (ClassNotFoundException e) {
            logger.error(e);
        }

        //2、建立连接
        try {
            conn = DriverManager.getConnection("jdbc:odbc:conn_epet","jbit","jbit");
            System.out.println("建立连接成功!");
        } catch (SQLException e) {
            logger.error(e);
        } finally {
            //3、关闭连接
            try {
                if (null != conn) {
                    conn.close();
                    System.out.println("关闭连接成功!");
                }
            } catch (SQLException e) {
                logger.error(e);
            }
        }
    }
}
```

需要注意的是:虽然通过 JDBC-ODBC 桥连方式可以访问所有 ODBC 可以访问的数据库,但是 JDBC-ODBC 桥连方式不能提供非常好的性能,一般不适合在实际系统中使用。

### 13.2.3 使用纯 Java 方式连接数据库

纯 Java 驱动方式由 JDBC 驱动直接访问数据库,驱动程序完全用 Java 语言编写,运行速度快,而且具备了跨平台特点。但是,由于技术资料的限制,这类 JDBC 驱动一般只能由数据库厂商自己提供。即这类 JDBC 驱动只对应一种数据库,甚至只对应某个版本的数据库。如果数据库更换了,或者版本升级了,一般需要更换 JDBC 驱动程序。纯 Java 驱动方式
```

的工作原理如图 13-6 所示。

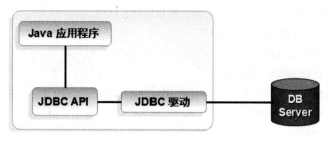

图 13-6　纯 Java 驱动方式

如果使用纯 Java 驱动方式进行数据库连接。首先需要下载数据库厂商提供的驱动程序 jar 包,并将 jar 包引入工程中。在这里使用的数据库是 SQL Server 2008,因此可以从微软的官方网站下载驱动程序 jar 包,并查看相关帮助文档,获得驱动类的名称以及数据库连接字符串。接下来就可以进行编程,与数据库建立连接。此处假定在 SQL Server 2008 中已经建立了名称为"epet"的数据库,数据库用户名为"jbit",密码为"jbit",驱动程序包为 sqljdbc.jar。具体实现代码如例 13.2 所示。

【例 13.2】 使用 JDBC 的纯 Java 方式建立数据库连接并关闭。

```java
package ch14;
import java.sql.Connection;
import java.sql.DriverManager;
import java.sql.SQLException;
import org.apache.log4j.Logger;
/**
 * 使用 JDBC 的纯 Java 方式建立数据库连接并关闭。与使用 JDBC-ODBC 桥方式建立
 * 数据库连接相比,需要修改 JDBC 驱动类字符串和 URL 字符串。
 */
public class Test2 {
    private static Logger logger = Logger.getLogger(Test1.class.getName());

    public static void main(String[] args) {
        Connection conn = null;
        //1.加载驱动
        try {
            Class.forName("com.microsoft.sqlserver.jdbc.SQLServerDriver");
        } catch (ClassNotFoundException e) {
            e.printStackTrace();
            logger.error(e);
        }
        //2.建立连接
        try {
            conn = DriverManager.getConnection(
```

```java
                "jdbc:sqlserver://localhost:1433;DatabaseName=epet","jbit","jbit");
            System.out.println("建立连接成功!");
        } catch (SQLException e) {
            logger.error(e);
            e.printStackTrace();
        } finally {
            //3.关闭连接
            try {
                if (null != conn) {
                    conn.close();
                    System.out.println("关闭连接成功!");
                }
            } catch (SQLException e) {
                logger.error(e);
                e.printStackTrace();
            }
        }
    }
}
```

> **注意**
>
> 常见的错误有以下几类:
> - JDBC 驱动类的名称书写错误,出现 ClassNotFoundException 异常。
> - 数据连接字符串,数据库用户名、密码书写错误,出现 SQLException 异常。
> - 数据库操作结束后,没有关闭数据库连接,导致仍旧占有系统资源。
> - 关闭数据库连接语句没有放到 finally 语句块中,导致语句可能没有被执行。

13.2.4 上机练习

上机练习 1:使用纯 Java 方式连接数据库,并进行异常处理。

↳ **训练要点**

- 纯 Java 方式连接数据库的步骤。
- 纯 Java 方式连接数据库的参数。

↳ **需求说明**

数据库为 SQL Server 2008,数据库名"epet",用户名"jbit",密码"jbit"。使用纯 Java 方式连接该数据库,如果连接成功,输出"建立连接成功!";否则输出"建立连接失败!"。进行相关异常处理。

↳ **实现思路及关键代码**

(1)使用 MyEclipse 创建一个 Java 项目。
(2)引入 JDBC 驱动文件 sqljdbc.jar。

(3)在 main 方法中使用纯 Java 方式连接 epet 数据库,如果连接成功,输出"建立连接成功!",否则输出"建立连接失败!"。

注意进行相关异常处理,注意编写注释。

13.3 Statement 接口和 ResultSet 接口

获取 Connection 对象后就可以进行各种数据库操作了,此时需要使用 Connection 对象创建 Statement 对象。Statement 对象用于将 SQL 语句发送到数据库中,或者理解为执行 SQL 语句。Statement 接口中包含很多基本数据库操作方法。下面列出了执行 SQL 命令的三个方法:

- ResultSet executeQuery(String sql):可以执行 SQL 查询并获取 ResultSet 对象。
- int executeUpdate(String sql):可以执行插入、删除、更新等操作,返回值是执行该操作所影响的行数。
- boolean execute(String sql):这是一个最为一般的执行方法,可以执行任意 SQL 语句,然后获得一个布尔值,表示是否返回 ResultSet。

首先,需要在 SQL Server 2008 中建立数据库,此处命名为 epet。接着,在 epet 数据库中建立表 monkey(小猴子)和 master(宠物主人),并插入若干条记录。表结构如表 13-1 和表 13-2 所示。

表 13-1 数据表 Monkey

字段名称	字段说明	数据类型	其他
id	序号	int	主键、自增
name	昵称	varchar(12)	
health	健康值	int	
love	亲密度	int	
strain	品种	varchar(20)	

表 13-2 数据表 Master

字段名称	字段说明	数据类型	其他
id	序号	int	
name	姓名	varchar(12)	
password	密码	varchar(12)	
money	元宝数	int	

13.3.1 使用 Statement 添加宠物

添加小猴子信息到数据库,操作很简单,只要创建 Statement 对象然后调用 execute(String sql)方法或者 executeUpdate(String sql)方法即可,代码如例 13.3 所示。这里关键是 SQL 语句的拼接,可以直接利用"+"运算符进行拼接,也可以利用 StringBuffer 类的 append()方法进行拼接。拼接时要非常小心,尤其是引号、逗号和括号的拼接,避免出错,如果拼接出错,可通过在控制台输出 SQL 语句的方法查看错误。

【例 13.3】 使用 Statement 的 execute()方法插入小猴子信息。

```java
package ch14;
import java.sql.Connection;
import java.sql.DriverManager;
import java.sql.SQLException;
import java.sql.Statement;
import org.apache.log4j.Logger;
/**
 * 使用 Statement 的 execute()方法插入小猴子信息。
 */
public class Test3 {
    private static Logger logger = Logger.getLogger(Test3.class.getName());
    public static void main(String[] args) {
        Connection conn = null;
        Statement stmt = null;
        String name = "闹闹";              //昵称
        int health = 100;                  //健康值
        int love = 0;                      //亲密度
        String strain = "猕猴";            //品种
        //1.加载驱动
        try {
            Class.forName("com.microsoft.sqlserver.jdbc.SQLServerDriver");
        } catch (ClassNotFoundException e) {
            logger.error(e);
        }
        try {
            //2.建立连接
            conn = DriverManager.getConnection(
                "jdbc:sqlserver://localhost:1433;DatabaseName=epet","jbit","jbit");
            //3.插入小猴子信息到数据库
            stmt = conn.createStatement();
            StringBuffer sbSql = new StringBuffer(
                "insert into monkey (name,health,love,strain) values ( '");
            sbSql.append(name + "',");
            sbSql.append(health + ",");
            sbSql.append(love + ",'");
            sbSql.append(strain + "')");
            stmt.execute(sbSql.toString());
            logger.info("插入小猴子信息成功!");
```

```
            } catch (SQLException e) {
                logger.error(e);
            } finally {
                //4.关闭 Statement 和数据库连接
                try {
                    if (null != stmt) {
                        stmt.close();
                    }
                    if (null != conn) {
                        conn.close();
                    }
                } catch (SQLException e) {
                    logger.error(e);
                }
            }
        }
    }
```

资料

StringBuffer 的使用：

Java 定义了 String 和 StringBuffer 两个类来封装对字符串的各种操作。String 对象中的内容一旦被初始化就不能再改变，而 StringBuffer 用于存放内容可以改变的字符串。如果 StringBuffer 生成了最终想要的字符串，可以通过 toString()方法转换为一个 String 对象。

Java 为字符串提供了字符串连接运算符"＋"，可以把非字符串数据转换为字符串并连接成新的字符串。"＋"运算符的功能可以通过 StringBuffer 类的 append 方法实现。例如：

```
int health = 90, love = 20;
String sql = "select * from epet where health>" + health + "and love>" + love;
```

等效于

```
int health = 90, love = 20;
String sql = new StringBuffer()
        .append("select * from epet where health>")
        .append(health)
        .append(" and love>")
        .append(love)
        .toString();
```

13.3.2 使用 Statement 更新宠物

更新数据库中 id＝1 的小猴子的健康值和亲密度信息，操作也很简单，只要创建 Statement 对象然后调用 execute(String sql)方法或者 executeUpdate(String sql)即可，这里关键还是 SQL 语句的拼接。代码如例 13.4 所示。

【例 13.4】 使用 Statement 的 executeUpdate()方法更新小猴子信息。

```java
package ch14;

import java.sql.Connection;
import java.sql.DriverManager;
import java.sql.SQLException;
import java.sql.Statement;
import org.apache.log4j.Logger;

/**
 * 使用 Statement 的 executeUpdate()方法更新小猴子信息。
 */
public class Test4 {
    private static Logger logger = Logger.getLogger(Test4.class.getName());
    public static void main(String[] args) {
        Connection conn = null;
        Statement stmt = null;
        //1.加载驱动
        try {
        Class.forName("com.microsoft.sqlserver.jdbc.SQLServerDriver");
        } catch (ClassNotFoundException e) {
            logger.error(e);
        }
        try {
            //2.建立连接
            conn = DriverManager.getConnection(
"jdbc:sqlserver://localhost:1433;DatabaseName=epet","jbit","jbit");
            //3.更新小猴子信息到数据库
            stmt = conn.createStatement();
            stmt.executeUpdate("update monkey set health = 80,love = 15 where id = 1");
            logger.info("成功更新小猴子信息！");
        } catch (SQLException e) {
            logger.error(e);
        } finally {
            //4.关闭 Statement 和数据库连接
```

```
        try {
            if (null != stmt) {
                stmt.close();
            }
            if (null != conn) {
                conn.close();
            }
        } catch (SQLException e) {
            logger.error(e);
        }
    }
}
```

13.3.3 使用 Statement 和 ResultSet 查询所有宠物

查询并输出 monkey 表中所有小猴子的信息,首先还是创建 Statement 对象,然后调用 executeQuery(String sql)方法执行查询操作,返回值是结果集 ResultSet 对象。

ResultSet 可以理解为由所查询结果组成的一个二维表,每行代表一条记录,每列代表一个字段,并且存在一个光标,光标所指行是当前行。只能对结果集的当前行数据进行操作。光标初始位置是第一行之前(而不是指向第一行)。通过 ResultSet 的 next()方法可以使光标向下移动一行,然后通过一系列 getXxx 方法实现对当前行各列数据的操作。

使用 ResultSet 对象的 next()方法将光标指向下一行,最初光标位于第一行之前,因此第一次调用 next()方法将把光标置于第一行上。如果执行 next()后光标指向结果集的某一行,则返回 true,否则返回 false。如果光标已指向结果集最后一行,再次调用 next()方法,则会指向最后一行的后面,此时返回 false。

方法 getXxx 提供了获取当前行中某列值的途径,列号或列名可用于标识要从中获取数据的列(Xxx 代表基本数据类型名,例如 Int、Float 等,也可以是 String)。例如,如果结果集中第一行的列名为 id,存储类型为整型,则可以使用两种方法获取存储在该列中的值。如:int id=rs.getInt(1);或者 int id=rs.getInt("id");采用列名来标识列可读性强,建议多采用这种方式,代码如例 13.5 所示。

【例 13.5】 使用 Statement 的 executeQuery()方法查询并输出小猴子的信息。

```
package ch14;
import java.sql.Connection;
import java.sql.DriverManager;
import java.sql.ResultSet;
import java.sql.SQLException;
import java.sql.Statement;
import org.apache.log4j.Logger;
/**
 * 使用 Statement 的 executeQuery()方法查询并输出小猴子信息。
 */
```

```java
public class Test5 {
    private static Logger logger = Logger.getLogger(Test5.class.getName());
    public static void main(String[] args) {
        Connection conn = null;
        Statement stmt = null;
        ResultSet rs = null;
        //1.加载驱动
        try {
            Class.forName("com.microsoft.sqlserver.jdbc.SQLServerDriver");
        } catch (ClassNotFoundException e) {
            logger.error(e);
        }
        try {
            //2.建立连接
            conn = DriverManager.getConnection(
"jdbc:sqlserver://localhost:1433;DatabaseName = epet","jbit","jbit");
            //3.查询并输出小猴子信息
            stmt = conn.createStatement();
            rs = stmt.executeQuery("select * from monkey");
            System.out.println("\t\t 小猴子信息列表");
            System.out.println("编号\t 姓名\t 健康值\t 亲密度\t 品种");
            while (rs.next()) {
                System.out.print(rs.getInt(1) + "\t");
                System.out.print(rs.getString(2) + "\t");
                System.out.print(rs.getInt("health") + "\t");
                System.out.print(rs.getInt("love") + "\t");
                System.out.println(rs.getString("strain"));
            }
        } catch (SQLException e) {
            logger.error(e);
        } finally {
            //4.关闭 Statement 和数据库连接
            try {
                if (null != rs) {
                    rs.close();
                }
                if (null != stmt) {
                    stmt.close();
                }
                if (null != conn) {
                    conn.close();
                }
```

```
        } catch (SQLException e) {
            logger.error(e);
        }
    }
}
```

运行效果如图 13-7 所示(具体输出结果因数据库中数据不同而不同)。

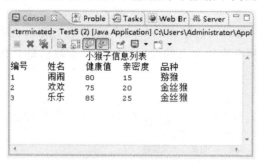

图 13-7 输出数据库 monkey 表中所有的小猴子信息

ResultSet 接口常用方法及作用如表 13-3 所示。

表 13-3 ResultSet 接口常用方法及作用

方法名	说明
boolean next()	将光标从当前位置向下移动一行
boolean previous()	游标从当前位置向上移动一行
void close()	关闭 ResultSet 对象
int getInt(int colIndex)	以 int 形式获取结果集当前行指定列号值
int getInt(String colLabel)	以 int 形式获取结果集当前行指定列名值
float getFloat(int colIndex)	以 float 形式获取结果集当前行指定列号值
float getFloat(String colLabel)	以 float 形式获取结果集当前行指定列名值
String getString(int colIndex)	以 String 形式获取结果集当前行指定列号值
String getString(String colLabel)	以 String 形式获取结果集当前行指定列名值

- 作为一种好的编程风格,应该在不需要 ResultSet 对象、Statement 对象和 Connection 对象时显式地关闭它们,语法形式为:

  public void close() throws SQLException

- 要按先 ResultSet 结果集,后 Statement,最后 Connection 的顺序关闭资源。因为 ResultSet 是通过 Statement 执行 SQL 命令得到的,而 Statement 是需要在创建连接后才可以使用的,所以三者之间存在互相依存的关系。关闭时也必须按照依存关系进行。

- 用户可以不关闭 ResultSet。当 Statement 关闭、重新执行或用于从多结果序列中获取下一个结果时,该 ResultSet 将被自动关闭。

13.3.4 上机练习

> **上机练习 2：查询所有宠物主人信息。**

➢ **训练要点**
- 使用 Statement 接口 executeQuery(String sql) 方法查询数据库。
- 使用 ResultSet 接口的 next()、getXxx() 方法遍历结果集。

➢ **需求说明**

数据库为 SQL Server 2008，数据库名"epet"，用户名"jbit"，密码"jbit"。使用 JDBC 查询其中数据表 master 中所有宠物主人的编号、姓名、元宝数信息并在控制台输出，运行效果如图 13-8 所示。

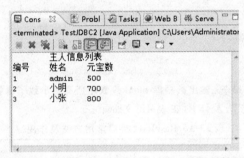

图 13-8　显示主人信息列表

➢ **实现思路及关键代码**

（1）加载 JDBC 驱动并创建数据库连接。
（2）创建 Statement 对象。
（3）调用 Statement 的 executeQuery(String sql) 方法查询主人信息，得到结果集对象。
（4）通过 ResultSet 的 next() 和 getXxx() 方法遍历结果集并输出编号、姓名、元宝数信息到控制台。

注意编写注释。

➢ **参考解决方案**

```
//查询并输出主人信息
stmt = conn.createStatement();
rs = stmt.executeQuery("select * from master");
System.out.println("\t主人信息列表");
System.out.println("编号\t姓名\t元宝数");
while (rs.next()) {
    System.out.print(rs.getInt("id") + "\t");
    System.out.print(rs.getString("name") + "\t");
    System.out.println(rs.getInt("money"));
}
```

13.4 PreparedStatement 接口

PreparedStatement 接口继承自 Statement 接口,PreparedStatement 比 Statement 对象使用起来更加灵活、更有效率。

13.4.1 为什么要使用 PreparedStatement

首先通过实例来看一下使用 Statement 接口的一个缺点。要求宠物主人根据控制台提示输入用户名和密码,如果输入正确,输出"用户登录成功!",否则输出"用户登录失败!",具体代码如例 13.6 所示。

【例 13.6】 使用 Statement 安全性差,存在 SQL 注入隐患。

```java
import java.sql.Connection;
import java.sql.DriverManager;
import java.sql.ResultSet;
import java.sql.SQLException;
import java.sql.Statement;
import java.util.Scanner;
import org.apache.log4j.Logger;
/**
 * 使用 Statement 安全性差,存在 SQL 注入隐患。
 */
public class Test6 {
    private static Logger logger = Logger.getLogger(Test6.class.getName());
    public static void main(String[] args) {
        Connection conn = null;
        Statement stmt = null;
        ResultSet rs = null;
        //0.根据控制台提示输入用户账号和密码
        Scanner input = new Scanner(System.in);
        System.out.println("\t宠物主人登录");
        System.out.print("请输入姓名:");
        String name = input.next();
        System.out.print("请输入密码:");
        String password = input.next();
        //1.加载驱动
        try {
            Class.forName("com.microsoft.sqlserver.jdbc.SQLServerDriver");
        } catch (ClassNotFoundException e) {
            logger.error(e);
        }
        try {
            //2.建立连接
```

```
            conn = DriverManager.getConnection(
"jdbc:sqlserver://localhost:1433;DatabaseName = epet","jbit","jbit");
            //3.判断宠物主人登录是否成功
            stmt = conn.createStatement();
            String sql = "select * from master where name = '" + name + "' and password = '" + password + "'";
            System.out.println(sql);
            rs = stmt.executeQuery(sql);
            if(rs.next())
                System.out.println("登录成功,欢迎您!");
            else
                System.out.println("登录失败,请重新输入!");
        } catch (SQLException e) {
            logger.error(e);
        } finally {
            //4.关闭 Statement 和数据库连接
            try {
                if (null != stmt) {
                    stmt.close();
                }
                if (null != conn) {
                    conn.close();
                }
            } catch (SQLException e) {
                logger.error(e);
            }
        }
    }
}
```

如果正确输入用户名和密码,显示登录成功。如图 13-9 所示。

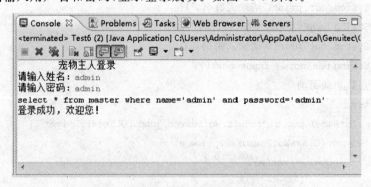

图 13-9　正确输入姓名和密码显示登录成功

当输入的用户名和密码出现错误的时候,运行效果如图 13-10 所示。

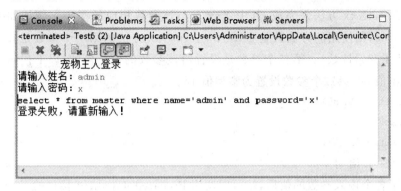

图 13-10　输入错误的用户名和密码显示登录失败

但是,如果对输入的密码进行一些改动,把输入的 x 改为 x='or'1'=' 这串字符,再来输入一下,看看会有什么效果,运行效果如图 13-11 所示。

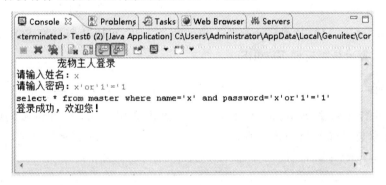

图 13-11　不知道姓名和密码也可以登录成功

可以看到,无论是什么用户名和密码,主要对密码处进行一些操作,都可以显示登录成功。这就是网上典型的 SQL 注入攻击,原因就在于使用 Statement 接口方法时要进行 SQL 语句的拼接,不仅拼接繁琐麻烦,容易出错,还存在安全漏洞。而使用 PreparedStatement 接口就不存在这个问题。

13.4.2　使用 PreparedStatement 更新宠物信息

使用 PreparedStatement 操作数据库的基本步骤有三步。

(1) 创建 PreparedStatement 对象。

通过 Connection 接口的 preparedStatement(String sql) 方法来创建 PreparedStatement 对象,SQL 语句具有一个或多个输入参数。这些输入参数的值在 SQL 语句创建时未被指定,而是为每个输入参数保留一个问号作为占位符。

以下的代码段(其中 conn 是 Connection 对象)将创建包含带有三个输入参数的 SQL 语句的 PreparedStatement 对象。

```
PreparedStatement pstmt = conn.preparedStatement("update monkey set health = ?,love = ?
 where id = ?");
```

(2)设置每个输入参数的值。

通过调用 setXxx 方法来完成,其中 Xxx 是与该参数相应的类型。例如如果参数具有 Java 类型 String,则使用的方法就是 setString。setXxx 方法的第一个参数是要设置参数的序数位置(从 1 开始计数)。第二个参数是设置给该参数的值。例如,以下代码将第一个参数设置为整型值 80,第二个参数设置为整型值 15。

    pstmt.setInt(1, 80);

    pstmt.setInt(2, 15);

    pstmt.setInt(3, 1);

(3)执行 SQL 语句。

在设置了各个输入参数的值后,就可以调用 PreparedStatement 接口的三个执行方法来执行 SQL 语句。

- ResultSet executeQuery():可以执行 SQL 查询并获取到 ResultSet 对象。
- int executeUpdate():可以执行插入、删除和更新等操作,返回值是执行该操作所影响的行数。
- boolean execute():这是一个最为一般的执行方法,可以执行任意 SQL 语句,然后获得一个布尔值,表示是否返回 ResultSet。

    这三个执行方法和 Statement 接口中三个方法名字相同,作用相同。但是不需要 SQL 语句做参数。SQL 语句已经在创建对象 PreparedStatement 时指定了。例如:

        pstmt.executeUpdate();

创建 PreparedStatement 对象时会对 SQL 语句进行预编译,所以执行速度要快于 Statement 对象。因此,如果在程序中存在需要多次执行 SQL 语句时,应使用 PreparedStatement 对象来执行数据库操作,以提高效率,代码如例 13.7 所示。

【例 13.7】 使用 PreparedStatement 更新小猴子信息。

```
import java.sql.Connection;
import java.sql.DriverManager;
import java.sql.PreparedStatement;
import java.sql.SQLException;
import org.apache.log4j.Logger;
/**
 * 使用 PreparedStatement 更新小猴子信息。
 */
public class Test7 {
    private static Logger logger = Logger.getLogger(Test7.class.getName());
    public static void main(String[] args) {
        Connection conn = null;
        PreparedStatement pstmt = null;
```

```java
//1.加载驱动
try {
    Class.forName("com.microsoft.sqlserver.jdbc.SQLServerDriver");
} catch (ClassNotFoundException e) {
    logger.error(e);
}
try {
    //2.建立连接
    conn = DriverManager.getConnection("jdbc:sqlserver://localhost:1433;
    DatabaseName = epet","jbit","jbit");
    //3.更新小猴子信息到数据库
    String sql = "update monkey set health = ?,love = ? where id = ?";
    pstmt = conn.preparedStatement(sql);
    pstmt.setInt(1, 80);
    pstmt.setInt(2, 15);
    pstmt.setInt(3, 1);
    pstmt.executeUpdate();
    pstmt.setInt(1, 90);
    pstmt.setInt(2, 10);
    pstmt.setInt(3, 2);
    pstmt.executeUpdate();
    logger.info("成功更新小猴子信息!");
} catch (SQLException e) {
    logger.error(e);
} finally {
    //4.关闭Statement和数据库连接
    try {
        if (null != pstmt) {
            pstmt.close();
        }
        if (null != conn) {
            conn.close();
        }
    } catch (SQLException e) {
        logger.error(e);
    }
}
}
```

PreparedStatement 比 Statement 好在哪里？

• 提高了代码的可读性和可维护性

虽然使用 PreparedStatement 来代替 Statement 会多几行代码，但是避免了繁琐麻烦又容易出错的 SQL 语句拼接，提高了代码的可读性和可维护性。

• 提高了 SQL 语句执行的性能

创建 Statement 对象时不使用 SQL 语句做参数，不会解析和编译 SQL 语句，每次调用方法执行 SQL 语句时都要进行 SQL 语句解析和编程操作，即操作相同仅仅是数据不同。

创建 PreparedStatement 对象时使用带占位符的 SQL 语句做参数，会解析和编译该 SQL 语句，在通过 setXxx 方法给占位符赋值后执行 SQL 语句时无需再解释和编译 SQL 语句，直接执行即可。多次执行相同操作可以大大提高性能。

• 提高了安全性

PreparedStatement 使用预编译语句，传入的任何数据都不会和已经预编译的 SQL 语句进行拼接，避免了 SQL 注入攻击。

13.4.3 上机练习

上机练习3：使用 PreparedStatement 插入宠物信息。

▷ 训练要点

PreparedStatement 接口的适用。

▷ 需求说明

数据库为 SQL Server 2008，数据库名为"epet"，用户名为"jbit"，密码为"jbit"，使用 PreparedStatement 接口向数据库 monkey 中插入两只小猴子的信息。

实现思路及关键代码

(1) 在 Java 项目创建类，包含 main 方法。

(2) 加载 JDBC 驱动并创建数据库连接。

(3) 调用 Connection 接口的 PreparedStatement(String sql)创建 PreparedStatement 对象。

(4) 调用 PreparedStatement 接口的 setXxx 方法给占位符赋值。

(5) 调用 PreparedStatement 接口的 execute()执行 SQL 语句，插入两只小猴子信息。

注意编写注释。

▷ 参考解决方案

```
//更新小猴子信息到数据库
pstmt = conn.preparedStatement("insert into dog " +
"(name,health,love,strain) values(?,?,?,?)");
pstmt.setString(1,"美美");
pstmt.setInt(2, 90);
pstmt.setInt(3, 0);
pstmt.setString(4,"猕猴");
pstmt.execute();
```

13.5 贯穿项目练习

阶段1：编写数据库连接类：BaseDao。

▷ 训练要点

Connection，PreparedStatement

▷ 需求说明

(1)创建论坛所需数据库和表。

(2)编写数据库连接类：BaseDao，该类使用 JDBC 连接数据库、释放资源、执行 SQL 语句。

▷ 实现思路及关键代码

(1)在 SQL Server 中建立数据库：bbs 和数据库表。

(2)创建数据库连接类 BaseDao，包含以下方法：

- 连接数据库。
- 释放资源。
- 执行 SQL 语句。

论坛数据库表结构见表 13-4、表 13-5、表 13-6 和表 13-7 所示。

表 13-4 用户表

表名	TBL_USER	实体名称		用户表	
主键	uId				
序号	字段名称	字段说明	类型	位数	属性	备注
1	uId	用户 id	int	4	非空	标识
2	uName	用户名	varchar	20	非空	唯一
3	uPass	用户密码	varchar	20	非空	
4	head	头像	varchar	100	非空	图片名
5	regTime	注册时间	datetime	8	非空	
6	gender	性别	smallint	2	非空	1女,2男

表 13-5 版块表

表名	TBL_BOARD	实体名称		板块表	
主键	boardId				
序号	字段名称	字段说明	类型	位数	属性	备注
1	boarded	板块 id	int	4	非空	
2	boardName	板块名称	varchar	50	非空	
3	parentId	父板块 id	int	4	非空	主版块 0

表 13-6 主题表

表名	TBL_TOPIC	实体名称			主题表	
主键	topicId					
序号	字段名称	字段说明	类型	位数	属性	备注
1	topicId	主题 id	int	4	非空	标识
2	title	标题	varchar	50	非空	
3	content	内容	varachar	1000	非空	
4	publishTime	发布时间	datetime	8	非空	
5	modifyTime	修改时间	datetime	8	非空	
6	uId	用户 id	int	4	非空	
7	boardId	板块 id	int	4	非空	

表 13-7 回复表

表名	TBL_REPLY	实体名称			回复表	
主键	replyId					
序号	字段名称	字段说明	类型	位数	属性	备注
1	replyId	回复 id	int	4	非空	标识
2	title	标题	varchar	50	非空	
3	content	内容	varchar	1000	非空	
4	publishTime	发布时间	datetime	8	非空	
5	modifyTime	修改时间	datetime	8	非空	
6	uId	用户 id	int	4	非空	
7	topicId	主题 id	int	4	非空	

参考解决方案

【BaseDao 类】

```java
public class BaseDao {
    //数据库驱动
    public final static String driver = "com.microsoft.jdbc.sqlserver.SQLServerDriver";
    //url
    public final static String url = "jdbc:microsoft:sqlserver://localhost:1433;DataBaseName=bbs";
    //数据库用户名
    public final static String dbName = "sa";
    //数据库密码
    public final static String dbPass = "sa";

    /**
     * 得到数据库连接
```

```java
 * @throws ClassNotFoundException
 * @throws SQLException
 * @return 数据库连接
 */
public Connection getConn() throws ClassNotFoundException, SQLException{
//注册驱动
    Class.forName(driver);
    //获得数据库连接
    Connection conn = DriverManager.getConnection(url,dbName,dbPass);
    //返回连接
    return conn;
}


/**
 * 释放资源
 * @param conn 数据库连接
 * @param pstmt PreparedStatement 对象
 * @param rs 结果集
 */
public void closeAll( Connection conn, PreparedStatement pstmt, ResultSet rs ) {
    /* 如果 rs 不空,关闭 rs */
    if(rs != null){
        try { rs.close();} catch (SQLException e) {e.printStackTrace();}
    }
    /* 如果 pstmt 不空,关闭 pstmt */
    if(pstmt != null){
        try { pstmt.close();} catch (SQLException e) {e.printStackTrace();}
    }
    /* 如果 conn 不空,关闭 conn */
    if(conn != null){
        try { conn.close();} catch (SQLException e) {e.printStackTrace();}
    }
}

/**
 * 执行 SQL 语句,可以进行增、删、改的操作,不能执行查询
 * @param sql  预编译的 SQL 语句
 * @param param   预编译的 SQL 语句中的'?'参数的字符串数组
 * @return 影响的条数
 */
```

```java
public int executeSQL(String preparedSql,String[] param) {
    Connection conn = null;
    PreparedStatement pstmt = null;
    int num = 0;

    /* 处理 SQL,执行 SQL */
    try {
        //得到数据库连接
        conn = getConn();
        //得到 PreparedStatement 对象
        pstmt = conn.preparedStatement(preparedSql);
        if( param != null ) {
            for( int i = 0; i<param.length; i++ ) {
                //为预编译 sql 设置参数
                pstmt.setString(i+1, param[i]);
            }
        }
        //执行 SQL 语句
        num = pstmt.executeUpdate();
    }catch (ClassNotFoundException e) {
        //处理 ClassNotFoundException 异常
        e.printStackTrace();
    }catch (SQLException e) {
        //处理 SQLException 异常
        e.printStackTrace();
    }finally {
        //释放资源
        closeAll(conn,pstmt,null);
    }
    return num;
}
```

阶段 2：使用 BaseDao 实现 UserDao 接口。

☞ 需求说明

(1) UserDaoImpl 类继承 BaseDao 类,实现 UserDao 接口。
(2) 实现 UserDao 中的以下两个方法：
- 增加用户：public int addUser(User user)
- 更新用户：public int updateUser(User user)

阶段 3：数据库查询操作。

训练要点

ResultSet

需求说明

(1)实现 TopicDao 接口查询主题列表的方法。
(2)实现 BoardDao 接口查询版块 Map 的方法。

实现思路及关键代码

(1)获得数据库连接。
(2)获得 PreparedStatement 对象。
(3)执行 SQL 语句。
(4)处理查询结果集。
(5)关闭所有连接。
(6)返回结果。

参考解决方案

【TopicDaoImpl 类】

```java
public class TopicDaoImpl extends BaseDao implements TopicDao {
    private Connection         conn  = null;    //保存数据库连接
    private PreparedStatement pstmt = null;    //用于执行 SQL 语句
    private ResultSet         rs    = null;    //用户保存查询结果集

    /**
     * 添加主题
     * @param topic
     * @return 增加条数
     */
    public int addTopic(Topic topic) {
        return 0;
    }

    /**
     * 删除主题
     * @param topicId
     * @return 删除条数
     */
    public int deleteTopic(int topicId) {
        return 0;
    }

    /**
     * 更新主题
```

```java
 * @param topic
 * @return 更新条数
 */
public int updateTopic(Topic topic) {
    return 0;
}

/**
 * 查找一个主题的详细信息
 * @param topicId
 * @return 主题信息
 */
public Topic findTopic(int topicId) {
    return null;
}

/**
 * 查找主题 List
 * @param page
 * @return 主题 List
 */
public List findListTopic(int page, int boardId) {
    //用来保存主题对象列表
    List list = new ArrayList();
    //开始行数,表示每页第一条记录在数据库中的行数
    int rowBegin = 0;
    if( page>1 ) {
    //按页数取得开始行数,设每页可以显示 10 条回复
        rowBegin = 20 * (page - 1);
    }
    String sql = "select top 20 * from TBL_TOPIC where boardId = " + boardId + " and
    topicId not in(select top " + rowBegin + " topicId from TBL_TOPIC where boardId = "
    + boardId + " order by publishTime desc )order by publishTime desc";
    try {
    //获得数据库连接
        conn = this.getConn();
        //得到一个 PreparedStatement 对象
        pstmt = conn.preparedStatement(sql);
        //执行 SQL,得到结果集
        rs = pstmt.executeQuery();
```

```java
        /*将结果集中的信息取出保存到 list 中*/
        while( rs.next() ) {
            //主题对象
            Topic topic = new Topic();
            topic.setTopicId(rs.getInt("topicId"));
            topic.setTitle(rs.getString("title"));
            topic.setPublishTime(rs.getString("publishTime"));
            topic.setUid(rs.getInt("uid"));
            list.add(topic);
        }
    }catch( Exception e ) {
        e.printStackTrace();                            //处理异常
    }finally {
        this.closeAll(conn, pstmt, rs);                 //释放资源
    }
    return list;
}

/**
 * 根据版块 id 取得该版块的主题数
 * @param boardId
 * @return 主题数
 */
public int findCountTopic(int boardId) {
    return 0;
}
}
```

阶段 4:实现 Dao 接口。

◇ **需求说明**

(1)实现 UserDao、TopicDao、BoardDao 中尚未实现的方法。
(2)向数据库表中插入几条数据测试。

本章总结

➤ JDBC 由一组使用 Java 语言编写的类和接口组成,可以为多种关系数据库提供统一访问。

➤ Sun 公司提供了 JDBC 的接口规范——JDBC API,而数据库厂商或第三方中间件厂商提供针对不同数据库的具体实现——JDBC 驱动。

➢ JDBC 访问数据库的步骤：加载 JDBC 驱动；与数据库建立连接；发送 SQL 语句，并得到返回结果；处理返回结果。

➢ 纯 Java 驱动方式运行速度快，支持跨平台，是目前常用的方式。但是这类 JDBC 驱动值对应一种数据库，甚至只对应某个版本数据库。

➢ 数据库操作结束后，应该关闭数据库连接，释放系统资源。为了确保执行，关闭数据库连接语句要放在 finally 语句块中。

➢ Statement 接口负责执行 SQL 语句，ResultSet 接口负责保存和处理 Statement 执行后所产生的查询结果。

➢ PreparedStatement 接口继承自 Statement 接口，提高了代码的可读性和可维护性。提高了 SQL 语句执行的性能，提高了安全性。

第 14 章
数据访问层

本章知识目标
- 掌握 DAO 模式
- 掌握分层开发的优势和原则
- 使用实体类传递数据
- 掌握数据访问层的职责

本章内容相对独立，以 DAO 模式为例讲解软件开发中的分层开发思想和技术，随着软件规模的扩大和业务的复杂，将一个软件分成多个层次进行开发，化大为小，分而治之，是缩短软件开发时间，提高软件开发效率的一种有效方法。也是目前软件开发一直使用的方法。本章首先讲解 DAO 模式，然后讲解分层开发的好处和原则，并辅以多个实例和上机练习来提高大家对分层开发思想和技术的理解和掌握。

14.1 数据持久化

在前面案例以及实际项目中，很多程序都有保存数据、读取数据的需要，程序运行时，保存在内存中的数据是瞬时的，关机之后将丢失。为了持久保存数据，需要将数据保存到磁盘中，比如保存到数据库或者文件中。这样，程序启动时可以从磁盘读取数据，数据发生改变或程序关闭时，保存数据到磁盘，实现数据的持久保存。

如何才能更好地实现宠物信息的持久化，有没有前人总结出的固定模式或者解决方案可以遵循的呢？

〔分析〕 这里涉及一个术语：持久化。持久化是将程序中的数据在瞬时状态和持久状态间转换的机制。JDBC 就是一种持久化机制，将程序直接保存成文本文件也是持久化机制的一种实现，但常用的是将数据保存到数据库中。

持久化时有许多问题需要考虑和明白，比如不同程序持久化数据的格式和位置是不同的，可能保存到数据库、普通文件、XML 文件中等；比如主要持久化操作包括保存、删除、修改、读取和查找等。

进行数据持久化时采用别人总结出的解决方案既可以保证代码的质量，又可以省去自己摸索的时间，何乐而不为呢？下面就结合宠物信息的持久化介绍一种常用的解决方案。

首先定义数据访问接口，隔离不同的存储操作，如例 14.1 所示，采用面向接口编程，可以降低代码间的耦合性，提高代码的可扩展性和可维护性。

【例 14.1】

```
import java.util.List;
import ch09.model13.Pet;
public interface PetDataAccessObject{
    void save(Pet pet);
    void del(Pet pet);
    void update(Pet pet);
    Pet getByName(String name);
    List<Pet> findByName(String name);
    List<Pet> findByType(String type);
}
```

尽量以对象为单位,而不是以属性为单位来传递参数,给调用者提供面向对象的接口,例如以上类中的 save(Pet pet)、del(Pet pet)、void update(Pet pet) 方法,直接以对象 pet 为形参。可以想象,如果以 Pet 类的各个属性为参数进行传递,不仅会导致参数个数很多,还会增加接口和实现类中方法的数量等。

应该由那个类来实现 PetDataAccessObject 接口呢?让实体类 Pet、Master 类实现不合适,因为这违反了"单一职能原则",不利于程序的"低耦合,高内聚"。通常是重新创建类,比如 PetDataAccessObjectJdbcOracleImpl、PetDataAccessObjectJdbcSQLServerImpl,分别给出该接口的不同实现。

定义的接口和类名太长了,可以分别简化为 PetDao、PetDaoJdbcOracleImpl、PetDaoJdbcSQLServerImpl,这样既缩短了名字长度,又不影响可读性。

PetDao 接口代码如例 14.2 所示。

【例 14.2】 PetDao 接口。

```java
import java.util.List;
/**
 * 宠物 Dao 接口。
 */
public interface PetDao {
    /**
     * 保存宠物。
     * @param pet 宠物
     */
    void save(Pet pet);
    /**
     * 删除宠物。
     * @param pet 宠物
     */
    void del(Pet pet);
    /**
     * 更新宠物。
     * @param pet 宠物
     */
    void update(Pet pet);
    /**
     * 获取指定昵称的宠物,精确查询。
     * @param name 昵称
     * @return 宠物
     */
    Pet getByName(String name);
```

```java
/**
 * 获取指定昵称的宠物列表,模糊查询。
 * @param name 昵称
 * @return 宠物列表
 */
List<Pet> findByName(String name);
/**
 * 获取指定类型的宠物列表。
 * @param type 宠物类型
 * @return 宠物列表
 */
List<Pet> findByType(String type);
}
```

PetDao 接口的实现类的部分代码如例 14.3 所示。

【例 14.3】 PetDao 接口的实现类。

```java
import java.sql.Connection;
import java.sql.DriverManager;
import java.sql.PreparedStatement;
import java.sql.SQLException;
import java.util.List;
/**
 * PetDao 针对数据库的实现类。
 */
public class PetDaoJdbcImpl extends BaseDao implements PetDao{
    /*
     * (non-Javadoc)
     */
    public void del(Pet pet) {
        //1.数据库连接信息
        String driver = "com.microsoft.sqlserver.jdbc.SQLServerDriver";
        String url = "jdbc:sqlserver://localhost:1433;DatabaseName=epet";
        String user = "jbit";
        String password = "jbit";
        //2.更新宠物状态信息
        Connection conn = null;
        PreparedStatement pstmt = null;
        try {
            Class.forName(driver);
            conn = DriverManager.getConnection(url, user, password);
            pstmt = conn.preparedStatement("update pet set status = 0 where id = ?");
            pstmt.setInt(1, pet.getId());
```

```java
            pstmt.executeUpdate();
        } catch (ClassNotFoundException e) {
            e.printStackTrace();
        } catch (SQLException e) {
            e.printStackTrace();
        } finally {
            try {
                if (null != pstmt) {
                    pstmt.close();
                }
            } catch (SQLException e) {
                e.printStackTrace();
            }
            try {
                if (null != conn) {
                    conn.close();
                }
            } catch (SQLException e) {
                e.printStackTrace();
            }
        }
    }

    @Override
    public List<Pet> findByName(String name) {
        // TODO Auto-generated method stub
        return null;
    }

    @Override
    public Pet getByName(String name) {
        // TODO Auto-generated method stub
        return null;
    }

    @Override
    public List<Pet> findByType(String type) {
        // TODO Auto-generated method stub
        return null;
    }
```

```java
    @Override
    public void save(Pet pet) {
        //TODO Auto-generated method stub

    }

    @Override
    public void update(Pet pet) {
        //TODO Auto-generated method stub

    }
}
```

在例 14.2 和例 14.3 中都用到了实体类 Pet 类,该类的属性与数据库表 pet 的字段对应,并提供相应的 getter/setter 方法,用来存放与传输宠物对象的信息。Pet 类的代码如例 14.4 所示。

【例 14.4】 宠物实体类。

```java
import java.util.Date;

/**
 * 宠物实体类。
 */
public class Pet {
    private int id;                    //宠物 id
    private int masterId;              //主人 id
    private String name;               //昵称
    private int typeId;                //类型 id
    private int health;                //健康值
    private int love;                  //亲密度
    private Date adoptTime;            //领养时间
    private String status;             //状态
    public int getId() {
        return id;
    }
    public void setId(int id) {
        this.id = id;
    }
    public int getMasterId() {
        return masterId;
    }
    public void setMasterId(int masterId) {
        this.masterId = masterId;
```

```java
    }
    public String getName() {
        return name;
    }
    public void setName(String name) {
        this.name = name;
    }
    public int getTypeId() {
        return typeId;
    }
    public void setTypeId(int typeId) {
        this.typeId = typeId;
    }
    public int getHealth() {
        return health;
    }
    public void setHealth(int health) {
        this.health = health;
    }
    public int getLove() {
        return love;
    }
    public void setLove(int love) {
        this.love = love;
    }

    public Date getAdoptTime() {
        return adoptTime;
    }
    public void setAdoptTime(Date adoptTime) {
        this.adoptTime = adoptTime;
    }
    public String getStatus() {
        return status;
    }
    public void setStatus(String status) {
        this.status = status;
    }
}
```

在例 14.3 中的 PetDaoJdbcImpl 类的各个方法中都会涉及数据库连接的建立和关闭操作，一方面导致代码重复，另一方面也不利于以后的修改。可以把数据库连接的建立和关闭操作提取出来,放到一个专门的 BaseDao 中。这样一来,在 PetDaoJdbcImpl 中需要建立和关闭数据库连接时只调用相应的方法即可。具体代码如例 14.5 所示。

【例 14.5】 数据库连接与关闭工具类。

```java
import java.sql.Connection;
import java.sql.DriverManager;
import java.sql.ResultSet;
import java.sql.Statement;
/**
 * 数据库连接与关闭工具类。
 */
public class BaseDao {
    private static String driver = "com.microsoft.sqlserver.jdbc.SQLServerDriver";
                                                        //数据库驱动字符串
    private static String url = "jdbc:sqlserver://localhost:1433;DatabaseName = epet";
                                                        //连接 URL 字符串
    private static String user = "jbit";        //数据库用户名
    private static String password = "jbit";    //用户密码
    /**
     * 获取数据库连接对象。
     */
    public Connection getConnection() {
        Connection conn = null;                 //数据连接对象
        //获取连接并捕获异常
        try {
            Class.forName(driver);
            conn = DriverManager.getConnection(url, user, password);
        } catch (Exception e) {
            e.printStackTrace();                //异常处理
        }
        return conn;                            //返回连接对象
    }
    /**
     * 关闭数据库连接。
     * @param conn 数据库连接
     * @param stmt Statement 对象
     * @param rs 结果集
     */
    public void closeAll(Connection conn, Statement stmt, ResultSet rs) {
        //若结果集对象不为空,则关闭
        if (rs != null) {
            try {
```

```
                rs.close();
            } catch (Exception e) {
                e.printStackTrace();
            }
        }
        // 若 Statement 对象不为空,则关闭
        if (stmt != null) {
            try {
                stmt.close();
            } catch (Exception e) {
                e.printStackTrace();
            }
        }
        // 若数据库连接对象不为空,则关闭
        if (conn != null) {
            try {
                conn.close();
            } catch (Exception e) {
                e.printStackTrace();
            }
        }
    }
}
```

现在对非常流行的数据访问模式——DAO 模式总结如下:

DAO,就是 Data Access Object(数据存取对象),位于业务逻辑和持久化数据之间实现对持久化数据的访问。

在面向对象设计过程中,有一些"套路"用于解决特定问题,称为模式。DAO 模式提供了访问关系型数据库系统所需要做的接口。将数据访问和业务逻辑分离,对上层提供面向对象的数据访问接口。

从以上 DAO 模式使用可以看出,DAO 模式的好处就在于它实现了两次隔离。

- 隔离了数据访问代码和业务逻辑代码。业务逻辑代码直接调用 DAO 方法即可,完全感觉不到数据库表的存在。分工明确,数据访问层代码变化不影响业务逻辑代码,这符合单一职能原则,降低了耦合性,提高了可复用型。
- 隔离了不同数据库实现,采用面向接口编程,如果底层数据库变化,例如由 Oracle 变为 SQL Server,那么只要增加 DAO 接口的新实现类即可,原有 Oracle 实现不用修改,这符合"开—闭"原则,降低了代码的耦合性,提高了代码扩展性和系统的可移植性。

一个典型的 DAO 模式主要由以下几个部分组成。

- DAO 接口:把对数据库的所有操作定义成一个个抽象方法,可以提供多种实现。
- DAO 实现类:针对不同数据库给出 DAO 接口定义方法的具体实现。
- 实体类:用于存放与传输对象数据。
- 数据库连接和关闭工具类:避免了数据库连接和关闭代码的重复使用,方便修改。

14.2 上机练习

上机练习1：定义 MasterDao 接口和 MasterDaoJdbcImpl 实现类。

▶ **训练要点**

数据持久化。

▶ **需求说明**

定义 MasterDao 接口，开发其实现类 MasterDaoJdbcImpl，完成主人登录验证的 JDBC 操作代码，为宠物主人登录验证做好数据访问层代码准备。

数据库为 SQL Server 2008，数据表使用前面的 master 表

实现思路及关键代码：

(1)定义实体类 Master，与数据库表 master 对应，并提供 getter/setter 方法。

(2)定义工具类 BaseDao，实现数据库连接和关闭操作。

(3)定义 MasterDao 接口，提供常用数据库操作的方法定义，包括登录验证的方法。

void findByNamePwd(StringloginId，String password);

(4)开发 MasterDaoJdbcImpl 类，继承 BaseDao 类，实现 MasterDao 接口，给出登录验证方法的具体实现代码即可。

注意编写注释。

▶ **参考解决方案**

参考例 14.2－例 14.5 的代码。

上机练习2：调用 DAO 类实现主人登录。

▶ **训练要点**

数据持久化。

▶ **需求说明**

在上机练习1的基础上，编写业务代码和测试类代码，完成主人登录验证功能。运行测试类，主人登录成功和失败的运行结果如图 14-1 和图 14-2。

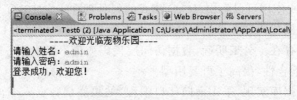

图 14-1　主人登录成功界面

图 14-2　主人登录失败界面

▶ **实现思路及关键代码**

在上机练习 1 实现代码的基础上继续如下操作。

(1) 定义业务类 MasterManager,编写 login()方法,完成主人控制台登录过程并调用 DAO 代码验证主人登录是否成功。

(2) 定义测试类 Test,测试登录验证功能。

▶ **参考解决方案**

业务类 MasterManager.java 的代码如下:

```java
package ch14.epet.manager;
import java.util.Scanner;
import ch14.epet.dao.MasterDao;
import ch14.epet.dao.impl.MasterDaoJdbcOracleImpl;
import ch14.epet.entity.Master;

/**
 * 主人业务类。
 */
public class MasterManager {
    /**
     * 主人登录。
     */
    public void login() {
        //1.获得输入对象
        Scanner input = new Scanner(System.in);
        //2.打印欢迎信息
        System.out.println("----欢迎光临宠物乐园----");
        //3.获取用户输入的登录名、密码
        System.out.print("请输入登录名:");
        String loginId = input.next();
        System.out.print("请输入密码:");
        String password = input.next();
        //4.检查登录名、密码是否合法,并输出提示信息
        MasterDao masterDao = new MasterDaoJdbcOracleImpl();
        Master master = masterDao.getByName(loginId);
        if (null != password && password.equals(master.getPassword())) {
            System.out.println("登录成功!");
        } else {
            System.out.println("用户名或密码错误,登录失败!");
        }
    }
}
```

测试类 Test.java 的代码如下:

```java
package ch14.epet;
import ch14.epet.manager.MasterManager;

/**
 * 测试类。
 */
public class Test {
    public static void main(String[] args) {
        MasterManager masterManager = new MasterManager();
        masterManager.login();
    }
}
```

14.3 分层开发

随着软件规模的扩大、业务的复杂,将一个软件分成多个层次进行开发,化大为小,分而治之,是缩短软件开发时间,提高软件开发效率的一种有效方法,也是目前软件开发一直使用的方法。DAO 模式就是分层开发思想的一种具体体现。下面结合 DAO 模式就分层开发进行专门介绍。

14.3.1 分层开发的优势

采用 DAO 模式后,数据访问代码被提取出来,由 DAO 接口和实现类来实现功能,形成数据访问层,该层代码一般放在 dao 包下,其他层不用再考虑繁琐的数据访问操作。层层之间通过实体类来传输数据。

分层开发是可以带来好处,还是凭空增加负担呢?其实只要你仔细观察,就会发现在生活中分层处理的情况比比皆是。例如餐厅,就可以分为服务生、厨师、采购员三个层次,他们各司其职,依次配合,共同工作,保证餐厅正常运转。某一类人员的变动不对相邻层产生影响。再比如制造汽车,就可以分为汽车制造商、零件制造商、炼钢厂、采矿场等层次,后一个层次为前一个层次提供直接服务。在现实生活中有没有一个厂商把所有这些工作都自己完成?这恐怕很少,为什么呢?就因为通过不同层次分工,不仅可以精研业务,提高服务质量,还可以减轻自身负担,集中精力发展自身优势服务。在软件开发中,进行分层开发具有什么优势呢?结合前面的 DAO 模式和生活实例很容易发现。

- 每一层专注于自己功能的实现,便于提高质量,不同层次的关注点是不同的。数据访问层主要是数据库访问,业务逻辑层的重点是业务逻辑。前端表示层专注于页面的布局和美观。根据不同层次需要由最合适的技术人员来实现,从而提高开发质量。
- 便于分工协作,从而提高效率。一旦定义好各个层次之间的接口,每个开发人员的任务得到了确认,不同层次的开发人员就可以各司其职,齐头并进,从而大大加快开发进度。
- 便于代码复用,每个模块一旦定义好统一的对外接口,就可以被各个模块调用,从而不用对相同的功能进行重复开发。比如不同的业务逻辑模块如果需要对相同数据库表进行操作,无需各自开发相应的 DAO 模块,复用即可。

- 便于程序扩展。比如 DAO 模式中采用面向接口编程,底层数据库发生变化,可以通过增加接口的新实现来解决,实现无损替换,而不是修改原有代码,便于程序扩展。

14.3.2 分层的原则

分层开发的优势都是建立在合理分层基础上的,不合理分层可能适得其反,加大开发难度,延长开发时间。分层时应该坚持哪些原则呢?还是从日常生活案例谈起吧,比如电脑由硬件、操作系统、应用软件三个层次组成,这种分层有什么特点?

- 每一层都有自己的职责,比如硬件负责存储、运算、通信等,而操作系统负责管理硬件,应用软件工作在操作系统上,实现业务功能,满足用户需要。
- 上一层不用关心下一层的实现细节,上一层通过下一层提供的对外接口来使用其功能。应用软件不用知道操作系统是如何管理硬件的,而操作系统也无需关心硬件的具体生产流程。
- 上一层调用下一层的功能,下一层不能调用上一层功能。下一层为上一层提供服务,而不使用上一层提供的服务。

与此类似,在分层开发中,分层也应检查类似原则。

- 封装性原则:简单而言,就是每个层次向外提供公开的统一接口,而隐藏内部的功能实现细节,其他层次不能也没有必要了解其内部细节。
- 顺序访问原则:下一层为上一层提供服务,而不使用上层提供的服务。业务逻辑层可以访问数据访问层的功能,而数据访问层不能访问业务逻辑层的功能,不是互相访问,而是顺序访问。

每一层都有自己的职责,对于数据访问层而言,它的职责就是执行数据访问操作,为了提高封装性,应注意提供给业务逻辑层的接口不应该包含数据访问细节,例如不能直接返回 ResultSet 对象。而要在 DAO 内部进行关系表到对象的转换,以集合对象返回。对于连接字符串、SQL 语句、文件路径等直接在数据访问层提供,而不要通过业务逻辑层传入。

14.3.3 使用实体类传递数据

在分层结构中,不同层之间通过实体类来传输数据。例如本章前面的 Pet 类和 Master 类,把相关信息使用实体类封装后,在程序中把实体类作为方法的输入参数或返回结果,实现数据传递,非常方便。关于实体类,主要有以下特征。

- 实体类的属性一般使用 private 修饰。
- 根据业务需要和封装性要求对实体类的属性提供 getter/setter 方法,负责属性的读取和赋值,一般使用 public 修饰。
- 对实体类提供无参构造方法,根据业务需要提供相应的有参构造方法。
- 实体类最好实现 java.io.Serializable,支持序列化机制,可以将该对象转换成字节序列而保存在磁盘上或在网络上传输。
- 如果实体类实现了 java.io.Serializable,就应该定义属性 serialVersionUID,解决不同版本之间的序列化问题。例如:

```
private static final long serialVersionUID = 2070056025956126480L;
```
例14.6提供了一个实体类的标准定义。

【例14.6】 用户实体类。

```java
package ch15;
/**
 * 用户实体类
 */
public class User implements java.io.Serializable{
    private static final long serialVersionUID = 2070056025956126480L;
    private int id;                    //用户id
    private String name;               //姓名
    private int age;                   //年龄
    private String sex;                //性别
    private String address;            //家庭住址
    /**
     * 无参构造方法。
     */
    public User() {
    }
    /**
     * 有参构造方法。
     * @param name 姓名
     * @param age 年龄
     * @param sex 性别
     * @param address 家庭住址
     */
    public User(String name, int age, String sex, String address) {
        this.name = name;
        this.age = age;
        this.sex = sex;
        this.address = address;
    }
    public int getId() {
        return id;
    }
    public void setId(int id) {
        this.id = id;
    }
    public String getName() {
        return name;
    }
```

```java
    public void setName(String name) {
        this.name = name;
    }
    public int getAge() {
        return age;
    }
    public void setAge(int age) {
        this.age = age;
    }
    public String getSex() {
        return sex;
    }
    public void setSex(String sex) {
        this.sex = sex;
    }
    public String getAddress() {
        return address;
    }
    public void setAddress(String address) {
        this.address = address;
    }
}
```

14.4 上机练习

上机练习 3：记录车辆购置税。

↳ **训练要点**
- 分层开发
- DAO 模式

↳ **需求说明**

开发一个程序，用于记录车辆购置税，要求如下：
- 由控制台录入数据，提交后保存到 SQL Server 数据库。
- 需要保存的信息包括：车主身份证号码（18 位）、购置日期、车辆识别代码（17 位）、车型、官方指导价、发票价格、缴纳车辆购置税金额。
- 目前车辆购置税征收办法如下：

车辆购置税征收额根据计税价格计算，计税价格计算公式如下：

计税价格＝购车发票价格/(1＋17％)

排量在 1.6 升及以下车型的计算公式如下：

车辆购置税＝计税价格 * 7.5％。

排量在1.6升以上的车型计算公式如下：
车辆购置税＝计税价格＊10％。

❧ **实现思路及关键代码**

（1）创建数据库表 vehicle_purchase_tax，根据需求定义字段名，字段类型。数据库采用 SQL Server2008。

（2）开发实体类 VehiclePurchaseTax，属性与数据库表 vehicle_purchase_tax 的字段对应，并提供 getter/setter 方法和构造方法。

（3）开发数据访问层。

定义 VehiclePurchaseTaxDao 接口，提供常用数据库操作的方法定义，包括存储车辆购置税的方法。

```
void save(VehiclePurchaseTax item);
```

开发 VehiclePurchaseTaxDaoImpl 类，实现 VehiclePurchaseTaxDao 接口，只需给出保存车辆购置税方法的具体实现代码即可，其他未实现方法可以先使用如下语句抛出异常信息。

```
throws new Exception("未实现");
```

（4）开发数据库连接关闭工具类（重用前面上机练习的相关代码即可）。

（5）完成程序，实现车辆购置税记录功能。

注意编写注释。

❧ **参考解决方案**

参考本章例14.2—例14.5，参考上机练习1和上机练习2的代码。

本章总结

➤ 持久化是将程序中数据在瞬时状态和持久状态间转换的机制。JDBC是一种持久化机制，将程序直接保存成文本文件也是持久化机制的一种实现。

➤ DAO 就是 Date Access Object（数据存取对象），位于业务逻辑和持久化数据之间，实现对持久化数据的访问。

➤ DAO 模式提供了访问关系型数据库系统所需的操作接口，将数据访问和业务逻辑分离，对上层提供面向对象的数据访问接口。

➤ 一个典型的 DAO 模式主要由 DAO 接口、DAO 实现类、实体类、数据库连接和关闭工具类组成。

➤ 使用分层开发便于提高开发质量，提高开发效率，便于代码复用，便于程序扩展，降低代码的耦合性。

➤ 分层开发的种种优势都是建立在合理分层的基础上的，分层时应坚持封装性原则和顺序访问原则。

➤ 在分层结构中，不同层之间通过实体类传输数据。在程序中把实体类作为方法的输入参数或返回结果，实现数据的传递，非常方便。

第 15 章
XML 和 File I/O

本章知识目标
- 理解 XML 概念及作用
- 使用 CSS 修饰 XML 文档
- 使用 DOM 解析 XML 文档
- 使用 Reader 读取文件内容
- 使用 Writer 输出内容到文件

本章讲解 XML 和 FILE I/O 内容，XML 是目前流行的数据存储和交换技术，主要讲解 XML 的定义和作用，结构定义标准，使用 CSS 修饰 XML。使用 DOM 解析 XML 等内容。在 FILE I/O 部分，将通过一个按照规范格式保存宠物数据到文本文件的例子讲解字符输入流类 Reader 和字符输出流类 Writer 的使用，实现对文件输入输出操作。

15.1 XML 简介

15.1.1 XML 定义

XML(Extensible markup Language)即可扩展标记语言，它是一种简单的数据存储语言，使用一系列简单的标签描述数据，而这些标签可以用方便的方式建立。

XML 和 XHTML 都是标记语言，但它们之间有很大的区别，那么就从两者的区别开始 XML 的学习吧。

【例 15.1】 example.xhtml。

```
<? xml version = "1.0" encoding = "UTF-8"? >
<! DOCTYPE html PUBLIC " - //W3C//DTD XHTML 1.0 Transitional//EN"
 "http://www.w3.org/TR/xhtml1/DTD/xhtml1 - transitional.dtd">
<html xmlns = "http://www.w3.org/1999/xhtml" xml:lang = "en" lang = "en">
    <head>
        <title>XHTML 网页示例</title>
    </head>
    <body>
        这是一个 XHTML 网页！<br/>
        <hr width = "500" align = "left"/>
        XHTML 标签都是标准标签，不允许自定义标签。
    </body>
</html>
```

【例 15.2】 pet1.xml。

```
<? xml version = "1.0" encoding = "UTF-8"? >
<宠物们>
    <小猴子 id = "1">
        <姓名>naonao</姓名>
        <健康值>100</健康值>
        <亲密度>0</亲密度>
        <品种>猕猴</品种>
    </小猴子>
    <小猴子 id = "2">
        <姓名>OUOU</姓名>
        <健康值>90</健康值>
```

  <亲密度>15</亲密度>

  <品种>金丝猴</品种>

 </小猴子>

</宠物们>

  通过例15.1和例15.2的比较,可以看到两种语言都是标记语言,都采用了大量有层次关系的标签。但是两者之间也有很多的区别,主要表现在以下两个方面。

  XHTML 标签都有固定含义,不能去创造新的标签,而 XML 支持自定义标签,具有扩展性。

  XHTML 主要用来显示数据,可以通过标签和属性对页面显示进行排版,而 XML 用来存储和交换数据,无法描述页面的排版和显示形式。

  XML 文档总是以 XML 声明开始,它定义了 XML 的版本和所使用的编码等信息。该声明以"<?"开始,紧跟"xml"字符串,以"？>"结束,如例 15.2 所示。

  <? xml version = "1.0" encoding = "UTF-8"? >

  XML 文档的主要部分是元素,元素由开始标签,元素内容和结束标签组成。元素内容可以包含子元素,字符数据等。

  XML 文档中的注释符号是<! ---->。

15.1.2 XML 结构定义

  虽然可以发挥自己的想象力去建筑房屋,但实际中都要有相应建筑图纸,以此为依据来建筑,来验收。不管招标的是哪家建筑公司,依据同一份图纸建筑。都可以保证建筑的一致性。

  同理,虽然在 XML 文件中可以任意定义标签,但是为了更好地编写 XML 文档,为了更好地验证 XML 文档,为了能通过 XML 有效地交换数据,为了让别人也看懂甚至修改 XML 文档,一般也要使用"图纸"来定义 XML 文档的结构。

  目前用定义 XML 文档结构的"图纸"来定义 XML 文档的结构。

  目前定义 XML 文档结构的"图纸"有两种形式:DTD 和 XSD。

  DTD(Document Type Definition 文档类型定义)是一种保证 XML 文档格式正确的有效方式。虽然 DTD 不是必须的,但它为文档编制带来了极大方便。可以通过比较 XML 文档和 DTD 文件来看文档是否符合规范,元素和标签使用是否正确。

  XML 文件提供给应用程序一个数据交换的格式,DTD 则让 XML 文件能够成为数据交换的标准。因为不同公司只需定义好标准的 DTD,各公司都能够依照 DTD 建立 XML 文件,并且进行验证。如此就可以轻易地建立标准和交换数据,这样满足了网络共享和数据交互。

  DTD 可以定义在 XML 文档中,仅作用于当前文档,如例 15.3 所示,也可作为一个外部文件存在,作用于所有导入它的 XML 文档。

  【例 15.3】 pet2.xml。

  <? xml version = "1.0" encoding = "UTF-8"? >

```xml
<!--使用内部 DTD 文件 -->
<!DOCTYPE pets [
<!ELEMENT pets (dogs,penguins)>
<!ELEMENT dogs (dog*)>
<!ELEMENT penguins (penguin+)>
<!ELEMENT dog (name,health,love,strain?)>
<!ATTLIST dog id CDATA #REQUIRED>
<!ELEMENT penguin (name,health,love,sex)>
<!ATTLIST penguin id CDATA #REQUIRED>
<!ELEMENT name (#PCDATA)>
<!ELEMENT health (#PCDATA)>
<!ELEMENT love (#PCDATA)>
<!ELEMENT strain (#PCDATA)>
<!ELEMENT sex (#PCDATA)>
]>
<pets>
    <dogs>
        <dog id="1">
            <name>YAYA</name>
            <health>100</health>
            <love>0</love>
            <strain>酷酷的雪娜瑞</strain>
        </dog>
        <dog id="2">
            <name>OUOU</name>
            <health>90</health>
            <love>15</love>
            <strain>聪明的拉布拉多犬</strain>
        </dog>
    </dogs>
    <penguins>
        <penguin id="3">
            <name>QQ</name>
            <health>100</health>
            <love>20</love>
            <sex>Q仔</sex>
        </penguin>
    </penguins>
</pets>
```

在浏览器中查看该文件,效果如图 15-1 所示。

图 15-1　使用浏览器查看 XML 文档源码

例 15.3 中黑体部分即为该文档的内部 DTD 定义,其基本定义格式是:

<！DOCTYPE 根元素 [元素声明]>

具体解释如下:

<！DOCTYPE pets [　　//根元素 pets

<！ELEMENT pets (dogs,penguins)>　　//pets 直接下级元素是 dogs、penguins,顺序固定只能
　　　　　　　　　　　　　　　　　　　　　出现一次

<！ELEMENT dogs (dog *)>　　//dogs 直接下级元素时 dog,* 表示 dog 元素可以出现
　　　　　　　　　　　　　　　　0 到多次

<！ELEMENT penguins (penguin＋)>　　//penguins 直接下级元素时 penguin,* 表示 penguin
　　　　　　　　　　　　　　　　　　　　至少出现一次

<！ELEMENT dog (name,health,love,strain?)>

//dog 的直接下级元素一次是 name,health,love,strain,表示 strain 元素出现 0 次到 1 次

<！ATTLIST dog id CDATA ♯REQUIRED>　　//dog 元素有 id 属性,是 CDATA 类型,必须出现

<！ELEMENT penguin (name,health,love,sex)>

<！ATTLIST penguin id CDATA ♯REQUIRED>

<！ELEMENT name (♯PCDATA)>　　//name 元素为"♯PCDATA"类型

<！ELEMENT health (♯PCDATA)>

<！ELEMENT love (♯PCDATA)>

<！ELEMENT strain (♯PCDATA)>

<！ELEMENT sex (♯PCDATA)>

]>

如果多个 XML 文件使用同一个 DTD 文件，可以把 DTD 定义放到独立文件中，扩展名是.dtd，然后在 XML 文件中引入该文件，既避免了代码重复，也利于 DTD 的修改。如例 15.4 和例 15.5 所示。

【例 15.4】 pet3.xml。

```xml
<?xml version="1.0" encoding="UTF-8"?>
<!--使用外部 DTD 文件-->
<!DOCTYPE pets SYSTEM "pet.dtd">
<pets>
    <dogs>
        <dog id="1">
            <name>YAYA</name>
            <health>100</health>
            <love>0</love>
            <strain>酷酷的雪娜瑞</strain>
        </dog>
        <dog id="2">
            <name>OUOU</name>
            <health>90</health>
            <love>15</love>
            <strain>聪明的拉布拉多犬</strain>
        </dog>
    </dogs>
    <penguins>
        <penguin id="3">
            <name>QQ</name>
            <health>100</health>
            <love>20</love>
            <sex>Q 仔</sex>
        </penguin>
    </penguins>
</pets>
```

在例 15.4 中并没有 DTD 定义，而是引入了外部 DT 文件 pet.dtd。该文件内容如例 15.5 所示。

【例 15.5】 pet.dtd。

```dtd
<!ELEMENT pets (dogs,penguins)>
<!ELEMENT dogs (dog*)>
<!ELEMENT penguins (penguin+)>
<!ELEMENT dog (name,health,love,strain?)>
<!ATTLIST dog id CDATA #REQUIRED>
<!ELEMENT penguin (name,health,love,sex)>
<!ATTLIST penguin id CDATA #REQUIRED>
```

```
<!ELEMENT name (#PCDATA)>
<!ELEMENT health (#PCDATA)>
<!ELEMENT love (#PCDATA)>
<!ELEMENT strain (#PCDATA)>
<!ELEMENT sex (#PCDATA)>
```

XSD(XML SCHEMA)是继DTD之后,用来规范和描述XML文档结构的第二代标准,与DTD相比,XSD本身就是XML文档结构,支持更多的数据类型,具有很强的扩展能力,提供对XML文档信息的更多描述。

> XHTML文档实际上就是指定了外部DTD文件的XML文档。因为外部DTD文件的存在,所有的XHTML文档都遵循统一标准,有着相同的结构。
>
> 所有的XHTML文档都以XML声明开始,并引入外部DTD文件。例如:
> ```
> <?xml version="1.0" encoding="UTF-8"?>
> <!DOCTYPE html PUBLIC "-//W3C//DTD XHTML 1.0 Transitional//EN"
> "http://www.w3.org/TR/xhtml1/DTD/xhtml1-transitional.dtd">
> ```

15.1.3 XML 的作用

XML一经推出,就得到IT业界巨头的响应,很快在各行各业展露了身影。XML独立于计算机平台、操作系统和编程语言来表示数据,凭借其简单性、可扩展性、交互性和灵活性在计算机行业中得到了世界范围的支持和采纳。XML主要作用如下:

• 数据存储:XML与Oracle和SQL Server等数据库一样,都可以实现数据的持久化存储。两者相比,数据库提供了更强有力的数据存储和分析能力,例如:数据索引、排序、查找、相关一致性等,XML仅仅是存储数据。XML与其他数据表现形式最大的不同是它极其简单。

• 数据交换:在实际运用中,由于各个计算机所使用的操作系统、数据库不同,因此数据之间的交换向来是头疼的事。现在可以使用XML来交换数据。例如可以将数据库A中的数据转换成标准的XML文件,然后数据库B再将该标准的XML文件转换成适合自己的数据要求的数据,以达到交换数据的目的。

• 数据配置:许多应用都将配置数据存储在XML文件中,比如在Servlet中使用的web.xml,在Struts2.0中使用struts.xml,在Hibernate中使用的hibernate.cfg.xml,在Spring中使用的applicationContext.xml等。使用XML配置文件可读性强,灵活性高,不用像其他应用那样要经过重新编译才能修改和维护应用系统。

15.1.4 XML 和 CSS 共同使用

在图15-1中,显示了XML文件的源代码,不要指望XML文件会直接显示为HTML页面,因为XML文档只是用来存储数据,并没有携带任何如何显示数据的信息。由于XML标签由XML文档的作者"发明"的,浏览器无法确定像<table>这样一个标签究竟是描述一个 HTML 表格还是一个餐桌。

如果希望 XML 文档出现 HTML 页面的显示效果,可以采用 CSS 为它定义如何显示的信息,实现 XML 文档内容的格式化输出。代码如例 15.6 所示。

【例 15.6】 pet.css。

```
pets{
    display:block;
    color:red;
}

dog,penguin{
    display:block;
    margin-left:40pt;
}
```

把文件 pet.css 放到例 15.3 和例 15.4 相同目录下,然后在例 15.3 和例 15.4 的第二行添加引入 CSS 文件语句:

<?xml-stylesheet type="text/css" href="pet.css"?>

图 15-2 使用 CSS 修饰的 XML 文档显示效果

使用 CSS 格式化 XML 不能代表 XML 文档格式化的未来。XML 文档应当使用 XSL 标准进行格式化,XSL 是首选的 XML 样式表语言,远比 CSS 更加完善。

XML 的其他概念。

• Xpath:一门在 XML 文档中查找信息的语言,用于在 XML 文档中通过元素和属性进行导航。

• XSLT:XSL 转换(XSL Transformations),是一种用于将 XML 文档转换为 XHTML 文档或其他 XML 文档的语言。XSLT 使用 XPath 在 XML 文档中进行导航。

• XSL:可扩展样式表语言(Extensible Stylesheet Language),XSL 之于 XML,就像 CSS 之于 HTML,是一种用于格式化 XML 数据输出的语言。XSL 主要包含两个部分:XSLT 和 XPath,其中 XSLT 是 XSL 最重要的部分。

15.2 解析 XML

在实际应用中,经常需要对 XML 文档进行各种操作,例如在应用程序启动时读取 XML 配置文件中的信息,或者把数据库中的内容读取出来转换为 XML 文档形式,这些时候都会用到 XML 文档的解析技术。

目前最常用的 XML 解析技术是 DOM 和 SAX。SUN 公司提供了 JAXP(Java API for XML Processing)来使用 DOM 和 SAX,JAXP 包含三个包,这三个包都在 JDK 中。

- org.w3c.dom:W3C 推荐的用于使用 DOM 解析 XML 文档的接口。
- org.xml.sax:用于使用 SAX 解析 XML 文档的接口。
- javax.xml.parsers:解析器工厂工具,程序员获得并配置特殊的特殊语法分析器。

15.2.1 使用 DOM 解析 XML

DOM 是 Document Object Model 的缩写,即文档对象模型,DOM 把 XML 文档映射成一个倒挂的树,以根元素为根节点,每个节点都以对象形式存在。通过存取这些对象就能够存取 XML 文档的内容。

下面使用 DOM 对例 15.3 所示的 XML 文件进行解析,文件名是 pet2.xml,要求查询输出其中所有狗狗的信息。代码如例 15.7 所示

【例 15.7】 使用 DOM 解析 xml 文档。

```
import java.io.FileNotFoundException;
import java.io.IOException;
import javax.xml.parsers.DocumentBuilder;
import javax.xml.parsers.DocumentBuilderFactory;
import javax.xml.parsers.ParserConfigurationException;
import org.w3c.dom.Document;
import org.w3c.dom.Element;
import org.w3c.dom.Node;
import org.w3c.dom.NodeList;
import org.xml.sax.SAXException;
/**
 * 使用 DOM 解析 xml 文档。
 */
public class TestDOM {
    public static void main(String[] args) {
        //1.得到 DOM 解析器的工厂实例
DocumentBuilderFactory dbf = DocumentBuilderFactory.newInstance();
        try {
            //2.从 DOM 工厂获得 DOM 解析器
            DocumentBuilder db = dbf.newDocumentBuilder();
            //3.解析 XML 文档,得到一个 Document,即 DOM 树
            Document doc = db.parse("pet2.xml");
```

```java
//4.得到所有<DOG>节点列表信息
NodeList monkeyList = doc.getElementsByTagName("monkey");
System.out.println("xml 文档中共有" + monkeyList.getLength() + "条小猴子信息");
//5.轮循小猴子信息
for (int i = 0; i<monkeyList.getLength(); i++) {
    //5.1.获取第 i 个小猴子元素信息
    Node monkey = monkeyList.item(i);
    //5.2.获取第 i 个小猴子元素的 id 属性的值并输出
    Element element = (Element) monkey;
    String attrValue = element.getAttribute("id");
    System.out.println("id:" + attrValue);
    //5.3.获取第 i 个小猴子元素的所有子元素的名称和值并输出
    for (Node node = monkey.getFirstChild(); node != null; node = node.
    getNextSibling()) {
        if (node.getNodeType() ==Node.ELEMENT_NODE) {
            String name = node.getNodeName();
            String value = node.getFirstChild().getNodeValue();
            System.out.print(name + ":" + value + "\t");
        }
    }
    System.out.println();
}
} catch (ParserConfigurationException e) {
    e.printStackTrace();
} catch (FileNotFoundException e) {
    e.printStackTrace();
} catch (SAXException e) {
    e.printStackTrace();
} catch (IOException e) {
    e.printStackTrace();
}
}
}
```

运行效果如图 15-3 所示。

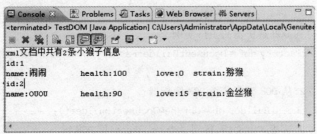

图 15-3　使用 DOM 解析 XML 文档

如例 15.7 所示,使用 DOM 解析 XML 文档的步骤如下。

(1)创建解析器工厂对象。

(2)由解析器工厂对象创建解析器对象。

(3)由解析器对象指定的 XML 文件进行解析,构建相应 DOM 树,创建 Document 对象。

(4)以 Document 对象为起点对 DOM 树的节点进行增删改查操作,这一步是重点,根据具体操作不同而不同。

例 15.7 中涉及了 DOM 中的主要对象,如 Document、NodeList、Node、Element 等,它们的作用及主要方法如下。

Document 对象代表了整个 XML 文档,所有其他的 Node 都以一定的顺序包含在 Document 对象之内,排列成一个树状结构,可以通过遍历这棵树来得到 XML 文档的所有内容。它也是对 XML 文档进行操作的起点,先通过解析 XML 源文件从而得到一个 Document 对象,然后再来执行后续的操作。Document 对象的主要方法如下。

- getElementByTagName(String):返回一个 NodeList 对象,它包含了所有给定标签名字的标签。
- getDocumentElement():返回一个代表这个 DOM 树的根节点的 Element 对象,也就是代表 XML 文档根元素的那个对象。

NodeList 对象,顾名思义,就是指一个包含了一个或者多个节点(Node)的列表,可以简单地把它看成一个 Node 数组,可以通过方法来获得列表中的元素。

- getLength():返回列表的长度。
- item(int):返回指定位置的 Node 对象。

Node 对象是 DOM 结构中最基本的对象,代表了文档树中的一个抽象节点,在实际使用时,很少会真正用到 Node 这个对象,而是用到诸如 Element,Attr,Text 等 Node 对象的子对象来操作文档,Node 对象的主要方法如下:

- getChildNodes():包含此节点的所有子节点的 NodeList。
- getFirstChild():如果节点存在子节点,则返回第一个子节点。
- getLastChild():如果节点存在子节点,则返回最后一个子节点。
- getNextSibling():返回在 DOM 树中这个节点的下一个兄弟节点。
- getPreviousSibing():返回 DOM 树中这个节点的上一个兄弟节点。
- getNodeName():根据节点的类型返回节点的名称。
- getNodeValue():返回节点的值。
- getNodeType():返回节点的类型。

Element 对象代表 XML 文档中的标签元素,继承自 Node,也是 Node 最主要的子对象,在标签中可以包含属性,因而 Element 对象中也有存取其属性的方法。

- getAttribute(String):返回标签中给定属性名称的属性的值。
- getElementByTagName(String):返回具有给定标记名称的所有后代 Elements 的 NodeList。

XML 文档中的空白符也会被作为对象映射在 DOM 树中。因而,直接调用 Node 方法的 getChildNodes 方法有时会有些问题,有时不能够返回所期望的 NodeList 元素对象列表。

解决办法如下:

• 使用 Element 的 getElementByTagName(String),返回的 NodeList 就是所期待的对象了。然后,可以用 item()方法提取想要的元素。

• 调用 Node 的 getChildNodes 方法得到 NodeList 对象,每次通过 item()方法提取 Node 对象后判断 node.getNodeType()＝Node.ELEMENT_NODE,即判断是否是元素节点,如果为 true,表示是想要的元素。

15.2.2 使用 SAX 解析 XML

SAX(Simple API for XML)是另一种常用的 XML 解析技术。SAX 解析器不像 DOM 那样建立一个完整文档树,而是在读取文档时激活一系列事件,这些事件被推给事件处理器,然后由事件处理器提供对文档内容的访问。

与 DOM 相比,SAX 解析器能提供更好的性能优势。SAX 模型最大的优点是内存消耗小,因为整个文档无需一次加载到内存中,这使 SAX 解析器可以解析大于系统内存的文档。另外,无需像在 DOM 中那样为所有节点创建对象。

SAX 的缺点是必须实现多个事件处理程序以便能够处理所有到来的事件,同时还必须在应用程序代码中维护这个事件状态,因为 SAX 解析器不能交流原信息。如 DOM 的父/子支持。所以你必须跟踪解析器处在文档层次的那个位置。如此一来,文档越复杂,应用逻辑就越复杂。

上机练习 1:根据 DTD 定义编写 XML 文档,存放宠物初始信息。

◆ 训练要点

• XML 定义

• 使用 DTD 定义 XML 文档结构

• 根据 DTD 正确编写 XML 文档

◆ 需求说明

在电子宠物系统中,宠物的健康值,亲密度都有初始值。各种宠物运动后健康值减少值,和主人亲密度增加值也是固定值,要求把这些属性和值都写到 XML 文档中,以后更改时无需重新编译源代码。相关的 DTD 文件内容如下所示,要求根据 DTD 文件定义编写出相应的 XML 文档。

```
<! ELEMENT pets (monkeys,mouses)>
<! ELEMENT monkeys (monkey*)>
<! ELEMENT mouses (mouse+)>
<! ELEMENT monkey (name,health,love,strain?)>
<! ATTLIST monkey id CDATA #REQUIRED>
<! ELEMENT mouse (name,health,love,sex)>
<! ATTLIST mouse id CDATA #REQUIRED>
```

<!ELEMENT name (#PCDATA)>
<!ELEMENT health (#PCDATA)>
<!ELEMENT love (#PCDATA)>
<!ELEMENT strain (#PCDATA)>
<!ELEMENT sex (#PCDATA)>

↳ 实现思路及关键代码

(1)创建 Java 项目。
(2)根据需求提供的内容创建并编写外部 DTD 文件 pet.dtd。
(3)根据 pet.dtd 文件创建并编写 XML 文件 pet.config。

↳ 参考解决方案

```xml
<?xml version="1.0" encoding="UTF-8"?>
<!DOCTYPE pets SYSTEM "pet.dtd">
<pet>
    <monkey>
        <health>100</health>
        <love>0</love>
        <decHealth>18</decHealth>
        <incLove>10</incLove>
    </monkey>
    <mouse>
        <health>100</health>
        <love>0</love>
        <decHealth>15</decHealth>
        <incLove>8</incLove>
    </mouse>
</pet>
```

上机练习 2：使用 DOM 解析存储宠物初始信息的 XML 文档。

↳ 训练要点

- 使用 DOM 解析 XML 文档的基本步骤
- JDK 中 DOM 的主要接口及方法的使用

↳ 需求说明

在上机练习 1 中，已把宠物初始信息放到 XML 文档中，本练习要求用 DOM 解析该 XML 文档，输出小猴子或米老鼠的相关属性和初始值。参考运行效果如图 15-4 和图 15-5 所示。

图 15-4　使用 DOM 解析宠物信息效果图 1

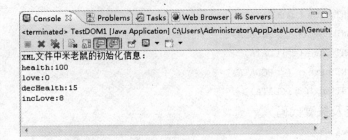

图 15-5　使用 DOM 解析宠物信息效果图 2

实现思路及关键代码

(1) 在 Java 项目下创建 TestDOM，包含 main 方法。

(2) 在 main 方法中编写代码，使用 DOM 解析 XML 文档 pet.config，实现需求。

注意编写注释和异常处理。

参考解决方案

```java
System.out.println("XML 文件中小猴子的初始化信息：");
for (int i = 0; i<petList.getLength(); i++) {
    Node pet = petList.item(i);
    for (Node node = pet.getFirstChild(); node != null; node = node.getNextSibling()) {
        if (node.getNodeType() == Node.ELEMENT_NODE) {
            String name = node.getNodeName();
            String value = node.getFirstChild().getNodeValue();
            System.out.println(name + ":" + value + "\t");
        }
    }
}
```

15.3　读写文件

问题

格式模板保存在文本文件 pet.template 中，内容如下：

您好！

我的名字是{name}，我是一只{type}。

我的主人是{master}。

其中{name}、{type}、{master}是需要替换的内容，现在要求按照模板格式保存宠物数据到文本文件，即把{name}、{type}、{master}替换为具体的宠物信息，该如何实现呢？

〔分析〕　可以把该问题分解如下：

- 如何从文件中读取模板？（使用 Reader 接口实现）
- 如何替换模板中的内容为当前宠物信息？（使用 String 的 replace()方法实现）
- 如何将文本保存到文件？（使用 Writer 接口实现）

以上 3 个子问题中，都涉及了文件的输入输出操作。

15.3.1 使用 Reader 读取文件内容

在 Java 中,文件的输入输出功能是通过流(Stream)来实现的,什么是流呢?可以理解为一组有顺序的,有起点和终点的动态数据集合。流可以看成是数据的导管,导管的一端是源端,一端是目的端,数据从源端输入,在目的端输出。不用考虑两端的数据是如何传输,只需要向源端输入数据和向目的端取出数据即可。注意流和文件的区别,文件是数据的静态存储方法,流是数据在传输时的一种形态。

文件输入输出的原理如图 15-6 所示。要赋值文件 source.txt 到 target.txt,首先要创建一个输入流类的对象,它负责对输入流的管理,将文件 source.txt 的内容读取到中转站中。还要创建一个输出流类的对象,它负责对输出流的管理,把中转站中的数据写入到文件 target.txt 中。输入流、输出流指的是传输中的连续不断的数据集合。中转站可以是一个数组,它是在内存中开辟的一块空间,是实现文件输入输出的桥梁。

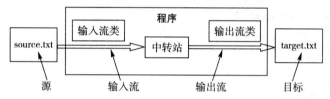

图 15-6　文件输入输出原理图

在本例中,文件 source.txt 称为 I/O 源,文件 target.txt 称为 I/O 目标,统称为流节点。需要特别注意的是输入流、输出流均是相对程序而言,而不是相对文件而言,例如输入流针对 source.txt 实际上是"输出流"。

流按照处理数据的单位可分为两种:字节流和字符流。字节流处理字节的输入和输出。例如使用字节流读取或书写二进制数据。字符流为字符输入和输出处理提供了方便,它采用 Unicode 编码标准,因而可以国际化。在某些方面如汉字的处理,它比字节流高效。

所有字符输入流类都是抽象类 Reader 的子类,Reader 的主要方法如下:

• int read()从源中读取一个字符的数据,返回字符值。

• int read(char b[])从源中试图读取 b.length 个字符到 b 中,返回实际读取的字符数目。返回 -1 表示读取完毕。

• void close()关闭输入流。

下面就使用 Reader 来实现文件的读取,文件 hello.template 位于 C 盘根目录下,内容是 "hello world!",代码如例 15.8 所示。

【例 15.8】　使用字符输入流读取文件内容。

```
import java.io.FileReader;
import java.io.IOException;
import java.io.Reader;
/**
 * 使用字符输入流读取文件内容并输出,文件内容是"hello world!"。
 */
public class TestIO1 {
```

```java
public static void main(String[] args) {
    Reader fr = null;
    int length = 0;
    char ch[] = null;
    try {
        //1.创建字符输入流对象,负责读取 c:\hello.txt 文件
        fr = new FileReader("c:/hello.txt");
        //2.创建中转站数组,存放读取的内容
        ch = new char[1024];
        //3.读取文件内容到 ch 数组
        length = fr.read(ch);
        //4.输出保存在 ch 数组中的文件内容
        System.out.println(new String(ch, 0, length));
    } catch (IOException e) {
        e.printStackTrace();
    } finally {
        //5.一定要关闭输入流
        try {
            if (null != fr)
                fr.close();
        } catch (IOException e) {
            e.printStackTrace();
        }
    }
}
```

程序运行效果如图 15-7 所示。

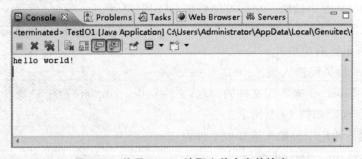

图 15-7　使用 Reader 读取文件内容并输出

其中 FileReader 类是 Reader 的实现类,创建 FileReader 对象时需要传入文件的路径和文件名。需要注意的是路径中可以使用正斜杠"/",如"c:/pet.txt",如果使用反斜杠必须写"\\",如"c:\\pet.txt",创建 Reader 对象时要求指定文件必须存在,否则会出现异常。

如果文件的长度超过了中转站数组的长度,就应该采用循环读取的方式,实现代码可参考下面的上机练习解决方案。

上机练习 3：读取模板文件内容并输出。

✎ **训练要点**
- 理解输入流和输出流类的概念。
- 使用 Reader 实现文件读取。

✎ **需求说明**

模板文件 pet.template 位于 C 盘根目录下，要求读取模板文件的内容，在读取完成后一次性输出全部内容，参考运行效果如图 15-8 所示。

图 15-8　读取模板文件内容并输出

✎ **实现思路及关键代码**

(1) 在 C 盘根目录下创建模板文件 pet.template，根据需求中参考用途输入文件内容；
(2) 创建 Java 项目；
(3) 创建 TestReader 类，包含 main 方法；
(4) 在 main 方法中编写代码实现需求，参考步骤如下：
① 创建字符输入流对象 fr，负责对 c:/pet.template 文件的读取；
② 创建中转站数组 ch，存放每次读取的内容；
③ 通过循环实现文件读取，把全部内容放入 StringBuffer；
④ 关闭输入流 fr；
⑤ 输出保存到 StringBuffer 中的文件内容；
注意编写注释和异常处理。

✎ **参考解决方案**

```
//1.创建字符输入流对象,负责读取 c:/pet.template 文件
Reader fr = new FileReader("c:/pet.template");
//2.创建中转站数组,存放每次读取的内容
char ch[] = new char[1024];
//3.通过循环实现文件读取,把全部内容放入 StringBuffer
StringBuffer sb = new StringBuffer();
int length = fr.read(ch);
while(length != -1){
    sb.append(ch);
    length = fr.read(ch);
}
```

15.3.2 替换模板文件中的占位符

替换模板文件中的占位符,使用 String 类 replace(String target, String replacement)即可,返回值是替换后的字符串。

上机练习 4:替换模板文件中的占位符。

➢ **训练要点**

String 类 replace(String target, String replacement)方法的使用。

➢ **需求说明**

调用 String 类 replace(String target, String replacement)方法替换上机练习 3 中从模板文件中读取内容的占位符,输出替换字符串,参考运行效果如图 15-9 所示。

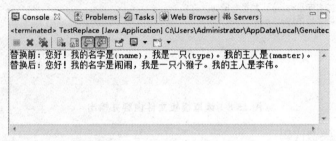

图 15-9 替换模板文件的占位符

➢ **实现思路及关键代码**

(1)在项目中创建 TestReplace 类,包含 main 方法;
(2)在 main 方法中编写代码实现需求。

➢ **参考解决方案**

```
String str = "您好! 我的名字是{name}," + "我是一只{type}。我的主人是{master}。";
System.out.println("替换前:" + str);
str = str.replace("{name}", "闹闹");
str = str.replace("{type}", "小猴子");
str = str.replace("{master}", "李伟");
System.out.println("替换后:" + str);
```

15.3.3 使用 Writer 输出内容到文件

所有字符输出流类都是抽象类 Writer 的子类,最常用的子类是 FileWriter 类,Writer 的常用方法如下:

- void write(int n)向输出流写入单个字符;
- void write(char b[])向输出流写入一个字符数组;
- void write(String str)向输出流写入一个字符串数组;
- vid close()关闭输出流。

下面就使用 Write 把字符串"Hello World! 欢迎您!"写到文件 hello.txt 中,代码如例 15.9 所示。创建 FileWriter 对象时,如果指定路径下文件不存在,会自动创建该文件。

【例 15.9】 使用输出流输出字符串到指定文件中。

```java
import java.io.FileWriter;
import java.io.IOException;
/**
 * 使用字符输出流输出字符串到指定文件中。
 */
public class TestIO2 {
    public static void main(String[] args) {
        String str = "Hello World! 欢迎您!";
        FileWriter fw = null;
        try {
            //1.创建字符输出流对象,负责向 c:\hello.txt 写入数据
            fw = new FileWriter("c:\\hello.txt");
            //2.把 str 的内容写入到 fw 所指文件中
            fw.write(str);
        } catch (IOException e) {
            e.printStackTrace();
        } finally {
            try {
                //3.一定要关闭输出流
                if (null != fw)
                    fw.close();
            } catch (IOException e) {
                e.printStackTrace();
            }
        }
    }
}
```

上机练习 5:写宠物信息到文本文件。

➯ **训练要点**
- 理解输出流和输入流类的概念
- 使用 Writer 写内容到文件

➯ **需求说明**

把上机练习 4 中替换后的字符串写到 C 盘根目录下的 pet.txt 中。

➯ **实现思路及关键代码**

(1) 在 Java 项目中创建 TestWriter,包含 main 方法;
(2) 在 main 方法中创建输出流对象,实现内容写入并关闭输出流。
注意编写注释和异常处理。

➯ **参考解决方案**

String str = "您好!我的名字是闹闹,我是一只猕猴。我的主人是李伟。";

```
FileWriter fw = null;
try {
    //1.创建字符输出流对象,负责向 c:\pet.txt 写入数据
    fw = new FileWriter("c:\\pet.txt");
    //2.把 str 的内容的写入到 fw 所指文件中
    fw.write(str);
} catch (IOException e) {
    e.printStackTrace();
} finally {
    try {
        //3.一定要关闭输出流
        if (null != fw)
            fw.close();
    } catch (IOException e) {
        e.printStackTrace();
    }
}
```

15.3.4 综合练习

格式模板保存在文本文件 pet.template 中,内容如下:
```
<html>
    <head>
        <title>{name}</title>
    </head>
    <body>
        <h1>{name}</h1>
        您好!
        我的名字是{name},我是一只{type}。
        我的主人是{master}。
    </body>
</html>
```
其中{name}、{type}、{master}是需要替换的内容,现在要求按照模板格式保存宠物数据到 HTML 文档,即把{name}、{type}、{master}替换为具体的宠物信息,该如何实现呢?

代码如例 15.10 所示。

【例 15.10】 按照规范格式保存宠物信息到 HTML 文件。
```java
import java.io.FileNotFoundException;
import java.io.FileReader;
import java.io.FileWriter;
```

```java
import java.io.IOException;
import java.io.Reader;
import java.io.Writer;

/**
 * 按照规范格式保存宠物信息到 HTML 文件。
 */
public class TestIO {
    public static void main(String[] args) {
        Reader fr = null;
        Writer fw = null;
        StringBuffer sb = new StringBuffer();
        //1.读取模板文件内容到 StringBuffer
        try {
            fr = new FileReader("c:\\pet.template");
            char ch[] = new char[1024];
            int length = 0;
            length = fr.read(ch);
            while (length != -1) {
                sb.append(ch);
                length = fr.read(ch);
            }
        } catch (FileNotFoundException e) {
            e.printStackTrace();
        } catch (IOException e) {
            e.printStackTrace();
        } finally {
            try {
                if (null != fr)
                    fr.close();
            } catch (IOException e) {
                e.printStackTrace();
            }
        }
        //2.替换模板中占位符为具体内容
        String str = sb.toString();
        str = str.replace("{name}", "闹闹");
        str = str.replace("{type}", "小猴子");
        str = str.replace("{master}", "李伟");
        //3.输出替换后内容到 HTML 文件
        try {
```

```
            fw = new FileWriter("c:\\pet.html");
            fw.write(str);
        } catch (IOException e) {
            e.printStackTrace();
        } finally {
            try {
                if (null != fw)
                    fw.close();
            } catch (IOException e) {
                e.printStackTrace();
            }
        }
    }
}
```

本章总结

➢ XHTML 标签都有固定含义,不能去创新的标签,而 XML 支持自定义标签,具有扩展性。

➢ 定义 XML 文档结构有两种方法:DTD 和 XSD。XSD 本身就是 XML 文档结构,是继 DTD 之后,用来规范和描述 XML 文档结构的第二代标准。

➢ 可以使用 CSS 格式化 XML。XSL 是首选的 XML 样式表语言,远比 CSS 更加完善。

➢ XML 的主要作用有:数据存储、数据交换、数据配置。

➢ 目前最常用的 XML 解析技术是 DOM 和 SAX。Sun 公司提供了 JAXP 接口来使用 DOM 和 SAX。

➢ 在 Java 中,文件的输入输出功能是通过流来实现的,流可以理解为一组有顺序的,有起点和终点的动态数据集合。

➢ 所有字符输入流类都是抽象类 Reader 的子类,所有字符输出流类都是抽象类 Writer 的子类。

第 16 章 项目案例

本章知识目标
- 使用面向对象思想进行程序设计
- 设计数据存储结构
- 使用 Oracle 存储数据
- 使用 JDBC 操作数据库数据
- 使用 DAO 实现数据库访问层

16.1 案例分析

▶ **需求概述**

在宠物商店里,宠物主人可以卖出、购买宠物,价格由店方确定。商店还可以根据需求自己培育宠物品种。

随着业务量增加,需要开办多家宠物商店,但每家商店必须按照统一标准来运营,提供的服务必须是一样的。这时,用户只是找一家"宠物商店",而非特定哪一家,就像找一家"麦当劳",而不是非要特定的某一家不可。

▶ **开发环境**

开发工具 JDK 6、MyEclipse 8.5、Oracle 10g、PL/SQL Developer。

▶ **案例覆盖的技能点**
- 面向对象程序设计的思想。
- 使用类图设计系统。
- 使用 Java 集合存储和传输数据。
- Java 异常处理。
- 使用 JDBC 操作数据库。
- 使用 Oracle 存储数据。
- DAO 层的应用。

▶ **问题分析**

1. 设计数据库表结构

根据项目需求概述,分析需要保存到数据库中的数据,确定需要保存的内容包括宠物信息、宠物主人信息、宠物商店信息和账目信息。可以在数据库中创建四个表,具体字段根据业务进行确定。

四个表的名称可以定义为 Pet、PetOwner、PetStore、Account,注意主键字段和外键字段的设计,通过外键建立表与表之间的关联关系,避免字段冗余。

2. 使用类图设计系统

采用 DAO 模式设计和开发项目案例,确定需要用到的类和接口,大家认真思考,设计出自己的方案,提高面向对象设计的能力和对 DAO 模式的理解与掌握。

(1)根据数据库表创建实体类。

实体类一般和数据库表对应,实体类的属性对应于表的字段,可以为四个数据表分别创建实体类,实现数据库数据在各个层次的传输。

四个实体类的名称可以定义为 Pet、PetOwner、PetStore、Account,根据实体类的特征进行定义,定义类名和属性名时主要注意 Java 和数据库命名规则不同。

(2)创建 DAO 接口与实现类。

采用面向接口编程的思想设计数据访问层的 DAO,定义 DAO 接口和实现类。四个 DAO 接口的名称可以定义为 PetDao、PetOwnerDao、PetStoreDao、AccountDao,相应的实现类可命名为 PetDaoOracleImpl、PetOwnerDaoOracleImpl、PetStoreDaoOracleImpl、AccountDaoOracleImpl,为了重用建立和关闭数据库的代码,可以创建 BaseDao 作为四个实现类的父类。

(3)创建业务接口和实现类。

从业务角度考虑,该项目中主要是宠物主人和宠物商店的业务,例如主人可以购买宠物、卖出宠物、登录等。而商店则可以购买宠物、卖出宠物、培育宠物、查询代售宠物、查看商店结余、查看商店账目、新开宠物商店、登录等。可创建两个业务接口 PetOwnerService 和 PetStoreService,其实现类分别命名为 PetOwnerServiceImpl 和 PetStoreServiceImpl,在业务实现类中调用数据访问层的接口实现相应业务。

(4)根据"单一职能原则"优化业务接口设计。

接口从业务上满足需要,但是从面向设计的角度分析却是不好的,比如它明显违背了"单一职能原则",各个接口包含功能过多,不利于重用和维护。对接口定义进行优化,比如可以抽取 Buyable、Sellable、Accountable 等接口,而 PetOwnerService、PetStoreService 接口根据自身功能继承其中的一个或多个接口。

(5)根据以上分析结果,给出伪代码,完成设计。

3. 难点分析

本项目的设计难点主要是数据库表结构的设计,它是实体类设计和数据库操作的基础。上面设计中只给出了数据表的名称而没有给出具体字段。如何区分一个宠物是否被卖出、如何区分一个宠物是库存还是新培育的、如何定义一个宠物的所属商店等,都需要用相应字段来实现,需要认真思考,设计出符合需求的数据库表结构。具体实现时要按照功能把项目案例分解为一个个用例,化大为小,逐个击破,最终完成整个项目案例的开发。还要注意代码在各个层次的分配,做到层次清晰,分配合理。

16.2 项目需求

16.2.1 用例1:系统启动

所有宠物、宠物主人、宠物商店从系统中启动,在系统启动时,显示所有的宠物信息、宠物主人信息、宠物商店信息。

访问数据库查询所有宠物信息,以 List 形式返回,然后运行遍历即可显示所有宠物信息。宠物主人、宠物商店信息的显示与此类似。

系统启动后,提示选择登录模式,输入 1 为宠物主人登录,输入 2 为宠物商店登录,此处要考虑如果输入了其他字符应该如何处理。

16.2.2 用例2:宠物主人登录

系统启动后,可以选择登录模式,以宠物主人登录或以宠物商店登录,将分别显示相应的功能菜单。

选择以宠物主人身份登录,输入用户名和密码,访问数据库判断登录是否成功。如果成功,输出主人基本信息并提示选择相应的操作,如果登录失败,提示确认用户名和密码后重新输入。

16.2.3 用例3：宠物主人购买库存宠物

主人成功登录后，即可选择购买宠物或者卖出宠物操作。如果选择购买宠物，必须继续选择是购买库存宠物还是购买新培育宠物。选择购买库存宠物后，先显示所有库存宠物列表供主人选择，输入宠物编号即可完成购买。购买成功将显示提示信息。

16.2.4 用例4：宠物主人购买新培育宠物

主人购买新培育宠物的步骤和购买库存宠物相同，两者的差别主要体现在数据库操作中。在数据库表 pet 中，存放着所有的宠物，如何区分是库存宠物还是新培育宠物，可以增加一个字段来实现。该字段不同取值分别代表库存宠物和新培育宠物。

在这种情况下，要注意数据访问层代码的重用。如果把购买库存宠物和购买新培育宠物视为两种不同业务，在业务接口和实现类中就应该定义不同的方法。

16.2.5 用例5：宠物主人卖出宠物给商店

宠物主人也可以卖出宠物给商店。首先显示主人的宠物列表，选择要出售的宠物序号，然后显示宠物商店列表，选择卖家序号即可完成该项交易。

16.3 进度记录

根据开发进度及时填写表 16-1。

表 16-1 开发进度记录表

用例	开发完成时间	测试通过时间	备注
用例1			
用例2			
用例3			
用例4			
用例5			